图 4-16　暖色调

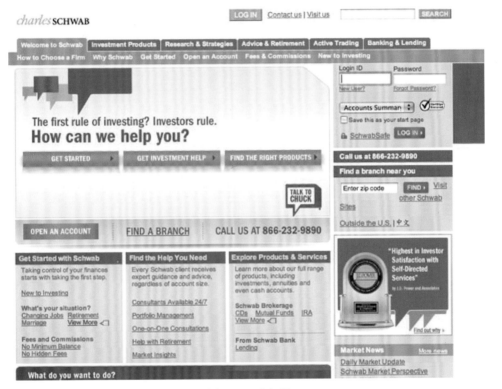

图 4-17　冷色调

图 4-18　对比色调

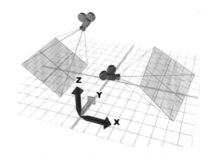

图 5-56　世界坐标系的图示

21世纪高等学校数字媒体专业系列教材

数字媒体技术导论

第2版

詹青龙　肖爱华 ◎ 主编

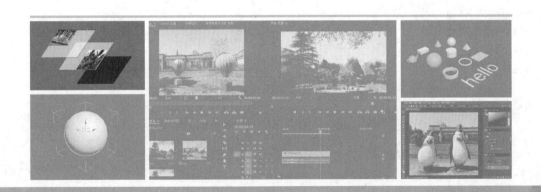

清华大学出版社

北京

内 容 简 介

本书对数字媒体技术涉及的各方面内容进行较为全面的介绍,包括数字媒体技术、设备、艺术、设计、产品等,全书共计7章。第1章介绍数字媒体技术的基本特征、传播分析、研究与应用领域。第2章介绍数字媒体的关键技术,包括数字图像技术、数字动画技术、数字视频技术、虚拟现实技术等。第3、4章侧重数字媒体技术的艺术与设计,包括艺术构成、形态设计和界面设计。第5章主要讲述数字媒体技术产品的设计与制作。第6、7章介绍数字媒体技术产品的出版与产业链。本书穿插大量实用高效的案例,提供拓展性学习内容,设计练习和实践环节。

本书具有结构新、内容新、体系新、配套资源丰富等特点,主要作为高等院校数字媒体专业、网络与新媒体专业的教学用书,也可作为数字媒体爱好者的自学参考书,以及数字媒体培训班的教学资料。

图书在版编目(CIP)数据

数字媒体技术导论/詹青龙,肖爱华主编.—2版.—北京:清华大学出版社,2023.3(2024.9重印)
21世纪高等学校数字媒体专业系列教材
ISBN 978-7-302-62661-9

Ⅰ.①数… Ⅱ.①詹… ②肖… Ⅲ.①数字技术-多媒体技术-高等学校-教材 Ⅳ.①TP37

中国国家版本馆 CIP 数据核字(2023)第 024032 号

责任编辑:安 妮
封面设计:刘 键
责任校对:焦丽丽
责任印制:杨 艳

出版发行:清华大学出版社
  网 址:https://www.tup.com.cn,https://www.wqxuetang.com
  地 址:北京清华大学学研大厦 A 座 邮 编:100084
  社 总 机:010-83470000 邮 购:010-62786544
  投稿与读者服务:010-62776969,c-service@tup.tsinghua.edu.cn
  质量反馈:010-62772015,zhiliang@tup.tsinghua.edu.cn
  课件下载:https://www.tup.com.cn,010-83470236
印 装 者:涿州汇美亿浓印刷有限公司
经 销:全国新华书店
开 本:185mm×260mm 印 张:16 插 页:1 字 数:388 千字
版 次:2014 年 8 月第 1 版 2023 年 3 月第 2 版 印 次:2024 年 9 月第 6 次印刷
印 数:9001~12000
定 价:59.00 元

产品编号:093318-01

数字媒体技术是基于数字化和网络化技术对媒体从形式到内容进行改造和创新的技术，在影视特技、数字动画、游戏娱乐、广告设计、多媒体制作、网络应用等领域有广阔的应用前景。因此，许多高校因应社会需要开设了数字媒体专业或数字媒体方向课程。"数字媒体技术导论"是数字媒体技术的专业基础课，本书在第1版多年教学使用的基础上，做了重要修改：一是把教学内容由8章整合为7章，实现了每章的系统性和相对完整性，较好地满足了教学的适切性；二是对涉及的软件和设备等内容进行了更新，凸显了时代性；三是在各章节补充了数字媒体技术领域的新成果，做到了基础性和前沿性。

本书对数字媒体技术涉及的各方面内容进行较为全面的介绍，包括数字媒体技术、设备、艺术、设计、产品等，共计7章。第1章介绍数字媒体技术的基本特征、传播分析、研究与应用领域和所需的必备知识。第2章介绍数字媒体关键技术，包括数字图像技术、数字动画技术、数字视频技术、虚拟现实技术等。第3、4章侧重数字媒体技术的艺术与设计，包括艺术构成、形态设计和界面设计。第5章主要讲述数字媒体技术产品的设计与制作。第6、7章介绍数字媒体技术产品的出版与产业链。本书的每一章都穿插了大量实用高效的案例，设计了练习和实践环节。

本书的特点主要包括以下4个方面。

(1) 结构新，包括学习导入、内容结构图、学习目标、学习内容、练习、实验等。

(2) 内容新，对数字媒体技术涉及的设备、软件等的介绍都是以先进的设备和新版的软件为主。

(3) 体系新，把整个内容按基础知识、关键技术和设备、艺术设计、产品制作和产品发行的顺序进行组织，不但能较好地涵盖数字媒体技术产品的开发流程，而且便于教学实施。

(4) 资源足，开发了丰富的教学资源，包括教学大纲、授课计划表、教案、PPT、考试题库及案例实战所需的素材和最终作品。

本书第2版由詹青龙、肖爱华主编，肖爱华撰写第1～4章，杨哲、李典洋、张馨月、付新建撰写第5章，陈建珍撰写第6、7章，张馨月协助主编负责全书的统稿。由于作者的经验和水平有限，特别是数字媒体技术是技术和艺术的综合运用，书中会有不足或疏漏之处，恳请各位专家和读者提出宝贵的意见和建议。

本书主要作为高等院校数字媒体专业、网络与新媒体专业的教学用书，也可作为数字媒体爱好者的自学参考书，以及数字媒体培训班的教学资料。

编　者

2022 年 12 月

　　数字媒体技术是基于数字化和网络化技术对媒体从形式到内容进行改造和创新的技术,在影视特技、数字动画、游戏娱乐、广告设计、多媒体制作、网络应用等领域有广阔的应用前景。因此,许多高校开设了数字媒体专业,还有许多高校开设了数字媒体方向课程,但教材建设严重滞后。

　　本书是数字媒体技术的专业基础课教材。本书的作者在多年的教学经验和对已出版教材进行充分研究的基础上,建立了全新的教材撰写思路:一是把整个内容按设备、技术、艺术、设计与制作、管理和发行6个部分组织,不但较好地涵盖了教学目标,而且体系新颖,结构明晰,便于教学实施,利于学生的理解和实践;二是以数字媒体作品创作、管理和发行的过程为本书的基本阐述过程,使读者对媒体作品的设计、制作和产业链建立更加全面的了解。

　　本书对数字媒体技术涉及的各方面内容进行较为全面的介绍,包括数字媒体技术、设备、艺术、设计、产品等,共计8章。第1章介绍数字媒体技术的基本特征、传播分析、研究与应用领域;第2、3章介绍数字媒体技术设备和关键技术,包括数字媒体技术的输入、输出、存储设备,以及图像、动画、视频、虚拟现实等关键技术;第4、5章侧重数字媒体技术的艺术与设计,包括艺术构成、形态设计和界面设计;第6章主要讲述数字媒体技术产品的设计与制作;第7、8章介绍数字媒体产品的出版与产业链。本书穿插了大量实用高效的制作实例,提供了拓展性学习内容,设计了练习和实践环节。

　　本书的特色主要包括以下4个方面。

　　(1) 结构新,包括学习导入、知识结构图、学习目标、学习内容、拓展学习、练习、实验等。

　　(2) 内容新,对数字媒体技术涉及的设备、软件等的介绍都是以先进的设备和新版的软件为主。

　　(3) 体系新,把整个内容按硬件基础、关键技术、艺术设计、产品制造和产品发行的顺序进行组织,不仅能较好地涵盖数字媒体技术产品的开发流程,还便于教学实施。

　　(4) 提供了拓展学习资源便于对内容的深入学习。

　　全书由詹青龙、董雪峰主编,吴学会、陈建珍、杨哲、陈淑慧、朱丹丹参与编写,郭桂英协助主编负责全书的统稿,并作为天津市普通高等学校本科教学质量与教学改革研究计划项目"职技高师数字媒体专业课程体系优化与教学改革的研究与实践"研究成果之一。由于作者的经验和水平有限,特别是数字媒体技术是技术和艺术的综合运用,书中会有不足或疏漏之处,恳请各位专家和读者提出宝贵的意见和建议。

　　本书主要作为高等院校数字媒体专业、新闻学专业的教学用书,也可作为媒体制作爱好者的自学参考书以及数字媒体技术培训班的教学资料。

编　者

2014 年 1 月

目　录

第1章 数字媒体技术概述

【学习导入】

数字媒体与传统媒体相比拥有不同的特质,因此数字媒体的创建、管理、分发和交易需要不同于传统的硬件、软件和服务。学习数字媒体技术需要一定的形象设计能力、程序设计能力,还要具备一定的硬件知识和软件工程知识。

【内容结构】

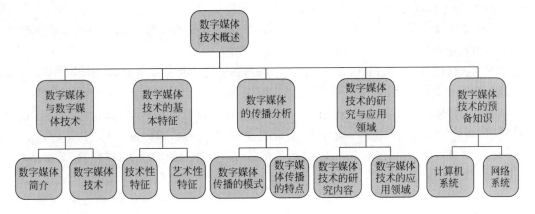

【学习目标】

(1)知识目标:初步了解数字媒体技术,理解数字媒体技术的特点、应用领域等。

(2)能力目标:能够指出数字媒体的优势,根据相应的应用领域,判断出适合使用的媒体技术。

(3)素质目标:要求学生了解该课程具有技术与艺术并重的特点,既要有丰富的艺术细胞,又要有坚实的技术功底。

1.1 数字媒体与数字媒体技术

1.1.1 数字媒体简介

数字媒体是一个新兴的发展领域,为了使读者更好地理解什么是数字媒体,首先介绍一些相关的知识。

1. 媒体

媒体的英文单词是 Medium,源于拉丁文的 Medius,其含义是两者之间、中介、中间的意思,常用复数形式 Media。在《现代汉语词典》(1997 年修订本)中的解释是:"媒体是指交流、传播信息的工具,如报刊、广播、广告等。"

人类社会是一个信息社会,而信息的表现形式、交流和传播需要中间介质,由此产生了在科学、技术、经济和社会各个领域广泛使用的术语——媒体。媒体通常包括两方面的含义:一是指信息的物理载体,即存储和传递信息的实体,如书本、挂图、磁盘、光盘及相关的播放设备等;二是指信息的表现形式或者传播形式,如文字、声音、图像、动画等。概括地说,媒体由存储信息的实体和传递信息的载体两部分组成,它是承载和传播信息的媒介。

按照不同的划分形式,可以对媒体进行以下分类。

(1) 按出现的顺序可以划分为:报纸刊物为第一媒体,广播为第二媒体,电视为第三媒体,互联网为第四媒体,移动网络为第五媒体。

(2) 按表现形式可以划分为:平面媒体、电波媒体和网络媒体,即:

① 平面媒体主要包括印刷类、非印刷类、光电类等。

② 电波媒体主要包括广播、电视广告(字幕、标版、影视)等。

③ 网络媒体主要包括网络索引、平面、动画、论坛等。

(3) 国际电信联盟(ITU)把媒体分成以下 5 类。

① 感觉媒体(Perception Medium):指直接作用于人的感觉器官、使人产生直接感觉的媒体,如引起听觉反应的声音、引起视觉反应的图像等。

② 表示媒体(Representation Medium):指传输感觉媒体的中介媒体,即用于数据交换的编码,如图像编码(JPEG、MPEG 等)、文本编码(ASCII 码、GB2312 等)和声音编码等。

③ 表现媒体(Presentation Medium):指信息输入和输出的媒体,如键盘、鼠标、扫描仪、话筒、摄像机等为输入媒体;显示器、打印机、喇叭等为输出媒体。

④ 存储媒体(Storage Medium):指用于存储表示媒体的物理介质,如硬盘、光盘、ROM及 RAM 等。

⑤ 传输媒体(Transmission Medium):指传输表示媒体的物理介质,如电缆、光缆等。

2. 数字媒体

信息技术的革命和发展不断改变着人们的学习方式、工作方式和娱乐方式。由比特组成的数字媒体通过计算机和网络进行信息传播,改变大众传播中传播者和受众的关系,以及信息的组成、结构、传播过程、方式和效果。

数字媒体就是以数字化形式(0 或 1)传送信息,并通过计算机存储、处理和传播信息的媒体。数字媒体是一种利用数字电视、网络技术,通过互联网、宽带局域网、无线通信网和卫星等渠道,以电视、计算机和手机为终端,向用户提供视频、音频、语音数据服务、连线游戏、远程教育等集成信息和娱乐服务的传播模式。上述定义源于国家 863 计划,它比较科学地反映了相应的技术及产业内涵。《数字媒体技术发展白皮书》中的定义是:数字媒体是将数字化内容的作品,以现代网络为主要传播载体,通过完善的服务体系,分发到终端和用户进行消费的重要桥梁。可以看出,这样定义的原因是,网络是数字媒体传播过程中最显著和最关键的特征,也是未来的总体趋势。数字媒体具有数字化特征和媒体特征。数字化特征指数字媒体是以数字化的形式获取、记录、处理、传播信息的媒体,这些媒体包括数字化的文字、图形、图像、声音、视频影像和动画及其编码等逻辑媒体和存储、传输、显示逻辑媒体的实物媒体。

3. 数字媒体的分类

数字媒体发展得比较快,随着新技术的不断出现,越来越多的媒体形式出现在人们周围。目前,数字媒体的划分可依据以下 4 个主要属性。

1) 时变属性

按照时变属性,数字媒体可分为离散媒体和连续媒体。离散媒体是指以空间为基础的而与时间无关的媒体,如文本、图形、图像等。连续媒体是指以时间为基础的、与时间有关的媒体,如声音、动画、视频影像等。

2) 来源属性

按照媒体的来源属性,数字媒体可分为捕获媒体和合成媒体。捕获媒体是指通过扫描、采样和量化等手段,从现实世界中捕获的媒体信息,如图像、视频和声音等。合成媒体是指由计算机通过程序等方式,直接生成的媒体信息,如文本、图形、动画和合成音乐等。

3) 感知属性

按照人类的感知属性,数字媒体可分为视觉媒体、听觉媒体和视听媒体。支持视觉的媒体有文本、图像、图形、动画等。支持听觉的媒体有语音、音乐等。同时支持视觉和听觉的媒体有带有声音的视频影像等。

4) 组成属性

按照组成属性,数字媒体可分为单一媒体和多媒体。单一媒体是指单一信息载体组成的媒体。多媒体是指多种信息载体的表现形式和传递方式的交互式集成。

1.1.2　数字媒体技术

1. 数字媒体技术的概念

数字媒体技术是一种通过现代计算和通信手段,综合处理文字、声音、图形、图像等信息,使抽象的信息变成可感知、可管理和可交互的技术。它是多学科与计算机综合应用的技术,包含计算机软硬件技术、信号的数字化处理技术、音频视频处理技术、图像压缩处理技术、现代通信技术、人工智能和模式识别技术,以及正在不断发展和完善的多学科综合应用技术。

数字媒体技术主要研究与数字媒体信息的获取、处理、存储、传播、管理、安全、输出等相关的理论、方法、技术与系统。

2. 数字媒体技术的分类

随着数字技术的迅猛发展,数字媒体、网络技术与文化产业相融合而产生的数字媒体产业正在世界各地迅速发展。而数字媒体技术按照定义和研究的范围、内容可以进行以下标准划分。

1) 数字媒体信息获取与输出技术

(1) 数字媒体信息获取技术。它包括声音和图像等信息获取技术、人机交互技术等。主要设备包括键盘、鼠标、光笔、跟踪球、触摸屏、语音输入和手写输入、数字化仪、数码相机、数码摄像机、扫描仪、视频采集系统等。

(2) 数字媒体信息输出技术。它包括显示技术、硬复制技术、声音系统、三维显示技术等,数字媒体内容输出的载体有各类光盘和其他数字出版物。

2) 数字媒体信息处理技术

数字媒体信息处理技术主要包括数字音频处理技术和数字图像处理技术等。

3) 数字媒体传播技术

数字媒体传播技术主要包括数字传输技术和网络技术等。

4

4）数字媒体信息检索与信息安全技术

数字媒体信息检索与信息安全技术主要包括数字媒体数据库技术、数字媒体信息检索技术和信息安全技术等。

5）其他技术

其他技术包括数字压缩技术、流媒体技术、计算机图形技术、计算机动画技术及虚拟现实技术等。

1.2　数字媒体技术的基本特征

数字媒体技术的数字化、集成性、多样性、交互性、非线性、实时性和协同性，使人们能以原来不可能的方式交流、生活和工作，如用于零售业的市场推广、一对一销售、医药行业的诊断图像管理、政府机构的视频监督管理、教育行业的多媒体远程教学、电信行业中无线内容的分发、金融行业的客户服务等。根据香农的信息传递模型，数字媒体技术包括以下特征。

1.2.1　技术性特征

1. 数字化

计算机只能对数字化的媒体信息进行存储、加工、控制、编辑、交换、查询和检索，所以各种媒体信息必须处理成数字信息。以往的媒体是通过模拟的方式进行存储和传播的，而数字信息是以比特的形式通过计算机进行存储、处理和传播的。比特易于复制和运算处理，可以快速传播和重复使用，不同媒体之间可以相互混合，大大减少了设备之间转换的麻烦。

2. 超媒体性

数字媒体的信息组织形式一般采用超媒体结构。超媒体是指采用非线性网状结构对块状数字媒体信息（包括文本、图形、图像、动画、声音或其组合体）进行组织和管理的技术。非线性是指把数字媒体的一些相关内容按其内部固有的独立性和相关性划分成不同的基本信息块，并通过超链接组织在一起，用户单击链接可以从一个信息块跳转到另一个信息块进行浏览或观看，从而更加符合人们的思维方式和工作方式。

超媒体是在超文本的基础上发展起来的。它们都采用非线性网状结构来组织信息，只不过信息块的形式有差异。超文本主要是以文字的形式表示信息，建立的链接关系主要是文字之间的。超媒体除了使用文本外，还使用图形、图像、声音、动画或影视片段等多种媒体来表示信息，并建立与这些媒体之间的链接关系。

3. 集成性

集成性是指以计算机为中心综合处理多种信息媒体，包括信息媒体的集成和处理这些媒体的设备的集成。信息媒体的集成包括文本、图像、声音、视频等的集成，这些媒体在多任务系统下能够很好地协同工作，有较好的同步关系。另外多媒体设备也具有集成性，包括硬件和软件两个方面。

4. 实时性和协同性

多媒体系统中的各种媒体有机地组合成为一个整体，各媒体间有协调同步运行的要求，如影像和配音、视频会议系统和可视电话等，它们要求系统能支持实时快速响应，又能协调同步，对媒体的时序配合和速度响应要求很高，这就是多媒体技术的实时性和协同性。

1.2.2　艺术性特征

1. 多样性与传播性

多样性是指信息的多样性和信息载体的多样性。多样化的信息载体包括磁盘和光盘等物理介质载体，以及人类可以感受的语音、图形、图像、视频、动画等媒体。早期的计算机只能处理单一的信息媒体，如数值和文字，而多媒体计算机可以综合处理文字、图形、图像、声音、动画和视频等多种形式的信息媒体。另外，多媒体计算机在处理输入信息时，不仅是简单地获取和再现信息，它可以根据人的构思、创意，对文字、图形及动画等媒体进行转换、组合和加工处理，达到更生动、更活泼、更自然的效果。此外，随着互联网的迅猛发展，使数字媒体艺术作品的传播有了广泛的空间，传播性也是数字媒体技术的一个重要特征。

2. 交互性与趣味性

交互性是指通过各种媒体信息，使参与的各方都可以对媒体信息进行编辑、控制和传递。数字媒体技术的最大特点就是交互性，通过交互，可以实现人对信息的主动选择和控制。数字媒体技术的交互性为用户选择和获取信息提供了更灵活的手段和方式。例如，传统电视系统的媒体信息是单向流通的，电视台播放内容，用户接收内容，安全但没有选择性；而数字媒体技术的交互性改变了这种现状，如交互电视的出现大大增加了用户的主动性，用户不仅可以坐在家里通过遥控器、机顶盒和屏幕上的菜单收看自己点播的节目，还能利用它来购物、学习、经商和享受各种信息服务。这样的交互性同样也给用户带来了趣味性，数字媒体技术具有人机交互作用是数字媒体的一个显著特点，而趣味性恰恰依赖交互性。

3. 娱乐性与虚拟性

随着社会的发展，数字媒体技术的使用已经深入各个领域。数字电影、数字电视、虚拟游览馆、在线游戏、数字照相机、数字摄像机、数字摄影机都属于数字类产品，它们的出现给娱乐带来了翻天覆地的变化。如果说计算机的出现是娱乐发展的新革命，那么数字媒体技术就是创造游戏虚拟世界的最佳助手。利用虚拟现实技术将多种媒体集合起来以构造数字化的虚拟时空，是现在数字媒体技术发展的趋势。

1.3　数字媒体的传播分析

1.3.1　数字媒体传播的模式

1. 按传播类型分类

1）自我传播模式

自我传播模式是指个体本身进行的自我信息的沟通，它是个体自身的内向交流，如浏览网页、使用搜索引擎等。

2）人际传播模式

从狭义上来说，人际传播模式是指人与人之间实时的信息交流，如 QQ、IP 电话、E-mail 等。

3）群体传播模式

群体传播模式是指各个个体之间在一定的群体范围内进行的信息交流活动，如在线论坛、虚拟社区讨论、计算机会议等。

4) 大众传播模式

大众传播模式是指通过现代化的传播媒介对人们进行信息传播活动,信息的传播主要是由特定的传播组织完成的,而信息传播的受众是极其广泛的,如综合性网站、视频点播、数字书报刊、数字广播、数字电视、电影等。

2. 按传播要素的关系分类

1) F2F 模式

F2F(Face-to-Face)模式属于基于媒体的面对面传播,可分为 F2F Ⅰ、F2F Ⅱ和 F2F Ⅲ。

(1) F2F Ⅰ(P2P 模式,Point-to-Point,点对点型):指传播者和受传者基于媒体的面对面,如双向视频会议系统等。

(2) F2F Ⅱ(E2E 模式,End-to-End,端到端型):指受传者和受传者基于媒体的面对面,如视频直播室的聊天室、讨论区等。

(3) F2F Ⅲ(P2P 模式,Peer-to-Peer,伙伴对伙伴型):指传播者和传播者基于媒体的面对面。例如,在网页上互相链接网站就是一种明显的不同传播者借助各自优势互通信息、扩大传播影响的行为。

2) R2M 模式

R2M 模式(Receiver-to-Media,受传者对媒体型)指受传者主动通过媒体获取信息,是一种"拉"的模式,如用户用 RSS 阅读器订阅自己感兴趣的新闻。

3) M2R 模式

M2R 模式(Media-to-Receiver,媒体对受传者型)指媒体通过一定技术自动向受传者"推送"的模式,如用户登录 QQ 时自动弹出的新闻列表。

3. 按传播要素的多少分类

按照传播要素的多少,数字媒体的传播模式有以下 4 种。

(1) O2O 模式(One-to-One,一对一型),指传播者和受传者一对一,如 E-mail、网络聊天。

(2) O2A 模式(One-to-All,一对多型),指一个传播者对多个受传者,如 FTP 服务、博客。

(3) A2O 模式(All-to-One,多对一型)。指多个传播者对一个受传者,如维基百科。

(4) A2A 模式(All-to-All,多对多型)。指多个传播者对多个受传者,如 BBS。

4. 网络传播模式

网络传播模式是以海量信息为背景、以海量参与者为对象、以互联网为平台、以网络服务的提供者和使用者为主体展开的传播活动。借助互联网这个平台进行的网络传播,是一种完全新型的信息传播活动,它有许多不同于传统媒介传播的特点。

1) 传播形态的多样性

互联网不仅可以向全社会进行开放性的大众传播,还可以做点对点的人机传播、小范围的群体传播、组织结构和单位的组织传播。可见它将人际传播、群体传播、组织传播、大众传播等各种传播形态集于一身,传播形态具有多样性。

2) 传播方式的综合性

互联网将以往各自独立的单一性的传播方式综合在一起,它是计算机、电视、录音机、电话机、游戏机、传真机、打印机等的性能的汇总,它又将文字、口语、音响、图表、图片、图像等各种传播形式汇于一体,而且可以根据需要自如地从一种形式转换到另一种形式,或者让几种形式并举,做到图、文、声、像并茂,真正实现多媒体的传播。

3)高度的交互性

高度的交互性是指传受双方具有很大的交互性,两者的角色可以频繁互换,网上的传播者往往也充当受传者,受传者也往往充当传播者,此时此地是传播者,彼时彼地又是受传者。在网上设立网站或数据库的机构、媒体或个人,是传播者;但他们为了传播,往往通过网络进行采访、询问、调查、检索,这时的他们便是受传者。在网上浏览、检索的一般用户是受传者,但他们不仅有很大的寻觅信息的主动权,还随时都能充当传播者。他们可以通过E-mail向别人传送信息和观点,可以向新闻讨论组、公告板传送信息或观点,还可以设立个人网页,发布信息或观点,吸引他人来访问。

4)高度的灵活性

高度的灵活性是指网上传播和接收具有灵活性。通过联网的计算机,传播者可以随时随地传送信息,受传者也可以随时随地选择收看或调阅任何已进入网络的信息。这就是网络传播的 5W(Whoever,Whenever,Wherever,Whomever,Whatever),即任何人在任何时间、任何地点都可以同其他任何人交流任何信息。另外,网络传播允许实时同步和非实时异步的自由选择和转换。在网络传播中,参与者既可以处于同步接收状态,如 MSN、QQ 等即时通信软件的使用,也可以不同步处在传播的情境中,如过时信息的检索、E-mail 的使用等。于是人们有了在使用媒介时自主安排时间的能力,人们的传播活动有了更大的自由度。由此,网络上不再有信息传播控制者,而只存在信息传播参与者。

1.3.2 数字媒体传播的特点

1. 传播的生动性

数字媒体可以重复使用和相互转换,可以处理图、文、声、像等多种信息,并生动地表现出来。另外网络传播是数字媒体传播的主要途径,它的个人化特征非常明显,技术带来的优势使受众灵活地利用检索工具,在多样化的数据库中寻得需要的媒体。除此之外,还可以自由选择媒体接收的时间地点和媒体的表现形式。同时,传播者作为网络传播的另一端,可用"推送技术"根据用户的需求为受众推送专门化的服务。这样,数字媒体的传播在网络中就显得个性张扬、特色鲜明、生动活泼。

2. 传播的及时性

数字媒体依靠网络进行传播,自然而然地继承网络传播的很多优点,传播的及时性就是其中之一。根据传播媒介的不同,可以了解数字媒体传播的及时性。例如,报纸使用纸质媒介传递信息,传递速度受制于交通手段和销售环节;广播电视采用无线电磁信号的形式,受信号传播覆盖面的限制,传播范围之外的区域要借助其他手段获得信号,从而增加环节,这会大大影响传播速度;数字媒体进行网络传播就大为不同,由于传播的载体是光纤通信线路,光纤传递数字信号的速度为 30 万千米每秒,瞬间可达世界上任何地方,从而在技术环节上保证了数字媒体网络传播的即时特点,受众可在第一时间知道所发生的一切。

3. 传播的多样性

数字媒体传播的主要途径是网络传播。网络将全世界的计算机连接起来,形成了一个巨大的数据库。世界上任一时间、任一地点发生的任一事件,都有可能成为网络的信息被广泛传播。与传统媒体相比,由于它得天独厚的技术优势,它可以不受报纸版面、广播电视固定时段、节目容量等诸多限制。技术创造的计算机网络时空几乎可以将全世界的信息全部包揽。另外,传播主体的多元化使得人人皆可以成为信息源,这样网络信息就可以最大程度地拓展,并且源源不断。再者,由于数据库的存在,保存信息和集结信息的广度和深度使得数字媒体的传播具有多样性和海量性等特点。

4. 传播的交互性

数字媒体进行网络传播改变了传统媒体信息单向传递的现状,提供了双向传输的信息渠道。下面可以用逻辑拓扑结构进行分析,逻辑拓扑结构是描述不同网络系统中信息传输逻辑过程的方法。

传统媒体的逻辑拓扑结构是星状结构,即中心制作、四面传输。其特点是:以中心为节点,报社、电台、电视台是传播中的唯一信息来源;信息由信息源向终端点"受者"流动,即单向流动;终端点彼此孤立,没有联系;中心节点批量复制相同信息,单向传给终端点。这种结构使传统媒体基本上只根据自己的判定决定什么样的信息,受众只能照单全收,形成了"我传你受"的传播定势。

数字媒体的逻辑拓扑结构是环状分布式结构。其特点是:无中心节点,每个节点都可向其他节点发送信息成为信息源;双向流动,任何节点都可以向发送信息的节点传回反馈信息;网络各节点之间不是孤立的,任意两点可以通过网络进行双向信息交流;任意两点间的交流途径不仅一条。采用这种逻辑拓扑结构的网络传播本身就具有双向交流的特点,这使得较传统媒体而言,传受双方的双向交流的发生更为经常也更为深入。

在数字媒体时代,受众是信息的使用者,同时也是生产者,在网络共享的状态下,可以从被接受的状态解放出来,形成互动的传播模式。例如,互联网上有很多交流社区、QQ、微博等即时交流的工具,轻松地实现受众之间的交流互动,甚至可以通过视频的形式进行面对面的交流。数字媒体的传播已经不再是单向交流的时代,全方位交互时代已经来临。

1.4 数字媒体技术的研究与应用领域

1.4.1 数字媒体技术的研究内容

数字媒体产业的发展带动了传统产业的升级以及前沿信息技术研究和集成创新方面的实力和产业水平,数字媒体的发展也愈发得到重视,世界各国不但制定数字媒体发展的相关政策和发展规划,还把推动数字媒体产业的发展作为经济持续发展的重要战略。"文化为体,科技为媒"是数字媒体的精髓,随着计算机技术、网络技术和数字通信技术的发展,信息数据的数量猛增,传统的广播、电视、电影技术正快速地向数字化方向发展,数字音频、数字视频、数字电影与日益普及的计算机动画、虚拟现实等都是数字媒体的主要研究内容。数字媒体包括用数字化的技术生成、制作、管理、传播、运营和消费的文化内容产品及服务,已经成为不容忽视的重大经济驱动力。数字媒体产业价值链的延伸是在计算机、通信、消费电子领域内,数字媒体涉及的技术范围广泛,它是多种学科和多种技术交叉的领域。

数字媒体的主要技术范畴包括以下内容。

（1）数字媒体表示与操作，包括数字声音及处理、数字图像及处理、数字视频及处理、数字动画技术等。

（2）数字媒体压缩，包括通用压缩编码、专用压缩码（声音、图像、视频）技术等。

（3）数字媒体储存与管理，包括光盘存储、媒体数据管理、数字媒体版权保护等。

（4）数字媒体传输，包括流媒体技术、P2P 技术等。

（5）数字媒体应用和开发，包括教育培训、电子商务、信息发布、游戏娱乐、电子出版、创意设计等。

1.4.2　数字媒体技术的应用领域

1. 教育培训

随着数字媒体技术的不断发展，且由于其独特的优势，它越来越多地被应用在教育领域。因为数字媒体能够将视听合一功能与计算机的交互功能紧密地结合在一起，产生丰富多彩、图文并茂的人机交互方式，有效地激发学习者的学习兴趣。在这种学习环境中，学习者可以按自己的学习兴趣选择所学的内容，灵活练习，增加了主动参与的机会，最大程度地激发学生的学习欲望。另外，利用数字媒体技术可以开发远程教育系统、网络多媒体资源，以及制作数字电视节目等。这些资源的开发改变了传统的教学手段和方式，学习者利用图文并茂、丰富多彩的学习资源可以愉快地学习，体验交互学习的快乐。

2. 电子商务

网络信息时代带来了国际贸易的巨大变革，"无纸贸易"已经成为当前国际贸易的主流。通过网络可以将国际通用的标准和有关合同通过国际计算机网络进行传送和交易，大大提高了交易和合同执行的效率。商家通过互联网与其他商家进行通信，节省了很多资源和输出成本，提高了工作效率。同时，数字媒体技术成为商家推销自己的绝佳手段，因为数字媒体技术可以图文并茂，集声像于一体，激发顾客的购买欲望。网络信息传输速度很快，覆盖面广，网络电子广告在未来的广告业将占领先地位，因为它可以迅速地将信息传递给顾客，利用多种媒体感受加深顾客对公司和产品的印象。另外，开发电子商城、实现网上交易，已经是当前电子商务发展的一个普遍趋势。

3. 信息发布

随着信息网络的发展，无论是学校、企业或者公司都建立自己的信息网站，以便信息的发布。而信息网站主要是这些组织或者机构的自我展示，要做好这样的自我展示，离不开数字媒体技术。利用大量的媒体资源详细介绍历史、实力、成果及需求信息，可以更大程度地提高自己的声誉和大众认识度。对于企业和公司，对寻求合作伙伴和推销产品具有深远的意义；对于学校，可以介绍专业、导师信息、课程计划等，并可以进行网络报名。个体也可以建立自己的主页和空间，如博客、BBS、QQ 等，可以实时地进行信息发布和实时交流讨论，一个引人注目的主页会迅速被受众接受，带来意想不到的效果。

4. 娱乐

随着数字媒体的发展，给人们的娱乐方式也带来了巨大的改变。数字媒体多样性、交互性和易于传播的特点，决定了它成为一种新型娱乐手段，如数字游戏、数字动漫、数字影音、数字电影和数字电视都属于这个范畴。

数字游戏作为数字娱乐的代表,已成为数字娱乐业的重要组成部分。数字化的网络游戏平台正在迅速发展,相对于传统游戏,数字游戏具有跨媒介特性和历史发展性等优势,游戏市场的规模在不断扩大。数字动漫市场也日益繁华,美国和日本是动漫产业大国,中国在这方面还处于起步阶段。除此之外,数字影音产业已经蓬勃发展,网络电视、数字电视、直播卫视电视、移动电视、电视通信、电视博客、好友电视、视频点播和电视冲浪都是新兴的数字媒体服务,人们能够舒服地通过各种方式实现娱乐。另外,数字电影飞速发展,许多传统电影做不到的镜头可以借助计算机来完成,或者运用计算机技术使其变得更加完美。利用数字技术营造的虚拟空间和各种匪夷所思的影像是普通电影无法完成的。最后,数字电视的发展也极其可观,数字电视将传统的模拟电视信号经过抽样、量化和编码转换成二进制代表的数字信号,然后进行各种功能的处理、传输、存储和记录。数字电视技术结合了计算机、图像处理、通信技术,它的图像更加逼真、清晰,支持的业务也越来越多。同时,数字电视的出现产生了一种全新的数字电视广告传播新方式,引起广告传播模式的变革,导致新的广告传播方式的生成。

数字媒体的发展在很大程度上体现了一个国家在信息服务、传统产业升级换代及前沿信息技术集成创新方面的实力和水平,数字媒体为新型的娱乐方式开辟了广阔的空间。

5. 数字出版

数字出版是在出版的整个过程中将所有的信息都以统一的二进制代码的数字化形式存储于光盘、磁盘和网络等介质中,信息的处理与传递则借助计算机和类似设备进行。数字出版包括印前数字化、印刷数字化和印后数字化。印前数字化是指印刷前的所有工作程序,如组稿、审稿、编辑、图文混排、打样、制版等,主要包括编辑数字化、制作数字化、处理数字化和输出数字化。印刷数字化是指利用数字印刷机和数字纸,即利用数字化的设备和工具进行印刷。印后数字化是指出版物以数字化形式出版,如离线出版物、网络出版物、按需出版物和电子书。另外,印后数字化还指发行的数字化,网上书店是典型的代表,网上书店作为一种新型的发行渠道现在越来越受到重视。

1.5 数字媒体技术的预备知识

1.5.1 计算机系统

计算机系统由硬件和软件两部分组成。

1. 硬件系统

1) 电源

电源是计算机中不可缺少的供电设备,它的作用是将 220V 交流电转换为计算机中使用的 5V、12V、3.3V 直流电,如图 1-1 所示。其性能的好坏直接影响其他设备工作的稳定性,进而会影响整机的稳定性。

2) 主板

主板是计算机中各个部件工作的一个平台,它把计算机的各个部件紧密连接在一起,各个部件通过主板进行数据传输。也就是说,计算机中重要的"交通枢纽"都在主板上,它工作的稳定性决定了整机工作的稳定性,如图 1-2 所示。

图 1-1　电源　　　　　　　　　　　　图 1-2　主板

3) CPU

CPU（Central Processing Unit，中央处理器）是计算机的运算核心和控制核心，如图 1-3 所示。其功能主要是解释计算机指令以及处理计算机软件中的数据。CPU 由运算器、控制器、寄存器、高速缓存及实现它们之间联系的数据、控制及状态的总线构成。作为整个系统的核心，CPU 也是整个系统最高的执行单元，因此 CPU 已成为决定计算机性能的核心部件，很多用户都以它为标准来判断计算机的档次。

4) 内存

内存又称为内部存储器或者是随机存储器（RAM），现在采用的主要是 DDR 内存。内存属于电子式存储设备，它由电路板和芯片组成，特点是体积小，速度快，有电可存，无电清空，即计算机在开机状态时内存中可存储数据，关机后将自动清空其中的所有数据。内存有DDR、DDR 2、DDR 3、DDR 4、DDR 5，容量有 2G、4G、8G、16G 和 64G，如图 1-4 所示。

图 1-3　CPU　　　　　　　　　　　　图 1-4　内存

5) 硬盘

硬盘属于外部存储器，由金属磁片制成，而磁片有记忆功能，因此存储到磁片上的数据，无论是开机还是关机，都不会丢失数据。硬盘容量很大，目前已达 TB 级，尺寸有 2.5 英寸、3.5 英寸等，接口 SATA 最普遍。台式计算机上常用的是机械硬盘，如图 1-5(a) 所示。

移动硬盘是以硬盘为存储介质,强调便携性的存储产品。目前市场上绝大多数移动硬盘都是以标准硬盘为基础的,只有很少部分是以微型硬盘为基础,但价格因素决定着主流移动硬盘还是以标准笔记本硬盘为基础。移动硬盘多采用 USB 等传输速度较快的接口,可以以较高的速度与系统进行数据传输,如图 1-5(b)所示。

固态硬盘是用固态电子存储芯片阵列制成的硬盘,由控制单元和存储单元(Flash 芯片)组成。固态硬盘的接口规范和定义、功能和使用方法与普通硬盘的完全相同,在产品外形和尺寸上也与普通硬盘完全一致,如图 1-5(c)所示。

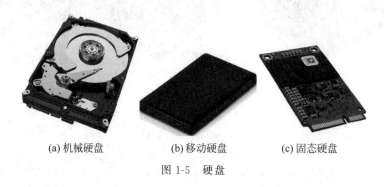

(a) 机械硬盘　　　　　(b) 移动硬盘　　　　(c) 固态硬盘

图 1-5　硬盘

硬盘的基本参数如下。

(1) 容量。

作为计算机系统的数据存储器,容量是硬盘最主要的参数。硬盘的容量以兆字节(MB)或吉字节(GB)为单位,1GB=1024MB。但硬盘厂商通常使用的是 GB 和 TB。硬盘的容量指标还包括硬盘的单碟容量。所谓单碟容量,是指硬盘单片盘片的容量,单碟容量越大,单位成本越低,平均访问时间也越短。

(2) 转速。

转速(rotational speed)是硬盘内电机主轴的旋转速度,也就是硬盘盘片在一分钟内所能完成的最大转数。转速的快慢是标示硬盘档次的重要参数之一,它是决定硬盘内部传输率的关键因素之一,在很大程度上直接影响到硬盘的速度。硬盘的转速越快,硬盘寻找文件的速度也就越快,相对的硬盘的传输速度也就得到了提高。硬盘转速以每分钟多少转来表示,单位为 r/min,r/min 是 revolutions per minute 的缩写,是转/分钟。转速值越大,内部传输率就越快,访问时间就越短,硬盘的整体性能也就越好。硬盘的主轴电机带动盘片高速旋转,产生浮力使磁头飘浮在盘片上方。要将所要存取资料的扇区带到磁头下方,转速越快,则等待时间也就越短。因此转速在很大程度上决定了硬盘的速度。

普通硬盘的转速一般有 5400r/min 和 7200r/min;服务器用户对硬盘性能要求最高,服务器中使用的 SCSI 硬盘转速基本都采用 10 000r/min,甚至还有 15 000r/min 的。较高的转速可缩短硬盘的平均寻道时间和实际读写时间,但随着硬盘转速的不断提高也带来了温度升高、电机主轴磨损加大、工作噪声增大等负面影响。

(3) 平均访问时间。

平均访问时间是指磁头从起始位置到达目标磁道位置,并且从目标磁道上找到要读写的数据扇区所需的时间。平均访问时间体现了硬盘的读写速度,它包括了硬盘的寻道时间和等待时间,即:

$$平均访问时间＝平均寻道时间＋平均等待时间$$

硬盘的平均寻道时间是指硬盘的磁头移动到盘面指定磁道所需的时间。这个时间当然越小越好,目前硬盘的平均寻道时间通常为 8～12ms,而 SCSI 硬盘则应小于或等于 8ms。硬盘的等待时间,又称为潜伏期,是指磁头已处于要访问的磁道,等待所要访问的扇区旋转至磁头下方的时间。平均等待时间为盘片旋转一周所需的时间的一半,一般应在 4ms以下。

（4）传输率。

硬盘的数据传输率是指硬盘读写数据的速度,单位为兆字节每秒(MB/s)。硬盘数据传输率又包括了内部数据传输率和外部数据传输率。内部传输率也称为持续传输率,它反映了硬盘缓冲区未用时的性能。内部传输率主要依赖硬盘的旋转速度。外部传输率也称为突发数据传输率或接口传输率,它标示的是系统总线与硬盘缓冲区之间的数据传输率,外部数据传输率与硬盘接口类型和硬盘缓存的大小有关。

使用 SATA(Serial ATA)口的硬盘又称为串口硬盘。Serial ATA 采用串行连接方式,串行 ATA 总线使用嵌入式时钟信号,具备了更强的纠错能力,与以往相比其最大的区别在于能对传输指令进行检查,如果发现错误会自动矫正,这在很大程度上提高了数据传输的可靠性。串行接口还具有结构简单、支持热插拔的优点。

（5）缓存。

缓存是硬盘控制器上的一块内存芯片,具有极快的存取速度,它是硬盘内部存储和外界接口之间的缓冲器。由于硬盘的内部数据传输速度和外界接口传输速度不同,缓存在其中起到一个缓冲的作用。缓存的大小与速度是直接关系到硬盘的传输速度的重要因素,能够大幅度地提高硬盘整体性能。当硬盘存取零碎数据时需要不断地在硬盘与内存之间交换数据,如果有大缓存,则可以将那些零碎数据暂存在缓存中,减小系统的负荷,也提高了数据的传输速度。

6）声卡

声卡是组成多媒体计算机必不可少的一个硬件设备,其作用是当发出播放命令后,声卡将计算机中的声音数字信号转换成模拟信号送到音箱上发出声音,同时声卡也可以接收麦克风输入的模拟信号,将其转换为计算机识别的数字信号,目前一般的 PC 声卡已经集成到主板上,独立声卡大多是高档的声卡,参见图 1-6。

7）显卡

显卡全称为显示接口卡,又称为显示适配器,是个人计算机最基本的组成部分之一。显卡的用途是将计算机系统所需要的显示信息进行转换驱动,并向显示器提供行扫描信号,控制显示器的正确显示,是连接显示器和个人计算机主板的重要元件,是"人机对话"的重要设备之一。显卡作为计算机主机里的一个重要组成部分,承担输出显示图形的任务,对于从事专业图形设计的人来说显卡非常重要。常用显卡图形芯片供应商主要包括 AMD(ATI)和 Nvidia 两家。

图 1-6　独立声卡

（1）工作原理。

数据一旦离开 CPU，必须通过以下 4 个步骤，最后才会到达显示屏。

① 从总线（bus）进入 GPU（图形处理器）：将 CPU 送来的数据送到北桥再送到 GPU 进行处理。

② 从显卡芯片组（Video Chipset）进入显存（Video RAM）：将芯片处理完的数据送到显存。

③ 从显存进入 DAC（Digital Analog Converter，数-模转换器）：从显存读取出数据再送到 RAM DAC 进行数据转换的工作。

④ 从 DAC 进入显示器：将转换完的模拟信号送到显示屏。

显示效能是系统效能的一部分，其效能的高低由以上 4 个步骤决定，它与显示卡的效能不太一样，如要严格区分，显示卡的效能应该受中间两步决定，因为这两步的数据传输都是在显示卡的内部。第一步是由 CPU 进入到显示卡里面，最后一步是由显示卡直接将数据送到显示屏上。

（2）显卡分类。

① 集成显卡。

集成显卡是将显示芯片、显存及其相关电路都做在主板上，与主板融为一体；集成显卡的显示芯片有单独的，但大部分都集成在主板的北桥芯片中；一些主板集成的显卡也在主板上单独安装了显存，但其容量较小，集成显卡的显示效果与处理性能相对较弱，不能对显卡进行硬件升级，但可以通过 CMOS 调节频率或刷新 BIOS 文件实现软件升级来挖掘显示芯片的潜能。

集成显卡的优点：功耗低，发热量小，部分集成显卡的性能已经可以媲美入门级的独立显卡，所以不用花费额外的资金购买显卡。

集成显卡的缺点：不能更换显卡，如果必须更换，就只能和主板一起更换。

② 独立显卡。

独立显卡是指将显示芯片、显存及其相关电路单独做在一块电路板上，自成一体而作为一块独立的板卡存在，它需占用主板的扩展插槽，如图 1-7 所示。

图 1-7　独立显卡

独立显卡的优点：单独安装有显存，一般不占用系统内存，在技术上也较集成显卡先进得多，比集成显卡能够得到更好的显示效果和性能，容易进行显卡的硬件升级。

独立显卡的缺点：系统功耗加大，发热量也较大，需额外花费资金购买显卡。

③ 核心显卡。

核心显卡是 Intel 新一代图形处理核心，和以往的显卡设计不同，Intel 凭借其在处理器制造上的先进工艺及新的架构设计,将图形核心与处理核心整合在同一块基板上,构成一颗完整的处理器。这种设计上的整合大大缩减了处理核心、图形核心、内存及内存控制器间的数据周转时间,有效提升处理效能并大幅降低芯片组整体功耗,有助于缩小核心组件的尺寸,为笔记本电脑、一体机等产品的设计提供了更大选择空间。

核心显卡和传统意义上的集成显卡并不相同。目前笔记本电脑平台采用的图形解决方案主要有"独立"和"集成"两种,前者拥有单独的图形核心和独立的显存,能够满足复杂庞大的图形处理需求,并提供高效的视频编码应用;集成显卡则将图形核心以单独芯片的方式集成在主板上,并且动态共享部分系统内存作为显存使用,因此能够提供简单的图形处理能力,以及较为流畅的编码应用。相对于前两者,核心显卡则将图形核心整合在处理器当中,进一步加强了图形处理的效率,并把集成显卡中的"处理器+南桥+北桥(图形核心+内存控制+显示输出)"三芯片解决方案精简为"处理器(处理核心+图形核心+内存控制)+主板芯片(显示输出)"的双芯片模式,有效降低了核心组件的整体功耗,更利于延长笔记本电脑的续航时间。

核心显卡的优点有三个:一是低功耗,由于新的精简架构及整合设计,核心显卡对整体能耗的控制更加优异,高效的处理性能大幅缩短了运算时间,进一步缩减了系统平台的能耗;二是高性能,可以带来充足的图形处理能力;三是核心显卡可支持 DX10、SM4.0、OpenGL2.0,以及全高清 Full HD MPEG2/H.264/VC-1 格式解码等技术,即将加入的性能动态调节更可大幅提升核心显卡的处理能力。

核心显卡的缺点:它的价格较昂贵。

(3) 显卡接口。

① AGP 接口。

AGP(accelerate graphical port,加速图像处理端口)接口是 Intel 公司开发的一个视频接口技术标准,是为了解决 PCI 总线的低带宽而开发的接口技术。它通过将图形卡与系统主内存连接起来,在 CPU 和图形处理器之间直接开辟了更快的总线。

② PCI Express 接口。

PCI Express(简称 PCI-E)是新一代的总线接口,而采用此类接口的显卡产品,已经在 2004 年正式面世。早在 2001 年的春季"Intel 开发者论坛"上,Intel 公司就提出了要用新一代的技术取代 PCI 总线和多种芯片的内部连接,并称之为第三代 I/O 总线技术。随后在 2001 年底,包括 Intel、AMD、DELL、IBM 在内的 20 多家业界主导公司开始起草新技术的规范,并在 2002 年完成,对其正式命名为 PCI Express。

③ 双卡技术。

SLI 和 CrossFire 分别是 NVIDIA 和 ATI 两家的双卡或多卡互连工作组模式。其本质是差不多的,只是叫法不同。SLI Scan Line Interlace(扫描线交错)技术是 3DFX 公司应用于 Voodoo 上的技术,它通过把两块 Voodoo 卡用 SLI 线物理连接起来,工作的时候一块 Voodoo 卡负责渲染屏幕奇数行扫描,另一块负责渲染偶数行扫描,从而达到将两块显卡"连接"在一起获得"双倍"的性能。SLI 中文名为速力,到 2009 年 SLI 工作模式与早期 Voodoo 有所不同,改为屏幕分区渲染。CrossFire 中文名为交叉火力,简称交火,是 ATI 的一款多重 GPU 技术,可让多张显示卡同时在一台计算机上并排使用,增加运算效能,与 NVIDIA 的 SLI 技术竞争。

- 支持条件。组建 SLI 和 CrossFire 需要两个以上的显卡,必须是 PCI-E,不要求必须是相同核心,混合 SLI 可以用于不同核心显卡;需要主板支持、系统支持和驱动支持。
- 并行工作。无论是 NVIDIA 还是 ATI,均可用自己最新的集成显卡和独立显卡进行混合并行使用。这种混合需要硬件及驱动的支持,并不是所有型号之间都可以进行。

8) 网卡

网卡的作用是充当计算机与网线之间的桥梁,它是用来建立局域网并连接到 Internet 的重要设备之一。目前,大多数主板都集成了网卡,只有在极少数服务器上配置了独立网卡。在整合型主板中常把声卡、显卡、网卡部分或全部集成在主板上。

网卡是工作在数据链路层的网络组件,是局域网中连接计算机和传输介质的接口,不仅能实现与局域网传输介质之间的物理连接和电信号匹配,还涉及帧的发送与接收、帧的封装与拆封、介质访问控制、数据的编码与解码以及数据缓存的功能等。

9) 光驱

光驱是计算机用来读写光盘内容的机器,也是在台式机和笔记本电脑里比较常见的一个部件。随着数字媒体的应用越来越广泛,使得光驱在计算机诸多配件中已经成为标准配置,如图 1-8 所示。目前,光驱可分为 DVD 光驱(DVD-ROM)、DVD 刻录机、蓝光刻录机等。读写的能力和速度也日益提升,如 $16\times$、$32\times$、$40\times$、$48\times$、$52\times$。

10) 显示器

显示器有大有小,有薄有厚,品种多样,其作用是把计算机处理完的结果显示出来。它是一个输出设备,是计算机必不可少的部件之一,分为 LCD、LED 两大类。目前主要为 LCD 液晶显示器,接口有 VGA、DVI、HDMI 三类,如图 1-9 所示。

图 1-8　光驱　　　　　　　　　　　图 1-9　LED 显示器

另外还有键盘、鼠标等必备外设,这里不再叙述。

2. 软件系统

软件是指为方便使用计算机和提高使用效率而组织的程序以及用于开发、使用和维护的有关文档。软件系统可分为系统软件和应用软件两大类。

1) 系统软件

系统软件由一组控制计算机系统并管理其资源的程序组成,其主要功能包括启动计算机,存储、加载和执行应用程序,对文件进行排序、检索,将程序语言翻译成机器语言等。实际上,系统软件可以看作是用户与计算机的接口,它为应用软件和用户提供了控制、访问硬件的手段,这些功能主要由操作系统完成。此外,编译系统和各种工具软件也属于此类,它们从另一方面辅助用户使用计算机。下面分别介绍它们的功能。

(1) 操作系统。操作系统是管理、控制和监督计算机软、硬件资源协调运行的程序系统,由一系列具有不同控制和管理功能的程序组成,它是直接运行在计算机硬件上的、最基本的系统软件,是系统软件的核心。操作系统是计算机发展中的产物,它的主要目的有两个:一是方便用户使用计算机,它是用户和计算机的接口,如用户输入一条简单的命令就能自动完成复杂的功能,这就是操作系统帮助的结果;二是统一管理计算机系统的全部资源,合理组织计算机工作流程,以便充分、合理地发挥计算机的效率。

微机操作系统随着微机硬件技术的发展而发展,从简单到复杂。Microsoft 公司开发的 Windows 操作系统是多用户多任务系统,经过多年的发展,已成为当前微机中广泛使用的操作系统之一。Linux 是一个源代码公开的操作系统,目前已被越来越多的用户采用,是 Windows 操作系统强有力的竞争对手。

(2) 语言处理系统。人和计算机交流信息使用的语言称为计算机语言或程序设计语言。计算机语言通常分为机器语言、汇编语言和高级语言三类。如果要在计算机上运行高级语言程序就必须配备程序语言翻译程序。翻译程序本身是一组程序,不同的高级语言都有相应的翻译程序。翻译的方法有以下两种。

① "解释"。早期的 BASIC 源程序的执行都采用这种方式。它调用机器配备的 BASIC "解释程序",在运行 BASIC 源程序时,逐条把 BASIC 的源程序语句进行解释和执行,它不保留目标程序代码,即不产生可执行文件。这种方式速度较慢,每次运行都要经过"解释",即边解释边执行。

② "编译"。它调用相应语言的编译程序,把源程序变成目标程序(以.obj 为扩展名),然后再用连接程序,把目标程序与库文件相连接形成可执行文件。尽管编译的过程复杂一些,但它形成的可执行文件(以.exe 为扩展名)可以反复执行,速度较快。运行程序时只要输入可执行程序的文件名,再按 Enter 键即可。对源程序进行解释和编译任务的程序,分别称为编译程序和解释程序。如 FORTRAN、COBOL、PASCAL 和 C 等高级语言,使用时需要有相应的编译程序;BASIC、LISP 等高级语言,使用时需要用相应的解释程序。

(3) 数据库管理系统。数据库是指按照一定联系存储的数据集合,可为多种应用共享。数据库管理系统(DataBase Management System,DBMS)则是能够对数据库进行加工、管理的系统软件。其主要功能是建立、消除、维护数据库及对数据库中数据进行各种操作。数据库系统主要由数据库(DB)、数据库管理系统(DBMS)以及相应的应用程序组成。数据库系统不但能够存放大量的数据,更重要的是能迅速、自动地对数据进行检索、修改、统计、排序、合并等操作,以得到所需的信息。这一点是传统的文件无法做到的。

数据库技术是计算机技术中发展最快、应用最广泛的一个分支。可以说,在今后的计算机应用开发中大都离不开数据库。因此,了解数据库技术尤其是微机环境下的数据库应用是非常必要的。

2) 应用软件

为解决各类实际问题而设计的程序系统称为应用软件。从其服务对象的角度,又可分为通用软件和专用软件两类。

3. 数码外围设备

数码设备主要指计算机的标准输入输出设备以外的设备,该类设备的特点是能够捕获外部的图像、声音、视频等信息,并将信息以计算机可识别的文件形式保存下来,如数码照相机、数码录像机等,统称为数码输入设备;还有一类设备能够将计算机输出的数字信息以图形、视频、印刷品的形式展现的设备,如投影机、数码打印机等,统称为数码输出设备。

1.5.2 网络系统

计算机网络就是通过线路互联起来的、自治的计算机集合,确切地说就是将分布在不同地理位置上的具有独立工作能力的计算机、终端及其附属设备用通信设备和通信线路连接起来,并配置网络软件,以实现计算机资源共享的系统。

1. 局域网

局域网(LAN)是最常见、应用最广泛的一种网络。随着整个计算机网络技术的发展和提高,局域网得到充分的应用和普及,几乎每个单位都有自己的局域网,若干家庭中都有自己的小型局域网。局域网就是在局部地区范围内的网络,它所覆盖的地区范围较小。局域网在计算机数量配置上没有太多的限制,可以只有两台,也可达几百台。一般来说,在企业局域网中,工作站的数量为几十到两百台左右。网络涉及的地理距离是几米至 10km 以内。局域网一般位于一个建筑物或一个单位内,不存在寻径问题,不包括网络层的应用。

这种网络的特点是连接范围窄、用户数少、配置容易、连接速率高。目前,万兆(10G)以太网已得到广泛使用,十万兆(100G)以太网也逐步开始使用。IEEE 的 802 标准委员会定义了多种主要的 LAN 网:以太网(Ethernet)、令牌环网(Token Ring)、光纤分布式接口网络(FDDI)、异步传输模式网(ATM)以及无线局域网(WLAN)。

2. 城域网

城域网(MAN)一般来说是在一个城市,但不在同一地理小区范围内的计算机互联。这种网络的连接距离可以为 10~100km,它采用的是 IEEE 802.6 标准。与 LAN 相比,MAN 的扩展的距离更长,连接的计算机数量更多,在地理范围上可以说是 LAN 网络的延伸。在一个大型城市或都市地区,一个 MAN 网络通常连接着多个 LAN 网,如连接政府机构的 LAN、医院的 LAN、电信的 LAN、公司企业的 LAN 等。由于光纤连接的引入,使 MAN 中高速的 LAN 互联成为可能。

城域网多采用 ATM 技术作为骨干网。ATM 是一个用于数据、语音、视频以及多媒体应用程序的高速网络传输方法。ATM 包括一个接口和一个协议,该协议能够在一个常规的传输信道上,在比特率不变及变化的通信量之间进行切换。ATM 也包括硬件、软件以及与 ATM 协议标准一致的介质。ATM 提供一个可伸缩的主干基础设施,以便能够适应不同规模、速度以及寻址技术的网络。ATM 的最大缺点就是成本太高,所以一般在政府城域网中应用,如邮政、银行、医院等。

3. 广域网

这种网络也称为远程网,所覆盖的范围比城域网(MAN)更广泛,它一般是在不同城市之间的 LAN 或者 MAN 网络互联,地理范围可从几百千米到几千千米。因为距离较远,信息衰减比较严重,所以这种网络一般要租用专线,通过 IMP(接口信息处理)协议和线路连接起来,构成网状结构,解决寻径问题。这种网络因为连接的用户多,总出口带宽有限,所以用户的终端连接速率一般较低,通常为 9.6kbps～45Mbps,如邮电部的 CHINANET、CHINAPAC 和 CHINADDN 网。

4. 互联网

互联网因其英文单词 Internet 的谐音,又称为"因特网"。在互联网应用如此发达的今天,它已是一种人们每天都要打交道的网络,无论从地理范围还是从网络规模来讲,它都是一种最大的网络。从地理范围来说,它可以是全球计算机的互联,这种网络的最大的特点就是不定性,整个网络的计算机每时每刻随着人们网络的接入在不断地变化。当用户的计算机连在互联网上时,用户的计算机可以算是互联网的一部分,但一旦断开互联网的连接,用户的计算机就不属于互联网了。它的优点也是非常明显的,就是信息量大,传播广,无论身处何地,只要连上互联网就可以对任何联网用户发出信函和广告。因为这种网络的复杂性,所以这种网络实现的技术也是非常复杂的。

5. 无线网络

无线网络是应用无线通信技术将计算机和各种通信设备互联,构成可以互相通信和实现资源共享的网络体系。无线网络在网络节点之间使用无线数据连接,无须布线,避免将电缆引入建筑物或作为各种设备位置之间的连接。无线网络的特点包括可移动性强,能突破时空的限制;扩展性较强,可以随时通过无线信号进行接入,有效实现网络的扩展和配置的设置;设备安装简易、成本低廉。

1) 无线网络的链路

无线网络的链路有地面微波、通信卫星、蜂窝和个人通信服务系统、无线电和扩频技术等。

地面微波的通信使用类似于卫星天线的地球发射器和接收器。地面微波处于较低的千兆赫范围内,中继站相距约 48 千米(30 英里)。

通信卫星,即卫星通过微波无线电波进行通信,不会被地球大气层偏转。这些卫星通常位于赤道上方 35 400 千米(22 000 英里)的地球同步轨道上,地球轨道系统能够接收和中继语音、数据和电视信号。

蜂窝和个人通信服务系统使用多种无线电通信技术,该系统将覆盖的区域划分为多个地理区域,每个区域都有一个低功率发射器或无线电中继天线设备,用于将呼叫从一个区域中继到下一个区域。

无线电和扩频技术,即无线局域网,使用类似于数字蜂窝的高频无线电技术和低频无线电技术。

2) 无线网络的类型

(1) 无线个域网。无线个域网(WPAN)在相对较小的区域内连接设备,该区域通常在个人所在的范围内。例如,蓝牙和不可见红外光能用于将耳机连接到笔记本电脑的 WPAN。ZigBee 还支持 WPAN 应用程序。随着 WiFi 集成到各种消费电子设备中,WiFi 个域网变得更简单、更易于设置和配置。

(2) 无线局域网。无线局域网作为一种无线计算机网络,它使用无线通信将两个或多个设备连接起来,以便在家庭、计算机实验室、校园或办公楼等有限区域内形成局域网。它使用户能够在该区域内四处走动并保持与网络的连接。无线局域网还可以通过路由器或网关与 Internet 连接。采用 IEEE 802.11 标准的无线局域网通常被称为 WiFi,它是世界上使用最广泛的计算机网络。

（3）无线自组织网络（ad hoc 网络），也称为无线网网格网络或移动自组织网络（MANET），是由以网状拓扑组织的无线电节点组成的无线网络。每个节点都充当路由，代表其他节点转发消息。ad hoc 网络可以"自我修复"，在断电的节点周围自动重新寻找路由。实现 ad hoc 移动网络需要各种网络层协议，如距离矢量路由、基于联合的路由和动态源路由。

（4）无线广域网是通常覆盖较大区域的无线网络，如相邻城镇和城市之间或城市和郊区之间。这些网络可用于连接业务分支机构或用作公共 Internet 访问系统。接入点之间的无线连接通常使用 2.4GHz 和 5.8GHz 频段上的抛物面天线的点对点微波链路，而不是用于小型网络的全向天线。一个典型的系统包含基站网关、接入点和无线桥接中继。

（5）蜂窝网络，又称为移动网络，它属于一种移动通信硬件架构。由于构成网络覆盖的各通信基地台的信号覆盖呈六边形，从而使整个网络像一个蜂窝。蜂窝网络主要由移动站、基站子系统和网络子系统三部分组成。其中，移动站就是手机等网络终端设备；基站子系统包括移动基站、无线收发设备、专用网络和数字设备等，可看作无线网络与有线网络之间的转换器。在蜂窝网络中，每个基站通常使用一组与其所有直接相邻基站不同的无线电频率来避免任何干扰。

（6）全球区域网络（GAN）是一种用于支持跨任意数量的无线局域网、卫星覆盖区域的移动网络。移动通信的关键挑战是将用户通信从一个本地覆盖区域切换到下一个本地覆盖区域。比较典型的是美国宇航局的太空网络，它主要用于航天器之间的通信。

1.6 练 习

一、填空题

1. 国际电信联盟把媒体分成 5 类，分别是_____、_____、_____、_____和_____。

2. 数字媒体按照时变属性可以分为_____和_____。

3. 多媒体技术主要有如下特征：数字化、_____、多样性、_____、非线性、_____和协同性。

4. 数字媒体的技术型特征包括：_____、_____和_____。

5. 数字媒体按传播类型分类可以分为自我传播模式、_____、_____和大众传播模式。

6. 硬盘可分为_____、_____、_____三种。

二、选择题

1. 数字媒体按照（   ）可以分为离散媒体和连续媒体。
   A. 时变属性
   B. 来源属性
   C. 人类的感知属性
   D. 媒体组成属性

2. 在数字媒体传播中，（   ）可分为 F2F Ⅰ、F2F Ⅱ、F2F Ⅲ。
   A. R2M 模式
   B. F2F 模式
   C. M2R 模式
   D. O2O 模式

3. 数字媒体传播的特点包括( )4点。

    A. 传播的生动性、及时性、艺术性、多样性

    B. 传播的多样性、及时性、技术性、艺术性

    C. 传播的生动性、及时性、多样性、交互性

    D. 传播的交互性、及时性、技术性、艺术性

4. 随着网络技术的发展,数字媒体技术的应用领域拓展到了( )领域。

    A. 电子商务   B. 娱乐   C. 信息发布   D. 教育培训

5. ( )主要包括广播、电视广告(字幕、标版、影视)等。

    A. 平面媒体   B. 电波媒体   C. 网络媒体   D. 表现媒体

三、简答题

1. 什么是数字媒体?其主要特点是什么?

2. 简述数字媒体技术的应用领域。

3. 结合自己的实际生活谈谈数字媒体对现代生活的影响。

4. 简述数字媒体的传播模式。

5. 计算机系统由哪些部分组成?

6. 网络系统可分为哪些类型?各有什么特征?

第2章 数字媒体的关键技术

▶▶▶

【学习导入】

数字媒体技术范围广泛、技术新颖,是多个学科和多个技术交叉的领域,包括媒体的表示与操作、媒体的压缩、存储与管理、媒体传播等内容。

【内容结构】

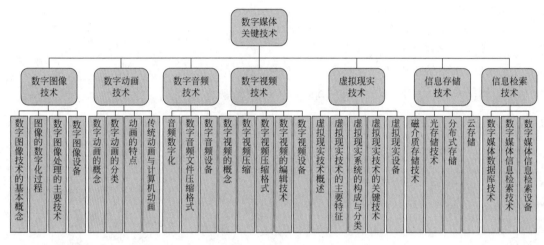

【学习目标】

(1) 知识目标:掌握数字媒体关键技术的概念、特点,以及各种技术的关键技术原理。

(2) 能力目标:具备从技术指标的角度对同类数字产品质量的比较、评价能力。

(3) 素质目标:具备信息检索的能力。

2.1 数字图像技术

2.1.1 数字图像技术的基本概念

1. 图像与图形

图像是对客观世界的反映。"图"是指物体透射光或反射光的分布,"像"是人的视觉对"图"的认识。"图像"是两者的结合。图像既是一种光的分布,也包含人的视觉心理因素。图像的最初取得是通过对物体和背景的"摄取"。这里的"摄取"意味着一种"记录"过程,如照相、摄像、扫描等,这是图像和图形的主要区别。

图形是用数学规则产生的或具有一定规则的图案。图形往往是用一组符号或线条来表示性质的。如房屋设计图,人们用线条来表现房屋的结构。

2. 数字图像处理的概念

通俗地讲,数字图像处理技术是指应用计算机以及数字设备对图像进行加工处理的技术。

图像的处理是在以计算机为中心的包括各种输入、输出及显示设备在内的数字图像处理系统上进行的,是将连续的模拟图像变换成离散的数字图像后,用建立在特定的物理模型和数学模型的基础上而编制的程序控制下,所进行并实现种种要求的处理。计算机处理按特点主要分为两大类。

(1) 以最终恢复原图像为前提的信息压缩处理和用原图像相异的形式有效地表现和提示图像的图像变换处理,其中处理尽可能地不丢失图像的信息。

(2) 主要是对图像进行特征抽取,其处理的最终目的是为了识别。这一类属于数字模式识别范畴。

3. 数字图像的特点

1) 信息量大

以数目较少的电视图像为例,它一般是由 512×512 个像素、8 比特组成的,其总数据量为 $512 \times 512 \times 8 = 2\ 097\ 152$ 比特 $= 262\ 144B = 256KB$。

这样大的数据量必须由计算机处理才易胜任,且计算机内存容量要大。为了运算方便常需要几倍的内存。

2) 占用频带宽

一般语言信息(如电话、传真、电传、电报等)的带宽仅 4KB 左右,而图像信息所占用频率的带宽要大 3 个数量级。如普通电视的标准带宽是 6.5MB,等于语言带宽的 14 倍。所以在摄影、传输、存储、处理、显示等各环节的实现上技术难度大,因而对频带的压缩技术的要求是很迫切的。

3) 相关性大

每幅图像中相邻像素之间是不独立的,具有很大的相关性,有时大片大片的像素间具有相同或接近的灰度。

再如,对电视画面而言,前后两幅图像其相关系数往往在 0.95 以上,因此压缩图像信息的潜力很大。

4) 非客观性

图像信息的最终接收器是人的视觉系统。由于图像信息和视觉系统都十分复杂,它与环境条件、视觉特性、情绪、精神状态、知识水平都有关。因此要求图像系统与视觉系统有良好的"匹配",所以必须研究图像的统计规律和视觉特征。

2.1.2 图像的数字化过程

要在计算机中处理图像,必须先把真实的图像(照片、画报、图书、图纸等)通过数字化转变成计算机能够接受的显示和存储格式,然后再用计算机进行分析处理。图像的数字化过程主要分采样、量化与压缩编码 3 个步骤。

1. 采样

采样的实质就是要用多少点来描述一幅图像,采样结果质量的高低用图像分辨率来衡量。简单来讲,对二维空间上连续的图像在水平和垂直方向上等间距地分割成矩形网状结构,所形成的微小方格称为像素点。一幅图像就被采样成有限个像素点构成的集合。例如,一幅 640×480 分辨率的图像,表示这幅图像是由 640×480＝307 200 个像素点组成。

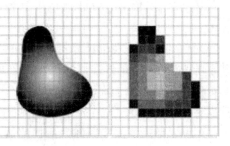

如图 2-1 所示,左图是要采样的物体,右图是采样后的图像,每个小格即为一个像素点。

采样频率是指一秒内采样的次数,它反映了采样点之间的间隔大小。采样频率越高,得到的图像样本越逼真,图像的质量越高,但要求的存储量也越大。

图 2-1　图像采样

在进行采样时,采样点间隔大小的选取很重要,它决定了采样后的图像能真实地反映原图像的程度。一般来说,原图像中的画面越复杂,色彩越丰富,则采样间隔应越小。由于二维图像的采样是一维的推广,根据信号的采样定理,要从取样样本中精确地复原图像,可得到图像采样的奈奎斯特(Nyquist)定理:图像采样的频率必须大于或等于原图像最高频率分量的两倍。

2. 量化

量化是指要使用多大范围的数值来表示图像采样之后的每个点。量化的结果是图像能够容纳的颜色总数,它反映了采样的质量。

例如,如果以 4 位存储一个点,就表示图像只能有 16 种颜色;若采用 16 位存储一个点,则有 $2^{16}=65\,536$ 种颜色。所以,量化位数越来越大,表示图像可以拥有更多的颜色,自然可以产生更为细致的图像效果。但是,也会占用更大的存储空间。两者的基本问题都是视觉效果和存储空间的取舍。

假设有一幅黑白灰度的照片,因为它在水平与垂直方向上的灰度变化都是连续的,都可认为有无数个像素,而且任一点上灰度的取值都是从黑到白,可以有无限个可能值。通过沿水平和垂直方向的等间隔采样可将这幅模拟图像分解为近似的有限个像素,每个像素的取值代表该像素的灰度(亮度)。对灰度进行量化,使其取值变为有限个可能值。

经过采样和量化得到的一幅空间上表现为离散分布的有限个像素,灰度取值上表现为有限个离散的可能值的图像称为数字图像。只要水平和垂直方向采样点数足够多,量化比特数足够大,数字图像的质量就比原始模拟图像毫不逊色。

在量化时所确定的离散取值个数称为量化级数。为表示量化的色彩值或亮度值所需的二进制位数称为量化字长,一般可用 8 位、16 位、24 位或更高的量化字长来表示图像的颜色;量化字长越大,则越能真实地反映原有的图像的颜色,但得到的数字图像的容量也越大。

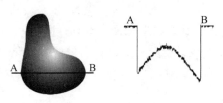

图 2-2　线段 AB(量化)

如图 2-2 所示,沿线段 AB(左图)的连续图像灰度值的曲线(右图),取白色值最大,黑色值最小。

先采样:沿线段 AB 等间隔进行采样,取样值在灰度值上是连续分布的,如图 2-3 左图所示。

再量化:连续的灰度值再进行数字化(8 个级别的灰度级标尺),如图 2-3 右图所示。

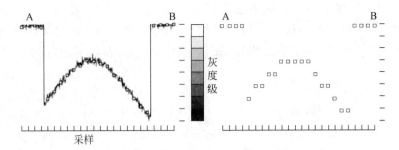

图 2-3　线段的采样和量化

3. 压缩编码

数字化后得到的图像数据量十分巨大,必须采用编码技术来压缩其信息量。在一定意义上,编码压缩技术是实现图像传输与储存的关键。已有许多成熟的编码算法应用于图像压缩。常见的有图像的预测编码、变换编码、分形编码、小波变换图像压缩编码等。

2.1.3　数字图像处理的主要技术

1. 图像变换

由于图像阵列很大,直接在空间域中进行处理,涉及计算量很大。因此,往往采用各种图像变换的方法,如傅里叶变换、沃尔什变换、离散余弦变换等间接处理技术,将空间域的处理转换为变换域处理,不仅可减少计算量,而且可获得更有效的处理(如傅里叶变换可在频域中进行数字滤波处理)。小波变换在时域和频域中都具有良好的局部化特性,它在图像处理中也有着广泛而有效的应用。

2. 图像编码压缩

图像编码压缩技术可减少描述图像的数据量(即比特数),以便节省图像传输、处理时间和减少所占用的存储器容量。压缩可以在不失真的前提下获得,也可以在允许的失真条件下进行。编码是压缩技术中最重要的方法,它在图像处理技术中是发展最早且比较成熟的技术。

3. 图像增强和复原

图像增强和复原的目的是为了提高图像的质量,如去除噪声、提高图像的清晰度等。图像增强不考虑图像降质的原因,突出图像中所感兴趣的部分。如强化图像高频分量,可使图像中物体轮廓清晰,细节明显;强化低频分量可减少图像中噪声影响。图像复原要求对图像降质的原因有一定的了解,一般来讲应根据降质过程建立"降质模型",再采用某种滤波方法,恢复或重建原来的图像。

4. 图像分割

图像分割是数字图像处理中的关键技术之一。图像分割是将图像中有意义的特征部分提取出来,其有意义的特征有图像中的边缘、区域等,这是进一步进行图像识别、分析和理解的基础。虽然目前已研究出不少边缘提取、区域分割的方法,但还没有一种普遍适用于各种图像的有效方法。因此,对图像分割的研究还在不断深入之中,是目前图像处理中研究的热点之一。

5. 图像描述

图像描述是图像识别和理解的必要前提。作为最简单的二值图像可采用其几何特性描述物体的特性,一般图像的描述方法采用二维形状描述,它有边界描述和区域描述两类方法。对于特殊的纹理图像可采用二维纹理特征描述。随着图像处理研究的深入发展,已经开始进行三维物体描述的研究,提出了体积描述、表面描述、广义圆柱体描述等方法。

6. 图像识别

图像识别属于模式识别的范畴,其主要内容是图像经过某些预处理,如增强、复原、压缩后,进行图像分割和特征提取,从而进行判决分类。图像分类常采用经典的模式识别方法,有统计模式分类和句法模式分类,近年来新发展起来的模糊模式识别和人工神经网络模式分类在图像识别中也越来越受到重视。

2.1.4 数字图像技术的设备

1. 扫描仪

扫描仪是一种计算机外部仪器设备,通过捕获图像或文本符号并将其转换成计算机可以显示、编辑、存储和输出的数字化输入设备。照片、文本页面、图纸、美术图画、照相底片、菲林软片,甚至纺织品、标牌面板、印制板样品等三维对象都可以作为扫描对象,并将原始的线条、图形、文字、照片、平面实物转换成可以编辑及加入文件中的装置。扫描仪可分为三大类:滚筒式(馈纸式)扫描仪、平板式扫描仪(图 2-4)、便携式扫描仪(图 2-5)和三维扫描仪(图 2-6)。

图 2-4　平板式扫描仪

图 2-5　便携式扫描仪

三维(3D)扫描是一种能够以多种方式扫描物件并将其实物的三维信息转换为三维数字化模型的技术。三维扫描对物体空间外形、结构、色彩进行扫描,获得物体表面的空间坐标。三维扫描仪主要分为接触式和非接触式两类。常用的是非接触式三维扫描仪,包括激光式三维扫描仪和拍照式三维扫描仪。

图 2-6　三维扫描仪

1) 平板式扫描仪的工作原理

自然界的每一种物体都会吸收特定的光波,而没被吸收的光波就会反射出去。扫描仪就是利用上述原理来完成对稿件的读取。扫描仪工作时发出的强光照射在稿件上,没有被吸收的光线将被反射到光学感应器上。光感应器接收到这些信号后,将这些信号传送到模/数(A/D)转换器,模/数转换器再将其转换成计算机能读取的信号,然后通过驱动程序转换成显示器上能看到的正确图像。待扫描的稿件通常可分为反射稿和透射稿。前者泛指一般的不透明文件,如报刊、杂志等,后者包括幻灯片(正片)或底片(负片),如果经常需要扫描透射稿,就必须选择具有光罩功能的扫描仪。

2）三维扫描仪的工作原理

激光式三维扫描仪主要利用激光测距的原理，通过对被测物体表面的大量点的三维坐标、纹理、反射率等信息的采集，来对其线面体和三维模型等数据进行重建。

拍摄式三维扫描仪采用的是白光光栅扫描，它结合光技术、相位测量技术和计算机视觉技术，首先将白光投射到被测物体上，其次使用两个有夹角的摄像头对物体进行同步取像，之后对所取图像进行解码、相位操作等计算，最终对物体各像素点的三维坐标进行计算。

2. 数码相机

数码相机是数码照相机的简称，也称为数字式相机，是一种利用电子传感器把光学影像转换成电子数据的照相机。按用途分为单反相机、卡片相机、长焦相机和家用相机等。

数码相机是集光学、机械、电子一体化的产品。它集成了影像信息的转换、存储和传输等部件，具有数字化存取模式，以及与计算机交互处理和实时拍摄等特点。光线通过镜头或者镜头组进入相机，通过成像元件转化为数字信号，数字信号通过影像运算芯片存储在存储设备中。数码相机的成像元件是 CCD 或者 CMOS，该成像元件的特点是光线通过时，能根据光线的不同转化为电子信号。

1）单反相机

在单反相机的工作系统中，光线透过镜头到达反光镜后，折射到上面的对焦屏并结成影像，透过接目镜和五棱镜，可以在观景窗中看到外面的景物，如图 2-7 所示。与此相对的，一般数码相机只能通过 LCD 屏或者电子取景器（EVF）看到所拍摄的影像。显然直接看到的影像比通过处理看到的影像更利于拍摄。单反相机的一个很大的特点就是可以使用不同规格的镜头，这是它的优点，是普通数码相机不能比拟的。市场中的代表机型有尼康、佳能、宾得、富士等。

2）长焦相机

长焦相机是指具有较大光学变焦倍数的机型，而光学变焦倍数越大，能拍摄的景物就越远。代表机型有索尼 DSC-RX10 系列、松下 FZ1000 系列、徕卡 V-LUX 系列等。镜头越长的数码相机，内部的镜片和感光器移动空间更大，所以变焦倍数也更大，如图 2-8 所示。

图 2-7　单反相机

图 2-8　35 倍长焦相机

长焦相机主要特点其实和望远镜的原理差不多，通过镜头内部镜片的移动而改变焦距。当人们拍摄远处的景物或者是被拍摄者不希望被打扰时，长焦的好处就发挥出来了。另外焦距越长则景深越浅，和光圈越大景深越浅的效果是一样的，浅景深的好处在于突出主体而虚化背景，很多人在拍照时都追求一种浅景深的效果，这样使照片拍出来更加专业。如今数码相机的光学变焦倍数大多在 3～12 倍之间,即可把 10m 以外的物体拉近至 3～5m;也有一些数码相机拥有几十倍的光学变焦效果。使用增倍镜能够增大摄录机的光学变焦倍数。如果光学变焦倍数不够,可以在镜头前加一个增倍镜,其计算方法是这样的:一个 2 倍的增倍镜套在一个原来有 4 倍光学变焦的数码相机上,那么这台数码相机的光学变焦倍数由原来的 1 倍、2 倍、3 倍、4 倍变为 2 倍、4 倍、6 倍和 8 倍,即以增距镜的倍数和光学变焦倍数相乘所得。

目前数码相机的存储格式主要有 RAW、TIFF 和 JPEG。

3. 绘图板

绘图板是设计、绘图用的工作平台,主要用于工程、设计、测绘、地质、服装等领域,如图 2-9 所示。在没有绘图板的时候,通常用鼠标来画画,不过鼠标毕竟不是画家手里的画笔,用它画画不是很灵活。绘图板可以模拟各种各样的画家的画笔,如模拟最常见的毛笔,当用力很重的时候,毛笔能画很粗的线条,当用力很轻的时候,它可以画出很细很淡的线条;模拟喷枪,当用力一些的时候它能喷出更多的墨和更大的范围,而且还能根据笔倾斜的角度,喷出扇形的效果。

图 2-9 绘图板

1) 工作原理

绘图板硬件上采用的是电磁式感应原理,在光标定位及移动过程中,完全通过电磁感应来完成。光标移动过程中笔不需要接触绘图板就可以移动,感应高度一般为 15mm。

2) 主要参数

(1) 压感级别。

压感级别就是用笔轻重的感应灵敏度。压感现在有三个等级,分别为 512(入门)、1024(进阶)、2048(专家)。随着 2048 压感的逐渐普及,1024 压感隐约有变成入门级的趋势,而 512 压感显然已经不够用了。假设用笔力度在 0～1 之间,512 压感可以把一分成 5 份,1024 为 10 份,2048 为 20 份,用数据来说,就是 $1/20 < 1/10 < 3/20 < 1/5 < 5/20 < 3/10 < 7/20 < 2/5$,简单来说,压感级别越高,就可以感应到越细微的不同。

(2) 分辨率。

分辨率某种意义上可理解成数码相机的像素。常见的分辨率有 2540、3048、4000、5080。

原理:假设绘图板的实际使用面积是由无数细小的方块组成的,分辨率的高低就是指单位面积中方块数量的多少,方块越多,那么每画一笔,可读取的数据就越多。相同的一笔,分辨率越高,信息量越大,线条越柔顺。

测试方法:线条是由细小的方块组成的,把画布放大到 800%,然后看组成线条的方块是否均匀,越均匀,那么分辨率越高。

(3) 读取速度。

读取速度就是感应速度。常见读取速度为 100 点/秒、133 点/秒、150 点/秒、200 点/秒、220 点/秒,主流为 133～200 点/秒,由于手臂速度的极限,读取速度的高低对画画的影响并不明显,现行产品最低为 133 点/秒,最高为 200 点/秒,100 点/秒以上一般不会出现明显的延迟现象,200 点/秒基本没有延迟。

测试方法：在板面上快速来回画，查看是否有延迟、断线、折线等。

（4）板面大小。

板面大小是绘图板的非常重要的参数。常见的板面大小有 4×6/4×5（大约为 A5 的一半）、5×8/6×8（大约为 A4 纸的一半）、9×12（A4 纸大小）、12×19（单位：英寸，1 英寸＝2.54cm）。

> 注意，板面不是越大越好，太小的板子较难进行精细的绘图操作，而且容易让手臂肌肉、关节的某处过度劳损，养成正确的绘图姿势是非常重要的，最适合的绘图板大小应该是将两个手掌放在绘图板的板面上，基本上能容纳或者略微大一点。

4．数码冲印设备

数码冲印技术属于感光业尖端的技术，是数字输入、图像处理、图像输出的全部过程。它采用彩扩的方法，将数码图像在彩色相纸、数码冲印系统上曝光，输出彩色相片，是一种高速度、低成本、高质量制作数码相片的方法。

数字输入是传统底片、反转片、成品相片通过数码冲印机的扫描系统，扫描成数字图像输入到冲印机连接的计算机中，而数码相机使用的 SM 卡、CF 卡等存储介质，以及软盘、MD、光碟则可以直接读入计算机中。由此可见，数码冲印不只是冲印数码相机拍摄的图像，还可以冲印传统胶片，以及其他各种存储介质中的数字图像。

传统的冲印不能传输到计算机上。服务受服务对象影响更大。跟传统冲印比较，由于数码照片全部以计算机图形文件的形式存在，因此可以对照片进行修改以改善传统冲印不能解决的瑕疵，如底片褪色、曝光不足、消减红眼效果等。另外还可以根据自己的爱好随意剪裁或进行特殊处理，如添加怀旧效果。因此在数码冲印的过程中，衍生出一系列的图片加工制作服务，如照片修改、照片设计、制作个性名片、台历、纪念相册等。数码冲印系统如图 2-10 所示。

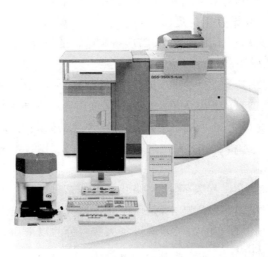

图 2-10　数码冲印系统

5．数码印刷设备

数码印刷是印刷技术的数码化，泛指全过程的部分或全部的数码化。例如，激光照排、远程传版、数码打样、计算机直接制版、数字化工作流程、印厂 ERP 等都属于数码印刷的范畴。

1) 特点

(1) 告别铅与火。

在告别铅与火的阶段,实现了用电子出版系统取代传统的铅字排版,改造了传统操作的排版的技术和环境,为出版印刷的数字化奠定了基础,应该说是数码印刷技术发展的重要里程碑。电子出版系统发展的意义不仅告别了铅与火,还对出版印刷数字化的长远发展奠定了基础,具有重大意义。

(2) 异地传版。

十几年前,读者是不能看到当日出版的异地日报的,特别是在我国边远地区,常常是新闻变旧闻,更谈不上新闻的时效性了。用数码通信技术取代传统出版中异地印刷的版样传递,大大提高了异地出版的时效性和准确性,同时也为今天的异地网络出版印刷奠定了基础。

(3) 彩色和图像。

人们对桌面彩色出版系统能否代替电子分色机的争论好似还在昨天,随着图像处理技术、分色技术、色彩管理技术、图像扫描技术、图像信息交换等技术的发展,这种争论已经成为历史。桌面彩色出版系统提高了彩色文图合一的制版效率,并且将艺术和出版有机地结合在一起,使得人们在出版印刷中有了创意设计,将简单的信息传递过程变成了一种艺术。

(4) 告别纸和笔。

网络技术、网络编辑出版技术、信息跟踪技术、信息交换技术、信息发布技术的出现和发展,使得用计算机与网络技术实现出版编辑数码化成为可能。这一技术发展阶段属于数码出版,最重要的是它为全数码化出版印刷和跨媒体出版的实现跨出了关键一步。

(5) 效率、质量和管理。

当翻开任何一本与此行业技术有关的刊物,计算机直接制版(CTP)、胶片扫描、数字化工作流程(WorkFlow)、数码打样与远程打样、印厂经营管理系统、按需快速印刷都有很多介绍,这些都是为了实现印刷出版高效率、高质量和管理的目标。

(6) 跨媒体出版和网络出版。

将同一套数码信息内容通过不同的媒介发布,即跨媒体出版。例如,同一文件不仅可以印刷在纸张上,以报刊、书籍的形式发布(纸媒体发布),还可以通过网络在任意设备上随时随地生成、管理并发布高保真的、可靠的、交互的、个性化的数码内容(网络出版)。从印刷与信息加工的角度来看,一次加工多次输出的需求将对数码印刷技术的发展提出更高要求。

2) 数码系统

数码印刷系统是印刷全过程数字化、网络化的技术,涵盖了计算机直接制版、数字化工作流程、数码打样、按需快速印刷等技术,是印刷行业适应信息时代发展的必然。

根据技术来源,市场上现有的数码印刷设备大致可分为以下四大类。

(1) 数码印刷一体机。

数码印刷一体机由复印机技术和数码技术发展而来,典型代表有东芝、柯尼卡、理光、佳能、施乐、奥西等。这类设备一般包括扫描部分、激光打印部分和折页装订部分。其功能比较全面,可以进行扫描、复印、打印和数码发布。数码印刷一体机功能图如图 2-11 所示。

图 2-11　数码印刷一体机功能图

该类设备属于多功能数码印刷系统,是数码印刷中的一类,由以前的单一的输出设备转变了数码输入、输出一体的设备。

数码印刷一体机的特点与优势包括:输出速度有每分钟 20、30、40、50、60、70、80、100 页甚至更高,适应市场面广;由于数码技术的加入保证了质量稳定;设备操作简单、工作环境清洁;数码"集团"服务系统变成现实,用户更方便;系统造价低,具有较强的竞争力。

（2）数码多功能一体机。

数码多功能一体机以打印机技术为基础发展而来,这类设备从原理上讲与前者相同,但由于他们并不掌握高速激光打印机芯技术(佳能、施乐除外),因此多数厂家的数码一体机只能在低速,即每分钟 30 页以下的市场中竞争,甚至争夺传真机的市场和打印机的市场。这类设备很难进入数码印刷市场。

（3）数码印刷机。

数码印刷机由印刷机技术、数码技术和电子油墨技术发展而来。

（4）大型数码印刷机

大型数码印刷机由印刷机技术、数码技术和在机直接制版技术发展而来。

2.2　数字动画技术

2.2.1　数字动画的概念

数字动画技术是利用计算机产生运动图像的技术,具体说就是利用计算机产生和处理帧画面上的图形和图像,交互地进行图形和图像的编辑、润色和声效结合,并将连续的画面实时演播的计算机技术。

2.2.2　数字动画的分类

1. 实时动画和逐帧动画

根据运动的控制方式,可将数字动画划分为实时动画和逐帧动画两种。

32

（1）实时动画也称为算法动画,它采用各种算法来实现运动物体的运动控制。在实时动画中,计算机一边计算一边显示就能产生动画效果。

（2）逐帧动画也称为帧动画或关键帧动画,即通过一帧一帧显示动画的图像序列而实现运动的效果。

2. 二维动画和三维动画

根据视觉空间的不同,数字动画又可分为二维动画与三维动画。

（1）二维动画对应于传统卡通动画,使用计算机描线上色工作非常方便,颜色一致,绝对没有颜料的开裂、胶片闪光等问题。界线非常准确,无须晾干,不会串色,改色方便,制作工艺简单,不需要通过胶片拍摄和冲印就能预演结果,发现问题随即在计算机上修改。

（2）三维动画对应于木偶动画,需要首先建立角色、实物和景物的三维数据。接着,让这些角色和实物在三维空间里动起来,如接近、远离、旋转、变形和变色等。再在计算机内部"加上"虚的摄影机,调好镜头,"打上"灯光,"贴上"材质,最后形成一系列栩栩如生的画面。

二维动画与三维动画的主要区别在于图形中是否完全提供了深度信息。三维动画与二维动画相比,有一定的真实性,同时与真实物体相比又是虚拟的,这两者构成了三维动画的特性:虚拟真实性。

2.2.3 动画的特点

1. 动画的构成特点

动画的构成具有一定的规则,具体表现在以下三点。

（1）动画由多画面组成,并且画面必须连续。

（2）画面之间的内容必须存在差异。

（3）画面表现的动作必须连续,即后一幅画面是前一幅画面的继续。

2. 动画的表现特点

动画的表现特点分为以下三点。

（1）在严格遵循运动规律的前提下,可进行适度地夸张和发展。

（2）动画节奏应符合自然规律,可适度夸张。

（3）动画节奏由画面之间物体的位置差决定,位置差越大,移动速度越快。

2.2.4 传统动画与计算机动画

1. 传统动画的制作

传统动画的制作包括以下9个部分。

（1）制作声音对白和背景音乐。

（2）根据声音计算动画格数。

（3）设计人员绘制动画关键画面。

（4）绘制人员描画关键画面之间的插画。

（5）把纸上的动画轮廓复制到赛璐璐片上。

（6）上色人员为赛璐璐片上色。

（7）拍摄电影胶片之前检查动画画稿。

（8）电影摄制人员把赛璐璐片拍成电影。

（9）对电影胶片进行剪辑和编辑。

2．计算机动画

1）计算机动画的发展

第一阶段：在屏幕上依次画出简单的线条、几何图形和颜色块，计算机一丝不苟地把绘画过程记录下来。在需要时，由计算机重复绘画过程，使人们看到活动的画面。

第二阶段：在屏幕上依次绘制画面，动画的主体从简单的线条、几何图形过渡到复杂的图形、丰富多彩的颜色。动画基本体现了传统动画的风格。

第三阶段：以先进的软件和硬件作为基础，更加逼真地模拟传统动画，并进一步制作传统动画难以表现的题材，如三维造型动画、变形动画、仿真动画、矢量动画等。

2）计算机动画的表现形式

二维动画又称为"平面动画"，是帧动画的一种，它沿用传统动画的概念，具有灵活的表现手段、强烈的表现力和良好的视觉效果。

三维动画又称为"空间动画"，可以是帧动画，也可以制作成矢量动画，主要表现三维物体和空间运动。它的后期加工和制作往往采用二维动画软件完成。

变形动画也是帧动画的一种，它具有把物体形态过渡到另外一种形态的特点。形态的变换与颜色的变换都经过复杂的计算，形成引人入胜的视觉效果。变形动画主要用于影视人物、场景变换，特技处理、描述某个缓慢变化的过程等场合。

2.3 数字音频技术

2.3.1 音频数字化

人们生活学习中用计算机播放的音乐、CD 等均是将声音进行数字化后以二进制保存在数字设备中的，而在自然界中音频均是以模拟信号的形式存在，因此在数字媒体技术中使用的音频是将模拟音频数字化后的数字音频。下面详细介绍其概念和过程。

1．数字音频的概念

数字音频是一种利用数字化手段对声音进行录制、存放、编辑、压缩或播放的技术，它是随着数字信号处理技术、计算机技术、多媒体技术的发展而形成的一种全新的声音处理手段。计算机的数据以 0、1 的形式存储，数字音频将以正弦波形式存在的模拟音频转化成二进制数据保存，播放的时候把这些数据转换为模拟的电平信号再送到扬声器播出。数字声音和一般广播、电视中的声音就存储播放方式而言有着本质区别，它存储方便，存储成本低廉，存储和传输的过程中没有声音的失真，编辑和处理更方便，因此数字音频的主要应用领域是音乐后期制作和录音。

2．音频数字化过程

模拟音频需要转换成数字音频才能被计算机编辑、存储，而模拟音频需要经过采集、量化和编码一系列过程才能转变为数字信号，如图 2-12 所示。

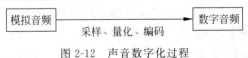

图 2-12　声音数字化过程

1) 采样

采样是把模拟声音变成数字声音时,需要每隔一个时间间隔在模拟声音波形上取一个幅度值,将时间上连续的取值变为有限个离散取值的过程。只要采样频率高于信号中最高频率的两倍,就可以从采样中完全恢复原始信号的波形。

2) 量化

量化是将经采样后幅度上无限多个连续的样值变为有限个离散值的过程。先将整个幅度划分成为有限个幅度(量化阶距)的集合,把落入某个阶距内的样值归为一类,并赋予相同的量化值,如图 2-13 所示。

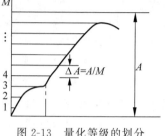

图 2-13 量化等级的划分

在 A/D 转换中,影响质量及数据量的主要因素包括采样频率(每秒需要采集多少个声音样本)和量化位数(每个声音样本的位数应该是多少)。例如,每个声音样本用 16 位表示,测得声音样本值为 0～65 536,它的精度就是输入信号的 1/65 536。

声音质量与数据率如表 2-1 所示。

表 2-1 声音质量与数据率

质量	采样频率/kHz	样本精度/(b/s)	单/立体声	数据率/(KB/s)	频率范围
电话	8	8	单道声	8	200～3400
AM	11.025	8	单道声	11	20～15 000
FM	22.050	16	立体声	88.2	50～7000
CD	44.1	16	立体声	176.4	20～2000
DAT	48	16	立体声	192.0	20～2000

3) 编码

量化后的信号还不是数字信号,需要把它转换成数字编码脉冲,这一过程称为编码。最简单的编码方式是二进制编码。具体来说,就是用 n 比特二进制码来表示已经量化了的样值,每个二进制数对应一个量化值,然后把它们排列,得到由二值脉冲组成的数字信息流。编码过程在接收端,可以按所收到的信息重新组成原来的样值,再经过低通滤波器恢复原信号。用这种方式组成的脉冲串的频率等于抽样频率与量化比特数的积,称为所传输数字信号的数码率。显然,抽样频率越高,量化比特数越大,数码率就越高,所需要的传输带宽就越宽。

音频数字化过程示例如图 2-14 所示。

2.3.2 数字音频文件压缩格式

1. WAV 格式

WAV 为微软公司(Microsoft)开发的一种声音文件格式,它符合 RIFF(Resource Interchange File Format)文件规范,用于保存 Windows 平台的音频信息资源,被 Windows 平台及其应用程序所广泛支持,该格式也支持 MSADPCM、CCITT ALav 等多种压缩运算法,支持多种音频位数、取样频率和声道。标准格式化的 WAV 文件和 CD 格式一样,也是

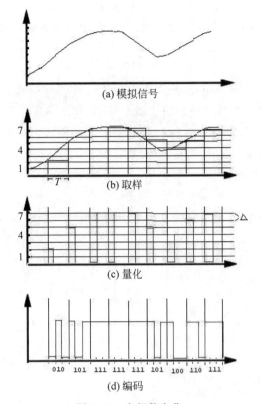

(a) 模拟信号

(b) 取样

(c) 量化

(d) 编码

图 2-14 音频数字化

44.1kHz 的取样频率和 16 位量化数字,因此在声音文件质量上和 CD 相差无几。

2. MIDI 格式

MIDI(Musical Instrument Digital Interface)乐器数字接口是 20 世纪 80 年代初为解决电声乐器之间的通信问题而提出的。MIDI 传输的不是声音信号,而是音符、控制参数等指令,它指示 MIDI 设备要做什么,怎么做,如演奏哪个音符、多大音量等。它们被统一表示成 MIDI 消息。传输时采用异步串行通信,标准通信波特率为 $31.25 \times (1 \pm 0.01)$KBaud。

MIDI 要形成计算机音乐必须通过合成。早期的 ISA 声卡普遍使用的是 FM 合成,即"频率调变"。它运用声音振荡的原理对 MIDI 进行合成处理,由于技术本身的局限,效果很难令人满意。而现在的声卡大都采用的是波表合成,它首先将各种真实乐器发出的所有声音,包括各个音域、声调进行取样,存储为一个波表文件。

在播放时,根据 MIDI 文件记录的乐曲信息向波表发出指令,从"表格"中逐一找出对应的声音信息,经过合成、加工后回放出来。由于它采用的是真实乐器的采样,因此效果自然要好于 FM。一般波表的乐器声音信息都以 44.1kHz、16 位的精度录制,以达到最真实的回放效果。理论上,波表容量越大,合成效果越好。根据取样文件放置位置和由专用微处理器或 CPU 来处理的不同,波表合成又常被分为软波表和硬波表。

3. MP3 格式

MP3(MPEG Audio Layer 3)是利用人耳对高频声音信号不敏感的特性,将时域波形信号转换成频域信号,并划分成多个频段,对不同的频段使用不同的压缩率,对高频信号使用大压缩比(甚至忽略信号),对低频信号使用小压缩比,保证信号不失真。这样就相当于抛弃人耳基本听不到的高频声音,只保留能听到的低频部分,从而将声音用1∶10甚至1∶12的压缩率压缩。

4. WMA 格式

WMA(Windows Media Audio)是微软力推的一种音频格式。WMA 格式是以减少数据流量但保持音质的方法来达到更高的压缩率目的,其压缩率一般可以达到1∶18,生成的文件大小只有相应 MP3 文件的一半。这对只有 32MB 的机型来说是相当重要的,支持WMA 和 RA 格式意味着 32MB 的空间在无形中扩大了两倍。此外,WMA 还可以通过DRM 方案加入防止复制,或者加入限制播放时间和播放次数,甚至是播放机器的限制,可有力地防止盗版。

WMA 可以用于多种格式的编码文件中,应用程序可以使用 Windows Media Format SDK 进行 WMA 格式的编码和解码。一些常见的支持 WMA 的应用程序包括 Windows Media Player、Windows Media Encoder、RealPlayer、Winamp 等。其他一些平台,如 Linux 和移动设备中的软硬件也支持此格式。

2.3.3 数字音频技术的设备

1. 数字音频采集

数字音频的采集过程就是将模拟信号设备的音频信号采集转换为数字信号的过程,数字音频的来源主要有两类。

1) 利用设备从模拟设备中采集

若需要现场采集音乐等或从其他模拟设备中获取数字音频,则需要声卡(图 2-15)作为模拟数字转化设备,话筒(图 2-16)作为声音的拾取设备采集现场声音,或利用录音机等设备将模拟信号输入声卡。

2) 直接从数字设备中获得

目前的声音采集设备都可以直接采集数据格式的声音,计算机只需要直接从数字设备中获取即可,如录音笔(图 2-17)、MP3、MP4 等设备。

图 2-15　声卡

图 2-16　话筒

图 2-17　录音笔

2. 声卡和音响

1) 声卡

声卡也称为音频卡,它是多媒体技术中最基本的组成部分,是实现声波/数字信号相互转换的一种硬件。声卡的基本功能是把来自话筒、磁带、光盘的原始声音信号加以转换,输出到耳机、扬声器、扩音机、录音机等声响设备,或通过音乐设备数字接口(MIDI)使乐器发出美妙的声音。

工作原理:声卡从话筒中获取声音模拟信号,通过模/数转换器(ADC)将声波振幅信号采样转换成一串数字信号,存储到计算机中。重放时,这些数字信号送到数/模转换器(DAC),以同样的采样速度还原为模拟波形,放大后送到扬声器发声,这一技术称为脉冲编码调制技术(PCM)。

2) 音响

音响主要包括功放、周边设备(包括压限器、效果器、均衡器、VCD、DVD 等)、扬声器(音箱、喇叭)、调音台、麦克风、显示设备等。其中,音箱就是声音输出设备,如喇叭、低音炮等,如图 2-18 所示。一个音箱里包括高、低、中三种扬声器。

它的特点如下。

(1) 信噪比高。

数字音响记录形式是二进制码,重放时只需要判断 0 或 1。因此,记录媒介的噪声对重

图 2-18　音箱

放信号的信噪比几乎没有影响。而模拟音响记录形式是连续的声音信号,在录放过程中会受到诸如磁带噪声的影响,叠加在声音信号上而使音质变差,尽管在模拟音响中采取了降噪措施,但无法从根本上加以消除。

(2) 失真度低。

在模拟音响录放过程中,磁头的非线性会引入失真,为此须采取交流偏磁录音等措施,但失真仍然存在。而在数字音响中,磁头只工作在磁饱或无磁两种状态,表示 1 或 0,对磁头没有线性要求。

(3) 重复性好。

数字音响设备经多次复印和重放,声音质量不会劣化。传统的模拟盒式磁带录音,每复录一次,磁带所录的噪声都要增加,致使每次复录要降低信噪比约 3 dB,子带不如母带,孙带不如子带,音质逐次劣化。

(4) 抖晃率小。

数字音响重放系统由于时基校正电路作用,旋转系统、驱动系统的不稳不会引起抖晃,因而不必要求有像模拟记录中那样的精密机械系统。

(5) 适应性强。

数字音响所记录的是二进制码,各种处理都可作为数值运算来进行,并可不改变硬件,仅用软件操作,便于微机控制,故适应性强。

（6）便于集成。

由于数字化，因而便于采用超大规模集成电路，并使整机方便调试，性能稳定，可靠性高，便于大批量生产，可以降低成本。

2.4 数字视频技术

2.4.1 数字视频的概念

数字视频就是以数字形式记录的视频，和模拟视频相对。数字视频有不同的产生方式、存储方式和播出方式。例如，通过数字摄像机直接产生数字视频信号，存储在数字带、P2卡、蓝光盘或者磁盘上，从而得到不同格式的数字视频，然后通过特定的播放器播放出来。

为了存储视频信息，模拟视频信号的山峰和山谷必须通过模/数转换器（ADC）来转变为数字的 0 或 1。这个转变过程就是人们所说的视频捕捉（或采集过程）。如果要在电视机上观看数字视频，则需要一个从数字到模拟的转换器将二进制信息解码成模拟信号，才能进行播放。

模拟视频的数字化包括不少技术问题，如电视信号具有不同的制式而且采用复合的YUV 信号方式，而计算机工作在 RGB 空间；电视机是隔行扫描，计算机显示器大多逐行扫描；电视图像的分辨率与显示器的分辨率也不尽相同等。因此，模拟视频的数字化主要包括色彩空间的转换、光栅扫描的转换以及分辨率的统一。

模拟视频一般采用分量数字化方式，先把复合视频信号中的亮度和色度分离，得到YUV 或 YIQ 分量，然后用三个模/数转换器对三个分量分别进行数字化，最后再转换成RGB 空间。

2.4.2 数字视频压缩

数字视频之所以需要压缩，是因为它原来的形式占用的空间大得惊人。视频经过压缩后，存储时会更方便。数字视频压缩以后并不影响作品的最终视觉效果，因为它只影响人的视觉不能感受到的那部分视频。例如，有数十亿种颜色，但是人们只能辨别大约 1024 种。因为人们觉察不到一种颜色与其邻近颜色的细微差别，所以也就没必要将每一种颜色都保留下来。还有一个冗余图像的问题：如果在一个 60 秒的视频作品中，每帧图像中都有位于同一位置的同一个对象，那么没有必要在每帧图像中都保存这个对象的数据。压缩视频的过程实质上就是去掉人们感觉不到的那些东西的数据。标准的数字摄像机的压缩率为 5∶1，有的格式可使视频的压缩率达到 100∶1。但过分压缩也不是件好事，因为压缩率越大，丢失的数据就越多，如果丢弃的数据太多，产生的影响就显而易见了，过分压缩的视频会导致无法辨认。

2.4.3 数字视频压缩格式

1. AVI 格式

AVI 格式是常见的视频格式。它于 1992 年被 Microsoft 公司推出，随 Windows 3.1 一起被人们所认识和熟知。所谓"音频视频交错"，就是可以将视频和音频交织在一起进行同步播放。这种视频格式的优点是可以跨多个平台使用，缺点是体积过于庞大。这种格式的文件随处可见，如一些游戏、教育软件的片头、多媒体光盘中。

2. RM 格式

RealNetworks 公司所制定的音频视频压缩规范称为 RealMedia(RM)，用户可以使用 RealPlayer 对符合 RM 技术规范的网络音频/视频资源进行实况转播，并且 RM 可以根据不同的网络传输速率制定出不同的压缩比率，从而实现在低速率的网络上进行影像数据的实时传送和播放。这种格式的另一个特点是用户使用 RealPlayer 播放器可以在不下载音频/视频内容的条件下实现在线播放。另外，RM 作为目前主流网络视频格式之一，它还可以通过其 RealServer 服务器将其他格式的视频转换成 RM 视频并由 RealServer 服务器负责对外发布和播放。

3. RMVB 格式

RMVB 比 RM 多了一个 VB(Variable Bit，动态码率)，是 Real 公司的新的编码格式(9.0 格式)。RMVB 和 RM 在音频的编码上仍旧是采用 8.0 格式，压缩时至少采用 32KB/s Stereo Music，通常采用 44KB，MTV 类的有时用到 96KB，再高就没必要压缩了。

DVD 因为数据量大，画质清晰，将其压缩为 RMVB 会获得清晰的效果。如果压缩成 RM 格式(8.0 格式)也会清晰，但不如 RMVB 的效果好。不过 RM 格式的兼容性好，播放对 CPU 要求也不高，RMVB 需要在高配置的机器上播放才能流畅。

RMVB 不一定会使文件清晰，而是要看原电影文件。要想获得清晰的 RM/RMVB，就需要高清晰的原文件，如 DVDRIP。

4. ASF 格式

ASF 是一个开放标准，它能依靠多种协议在多种网络环境下支持数据的传送。ASF 既可以是普通文件，也可以是一个由编码设备实时生成的连续的数据流，所以 ASF 既可以传送人们事先录制好的节目，也可以传送实时产生的节目。ASF 最适合于通过网络发送多媒体流，也同样适合于在本地播放。任何压缩/解压缩运算法则(编解码器)都可用来编码 ASF 流。ASF 是流文件格式，可以一边下载一边实时播放，无须下载完再播放。

5. WMV 格式

WMV(Widows Media Video)文件一般同时包含视频和音频部分。视频部分使用 Windows Media Video 编码，音频部分使用 Windows Media Audio 编码。WMV 是微软推出的一种流媒体格式，它是在 ASF 格式升级延伸来的。在同等视频质量下，WMV 格式的体积非常小，因此很适合在网上播放和传输。

6. QuickTime 格式

QuickTime 因具有跨平台、存储空间要求小等技术特点，而采用了有损压缩方式的 MOV 格式文件，画面效果较 AVI 格式要稍微好一些。到目前为止，它共有 4 个版本，其中以 4.0 版本的压缩率最好。这种编码支持 16 位图像深度的帧内压缩和帧间压缩，帧率每秒 10 帧以上。现在这种格式在一些非编码软件中也可以进行实行处理，其中包括 ADOBE 公司的专业级多媒体视频处理软件 After Effect 和 Premiere。该文件格式同时也是流式视频格式，适合在网络上播放。

7. MPEG 格式

MPEG(Moving Pictures Experts Group/Motion Pictures Experts Group，动态图像专

家组)标准主要有 MPEG-1、MPEG-2、MPEG-4、MPEG-7 与 MPEG-21 5 个。该专家组建于 1988 年,专门负责为 CD 建立视频和音频标准,而成员都是视频、音频及系统领域的技术专家。随后,他们成功地使声音和影像的记录脱离了传统的模拟方式,建立了 ISO/IEC1172 压缩编码标准,并制定出 MPEG 格式,令视听传播方面进入了数码化时代。因此,大家现在泛指的 MPEG-X 版本就是由 ISO 所制定而发布的视频、音频、数据的压缩标准。

MPEG 标准的视频压缩编码技术主要利用了具有运动补偿的帧间压缩编码技术以减小时间冗余度,利用 DCT 技术以减小图像的空间冗余度,利用熵编码在信息表示方面减小了统计冗余度。这几种技术的综合运用,大大增强了压缩性能。

1) MPEG-1

MPEG-1 制定于 1992 年,为工业级标准而设计,可适用于不同带宽的设备,如 CD-ROM、Video-CD、CD-i。它可针对 SIF 标准分辨率(对于 NTSC 制为 352×240;对于 PAL 制为 352×288)的图像进行压缩,传输速率为 1.5Mb/s,每秒播放 30 帧,具有 CD(指激光唱盘)音质,质量级别基本与 VHS 相当。MPEG 的编码速率最高可达 $4 \sim 5$Mb/s,但随着速率的提高,其解码后的图像质量有所降低。MPEG-1 也被用于数字电话网络上的视频传输,如非对称数字用户线路(ADSL)、视频点播(VOD),以及教育网络等。同时,MPEG-1 也可被用做记录媒体或是在 Internet 上传输音频。

2) MPEG-2

MPEG-2 制定于 1994 年,设计目标是高级工业标准的图像质量以及更高的传输率。MPEG-2 所能提供的传输率为 $3 \sim 10$Mb/s,其在 NTSC 制式下的分辨率可达 720×486,MPEG-2 能够提供广播级的视像和 CD 级的音质。MPEG-2 的音频编码可提供左、右、中及两个环绕声道,以及一个加重低音声道,和多达 7 个伴音声道(DVD 可有 8 种语言配音的原因)。由于 MPEG-2 在设计时的巧妙处理,使得大多数 MPEG-2 解码器也可播放 MPEG-1 格式的数据。

同时,由于 MPEG-2 的出色性能表现,已能适用于 HDTV,使得原打算为 HDTV 设计的 MPEG-3,还没出世就被抛弃了,MPEG-3 要求传输速率为 $20 \sim 40$Mb/s,在这个标准下画面有轻度扭曲。除了作为 DVD 的指定标准外,MPEG-2 还可以为广播、有线电视网、电缆网络以及卫星直播提供广播级的数字视频。MPEG-2 的另一特点是可提供一个较广范围的可变压缩比,以适应不同画面质量、存储容量,以及带宽的要求。

对于最终用户来说,由于现存电视机分辨率限制,MPEG-2 所带来的高清晰度画面质量在电视上效果并不明显,而其音频特性(如加重低音、多伴音声道等)更引人注目。

3) MPEG-4

MPEG-4 标准主要应用于视像电话、视像电子邮件和电子新闻等,其传输速率要求较低,在 $4800 \sim 64\ 000$b/s 之间,分辨率为 176×144。MPEG-4 利用很窄的带宽,通过帧重建技术压缩和传输数据,以求以最少的数据获得最佳的图像质量。在 MPEG-4 标准中,常见的文件格式是 MP4。

与 MPEG-1 和 MPEG-2 相比,MPEG-4 的特点是其更适用于交互 AV 服务以及远程监控。MPEG-4 是第一个使用户由被动变为主动(不再只是观看,允许用户加入其中,即有交互性)的动态图像标准。它的另一个特点是其综合性。

MPEG-4 的应用目标是针对窄带宽传输、高画质压缩、交互性操作以及将自然物体与人造物体相融合的表达方式,同时还特别强调广泛的适应性和灵活的可扩展性。

MPEG-4 的商业应用领域包括数字电视、实时多媒体监控、低比特率下的移动多媒体通信、基于内容存储和检索多媒体系统、网络视频流与可视游戏、网络会议、交互多媒体应用、基于计算机网络的可视化合作实验室场景应用、演播电视等。

2.4.4 数字视频的编辑技术

将视频素材按照作品的创意脚本进行拼接、剪辑等操作,配合对画面、声音、字幕的技术和艺术处理形成视频作品的过程就是视频编辑,视频编辑分为线性编辑和非线性编辑两大类。现在基本上使用的是非线性编辑。

在传统的录像带编辑中,素材的存放是有次序的,必须反复搜索,并在另一个录像带中重新安排它们,因此称为线性编辑。非线性编辑是相对于线性编辑而言的,它利用高性能计算机和视频编辑软件对存储在硬盘上的原素材的任意部分随机存取、修改和处理,并能实现字幕、动画、配音、特技等功能。事实上,非线性编辑类似于早期的电影胶片剪辑,在剪辑拍摄的电影胶片素材时,可以按任何顺序将不同素材的胶片粘接在一起,也可以随意改变顺序、剪短或加长其中的某一段。

非线性编辑借助计算机进行数字化制作。几乎所有的工作都在计算机中完成,操作者可以自由地选择操作对象、调用素材,不用反复在磁带上寻找,也不必以时间先后为顺序。因此,非线性编辑突破了单一的时间顺序编辑限制,可以按各种顺序排列,它具有信号处理数字化、素材存取随机性、编辑方式非线性、编辑手段多样化、视频制作网络化、记录载体永久化等特性。

非线性编辑的工作流程可分为输入、编辑、输出 3 个环节,具体包括以下 5 个步骤:素材采集与输入,即将视频信息转换成可处理的素材并存储到计算机中,然后导入到非线性编辑软件中;素材编辑,即设置素材的入点与出点,以选择最合适的部分,然后按时间顺序组接不同素材;特技处理,包括转场、特效、合成叠加;字幕制作,字幕是视频中非常重要的部分,包括文字和图形;生成与输出,编辑完成后就可以生成视频文件,发布到网上或刻录 DVD。

2.4.5 数字视频技术的设备

1. 数码摄像机

1) 数码摄像机的概念

数码摄像机就是 DV(Digital Video,数字视频),它是由索尼、松下、胜利、夏普、东芝和佳能等多家著名家电巨擘联合制定的一种数码视频格式。然而,在绝大多数场合 DV 则是代表数码摄像机。它按使用用途可分为广播级机型、专业级机型、消费级机型。它按存储介质可分为磁带式、光盘式、硬盘式、闪存式。

2) 数码摄像机的工作原理

简单地说,数码摄像机进行工作的基本原理就是光-电-数字信号的转变与传输,即通过感光元件将光信号转变成电流,再将模拟电信号转变成数字信号,由专门的芯片进行处理和过滤后得到的信息还原出来就是人们看到的动态画面了。

数码摄像机的感光元件能把光线转变成电荷,通过模/数转换器芯片转换成数字信号,主要有两种：广泛使用的 CCD(电荷耦合)元件；CMOS(互补金属氧化物导体)器件。

3) 数码摄像机的特点

(1) 清晰度高。

数码摄像机的分辨率越来越高,因而拍摄的图像清晰度也越来越高。依据摄像机性能的不同,其画质可分别达到以下标准：高清(1280×720)、全高清(1920×1080)、超高清(4K,3840×2160；8K,7680×4320)。

(2) 色彩更加纯正。

色度和亮度带宽决定影像的质量,DV 在这两方面恰有较好的性能,拍摄的影像的色彩更加纯正和绚丽,画面也更精致。

(3) 无损复制

记录的信号可以无数次地复制,影像质量丝毫不会下降。

4) 数码摄像机的分类

(1) 按照使用用途分类。

① 广播级机型。这类机型主要应用于广播电视领域,图像质量高,性能全面,但数码价格较高,体积也比较大,它们的清晰度最高,信噪比最大,图像质量最好。

② 专业级机型。这类机型一般应用在广播电视以外的专业电视领域,如教育培训、中小型会议等,图像质量略低于广播级摄像机,价格一般在几万元至十几万元之间。相对于消费级机型来说,在配置上要高出不少,如采用了有较好品质表现的镜头、CCD 的尺寸比较大等,在成像质量和适应环境上更为突出。

③ 消费级机型。这类机型主要是适合家用的摄像机,应用在图像质量要求不高的非业务场合,如家庭娱乐等,这类摄像机体积小,重量轻,便于携带,操作简单,价格便宜,价格一般在数千元至万元之间。

如果再把家用数码摄像机细分类的话,大致可以分为入门 DV、中端消费级 DV 和高端准专业 DV 产品。

(2) 按照存储介质分类。

① 硬盘式。硬盘式数码摄像机是指采用硬盘作为存储介质的数码摄像机,如图 2-19 所示。它是于 2005 年由 JVC 率先推出的,用微硬盘作存储介质。大容量硬盘式数码摄像机能够确保长时间拍摄,向计算机传输拍摄素材,仅需应用 USB 连线与计算机连接,就可轻松完成素材导出。硬盘式数码摄像机具有存储容量大、体积小巧、可反复擦写、无后期投入等诸多优点,但因其抗震性和稳定性较差,已逐渐退出摄像机市场。

② 闪存式。闪存式数码摄像机是使用闪存卡(如 SD 卡)来存储影像文件的一类摄像机,如图 2-20 所示。这类摄像机通常使用外部闪存卡或同时使用外部内存卡和机内闪存的存储方式,具有机身体积更加小巧、读写稳定、抗震、耐高原环境、存储数据易于携带等特点,已成为主流。

(3) 按照传感器类型分类。

① CCD(Charge Coupled Device,电荷耦合器件)图像传感器使用一种高感光度的半导体材料制成,它能把光线转变成电荷,通过模/数转换器芯片转换成数字信号。

② CMOS(Complementary Metal-Oxide Semiconductor,互补性氧化金属半导体)和CCD 一样同为在数码摄像机中可记录光线变化的半导体。

图 2-19　硬盘式数码摄像机

图 2-20　闪存式数码摄像机

在相同分辨率下,CMOS 价格比 CCD 便宜,但是 CMOS 器件产生的图像质量相比 CCD 来说要低。到目前为止,市面上绝大多数的消费级别以及高端数码相机都使用 CCD 作为感应器;CMOS 感应器则作为低端产品应用于一些摄像头上,不过一些高端的产品也采用了特制的 CMOS 作为光感器,如索尼的数款高端 CMOS 机型。

（4）按照传感器数目分类。

图像传感器数量指数码摄像机感光器件 CCD 或 CMOS 的数量,多数的数码摄像机采用了单 CCD 作为其感光器件,而一些中高端的数码摄像机则是用 3CCD 作为其感光器件。

① 单 CCD。单 CCD 是指摄像机里只有一片 CCD 并用其进行亮度信号以及彩色信号的光电转换。由于一片 CCD 同时完成亮度信号和色度信号的转换,因此拍摄出来的图像在彩色还原上达不到很高的要求。

② 3CCD。顾名思义,3CCD 就是一台摄像机使用了三片 CCD。光线如果通过一种特殊的棱镜后,会被分为红、绿、蓝三种颜色,而这三种颜色就是电视使用的三基色,通过三基色就可以产生包括亮度信号在内的所有电视信号。如果分别用一片 CCD 接受每一种颜色并转换为电信号,然后经过电路处理后产生图像信号,这样就构成了一个 3CCD 系统,几乎可以原封不动地显示影像的原色,不会因经过摄像机演绎而出现色彩误差的情况。

2. 投影机

投影机又称为投影仪,目前投影技术日新月异,随着科技的发展,投影行业也发展到了一个至高的领域。主要通过 3M LCOS RGB 三色投影光机和 720P 片解码技术,把传统庞大的投影机精巧化、便携化、微小化、娱乐化、实用化,使投影技术更加贴近生活和娱乐,如图 2-21 所示。

1）主要分类

根据显示源的性质,投影机主要可分为家用视频型和商用数据型两类。

投影机自问世以来发展至今已形成两大系列:LCD 液晶投影机和 DLP 数字光处理器投影机。

图 2-21　明基 DLP 投影机

（1）LCD 液晶投影机。

LCD 液晶投影机的技术是透射式投影技术,目前最为成熟。投影画面色彩还原真实鲜艳,色彩饱和度高,光利用效率很高,LCD 液晶投影机比用相同瓦数光源灯的 DLP 数字光处理器投影机有更高的 ANSI 流明光输出,目前市场高流明的投影机主要以 LCD 液晶投影机为主。它的缺点是黑色层次表现不是很好,对比度一般都在 500∶1 左右,目前最高达到10 000∶1 以上。投影画面的像素结构可以明显看到。

(2) DLP 数字光处理器投影机。

DLP 数字光处理器投影机的技术是反射式投影技术,它是现在高速发展的投影技术。它的采用使投影图像灰度等级、图像信号噪声比大幅度提高,画面质量细腻稳定,尤其在播放动态视频时图像流畅,没有像素结构感,形象自然,数字图像还原真实精确。由于出于成本和机身体积的考虑,目前 DLP 数字光处理器投影机多半采用单片 DMD 芯片设计,因此在图像颜色的还原上比 LCD 液晶投影机稍逊一筹,色彩不够鲜艳生动。

2) 技术指标

(1) 光输出。

指投影机输出的光能量,单位为流明(lm)。与光输出有关的一个物理量是亮度,是指屏幕表面受到光照射发出的光能量与屏幕面积之比,亮度常用的单位是勒克斯(lx)。当投影机输出的光通过一定时,投射面积越大,亮度越低,反之则亮度越高。决定投影机光输出的因素有投影及荧光屏面积、性能及镜头性能,通常荧光屏面积大,光输出大。带有液体耦合镜头的投影机镜头性能好,投影机光输出也可相应提高。

(2) 水平扫描频率。

电子在屏幕上从左至右的运动称为水平扫描,也称为行扫描。每秒扫描次数称为水平扫描频率,视频投影机的水平扫描频率是固定的,为 15.625kHz(PAL 制)或 15.725kHz(NTSC 制);数据和图形投影机的扫描频率不是这个频率频段;在这个频段内,投影机可自动跟踪输入信号行频,由锁相电路实现与输入信号行频的完全同步。水平扫描频率是区分投影机档次的重要指标。频率范围在 15～60kHz 的投影机通常称为数据投影机。

(3) 垂直扫描频率。

电子束在水平扫描的同时,又从上向下运动,这一过程称为垂直扫描。每扫描一次形成一幅图像,每秒扫描的次数称为垂直扫描频率,垂直扫描频率也称为刷新频率,它表示这幅图像每秒刷新的次数。垂直扫描频率一般不低于 50Hz,否则图像会有闪烁感。

(4) LCOS 投影技术。

LCOS 是一种新型的反射式 micro LCD 投影技术。与穿透式 LCD 和 DLP 相比,LCOS具有利用光效率高、体积小、开口率高、制造技术较成熟等特点,它可以很容易地实现高分辨率和充分的色彩表现。由于 LCOS 尺寸一般为 0.7 英寸,因此相关的光学仪器尺寸也大大缩小,使 LCOS-PTV 的总成本大幅下降。HTPS-LCD 目前仅有索尼(SONY)及爱普生(EPSON)拥有专利权,而 DLP 则是美国德州仪器公司的独家专利,LCOS 则无专利权的问题。

LCOS 属于新型的反射式 micro LCD 投影技术,其结构是在矽晶圆上长电晶体,利用半导体制程制作驱动面板(又称为 CMOS-LCD),然后在电晶体上透过研磨技术磨平,并镀上铝当作反射镜,形成 CMOS 基板,然后将 CMOS 基板与含有透明电极之上玻璃基板贴合,再抽入液晶,进行封装测试。

简单来说,LCOS 直接与映像管投影技术、高温多晶矽液晶穿透式投影技术、DMD 数位光学处理反射式技术相关。这三项技术已发展成熟，LCOS 则成为投影显示技术的新主流。

（5）视频带宽。

投影机的视频通道的总的频带宽度，其定义是在视频信号振幅下降至 70.7％时，对应的信号上限频率。70.7％对应的增量是 -3dB，因此又叫作 -3dB 带宽。

（6）分辨率。

分辨率有 RGB 分辨率和视频分辨率两种。

RGB 分辨率是指投影机在接 RGB 分辨率视频信号时可达到的最高像素，如分辨率为 $1024×768$，表示水平分辨率为 1024，垂直分辨率为 768，RGB 分辨率与水平扫描频率、垂直扫描频率及视频带宽均有关。

视频分辨率是指投影机在显示复合视频时的最高分辨率。

（7）会聚。

会聚是指 RGB 三种颜色在屏幕上重合。机器位置变化，会聚也要重新调整，因此对会聚的要求是全功能和方便快捷。会聚有静态会聚和动态会聚，其中动态会聚有倾斜、弓形、幅度、线性、梯形、枕形等功能，每一种功能均可在水平和垂直两个方向上进行调整。除此之外，还可进行非线性平衡、梯形平衡、枕形平衡的调整。有些投影机具有点会聚功能，它将全屏幕分为 208 个点，在 208 个点上逐点进行调整，所以屏幕上每一点都做到精确会聚。

2.5 虚拟现实技术

2.5.1 虚拟现实技术概述

虚拟现实技术具有超越现实的虚拟性。它是伴随数字媒体技术发展起来的计算机新技术，它利用三维图形生成技术、多传感交互技术以及高分辨率显示技术，生成三维逼真的虚拟环境，用户需要通过特殊的交互设备才能进入虚拟环境中。这是一门崭新的综合性信息技术，它融合了数字图像处理、计算机图形学、多媒体技术、传感器技术等多个信息技术分支，从而大大推进了计算机技术的发展。它的一个主要功能是生成虚拟境界的图形，故此又称为图形工作站。图像显示设备是用于产生立体视觉效果的关键外设，目前常见的产品包括光阈眼镜、三维投影仪和头盔显示器等。其中高档的头盔显示器在屏蔽现实世界的同时，提供高分辨率、大视场角的虚拟场景，并带有立体声耳机，可以使人产生强烈的沉浸感。其他外设主要用于实现与虚拟现实的交互功能，包括数据手套、三维鼠标、运动跟踪器、力反馈装置、语音识别与合成系统等。虚拟现实技术的应用前景十分广阔。它始于军事和航空航天领域的需求，但近年来，虚拟现实技术的应用已大步走进工业、建筑设计、教育培训、文化娱乐等方面。

2.5.2 虚拟现实技术的主要特征

1. 多感知性（Multi-Sensory）

所谓多感知性，是指除了一般计算机技术所具有的视觉感知之外，还有听觉感知、力觉感知、触觉感知、运动感知，甚至包括味觉感知、嗅觉感知等。理想的虚拟现实技术应该具有一切人所具有的感知功能。由于相关技术，特别是传感技术的限制，目前虚拟现实技术所具有的感知功能仅限于视觉、听觉、力觉、触觉、运动等。

2. 沉浸性（Immersion）

沉浸性又称为临场感或存在感，指用户感到作为主角存在于模拟环境中的真实程度。理想的模拟环境应该使用户难以分辨真假，使用户全身心地投入到计算机创建的三维虚拟环境中，该环境中的一切看上去是真的，听上去是真的，动起来是真的，甚至闻起来、尝起来等一切感觉都是真的，如同在现实世界中的感觉一样。

3. 交互性（Interactivity）

交互性是指用户对模拟环境内物体的可操作程度和从环境得到反馈的自然程度（包括实时性）。例如，用户可以用手去直接抓取模拟环境中虚拟的物体，这时手有握着东西的感觉，并可以感觉物体的重量，视野中被抓的物体也能立刻随着手的移动而移动。

4. 构想性（Imagination）

构想性又称为自主性，强调虚拟现实技术应具有广阔的可想象空间，可拓宽人类认知范围，不仅可再现真实存在的环境，也可以随意构想客观不存在的甚至是不可能发生的环境。

2.5.3 虚拟现实系统的构成与分类

虚拟现实是利用计算机等相关设备模拟产生一个三维空间的虚拟世界，提供给使用者关于视觉、听觉、触觉等感官的场景模拟，让使用者如同身临其境一般融入虚拟环境，可以及时、无限制地观察事物。虚拟现实系统的核心是沉浸性、交互性和想象性，从而提高用户的体验感。虚拟现实系统主要包括输入输出设备、应用软件系统、相关数据库、虚拟现实开发平台等部分，完成建立输入输出设备到仿真场景的映射及存储，从而营造数字化的交互场景。

1. 虚拟现实系统的构成

1）专业图形处理计算机

计算机在虚拟现实系统中处于核心地位，它主要负责从输入设备中读取数据，访问与任务相关的数据库，执行任务要求的实时计算，从而实时更新虚拟世界的状态，并把结果反馈给输出显示设备。由于虚拟世界是一个复杂的场景，系统很难预测所有用户的动作，也就很难在内存中存储所有相应的状态，因此虚拟世界需要实时绘制和删除，大大增加了计算量，这对计算机的配置要求较高。

2）应用软件系统

虚拟现实的应用软件系统是实现虚拟现实技术应用的关键，它提供了工具包和场景图，主要完成虚拟世界中对象的几何模型、物理模型、行为模型的建立和管理；三维立体声的生成、三维场景的实时绘制；虚拟世界数据库的建立与管理等。比较典型的应用软件系统包括 MultiGen Creator、VEGA、EON Studio 和 Virtools 等。

虚拟现实引擎是一种软件框架，核心功能包括二维或三维模型渲染引擎、交互行为或碰撞检测物理引擎，并可能包括音频或视频支持。虚拟现实引擎本质上是一种通用开发平台，能提供预定义交互及导航功能，设计人员可在源代码基础上进行二次开发。

虚拟现实系统还包括虚拟声音编辑器、虚拟现实培训模拟器和虚拟现实内容管理等软件，为用户提供更完整的虚拟现实体验。

3）数据库

数据库用来存放整个虚拟世界中所有对象模型的相关信息。在虚拟世界中，场景需要实时绘制，大量的虚拟对象需要保存、调用和更新，因而需要数据库对对象模型进行分类管理。

4）输入设备

输入设备是虚拟现实系统的输入接口，其功能是检测用户的输入信号，并通过传感器输入计算机。基于不同的功能和目的，输入设备除了传统的鼠标、键盘外，还包括用于手姿输入的数据手套、身体姿态输入的数据衣、语音交互的麦克风等，以解决多个感觉通道的交互。

5）输出设备

输出设备是虚拟现实系统的输出接口，是对输入的反馈，由计算机生成的信息通过传感器传给输出设备。输出设备以不同的感觉通道（视觉、听觉、触觉等）反馈给用户。输出设备除了包括屏幕外，还包括声音反馈的立体声耳机、力反馈的数据手套及大屏幕立体显示系统等。

2. 虚拟现实系统分类

1）非沉浸型虚拟现实系统

非沉浸型虚拟现实系统又称桌面型或窗口型虚拟现实系统，它是指利用个人计算机或初级图形工作站等设备，以计算机屏幕作为一个用户观察虚拟世界的窗口，采用立体图形、自然交互等技术，产生三维立体空间的交互场景。在非沉浸型虚拟现实系统中，用户可通过键盘、鼠标、操纵杆或触摸屏等设备与虚拟环境进行交互，通过计算机屏幕 360°观察虚拟世界，通过交互操作平移、旋转操纵虚拟场景中的各种物体，在虚拟环境中漫游和利用立体视觉效果来增加沉浸感。比较典型的非沉浸型虚拟现实系统是视频游戏，用户可以控制角色从而对游戏的虚拟环境产生影响。

2）半沉浸型虚拟现实系统

半沉浸型虚拟现实系统是非沉浸型虚拟现实系统和完全沉浸型虚拟现实系统的结合体，它通常以三维空间或虚拟环境的形式呈现。与非沉浸型虚拟现实系统相比，半沉浸型虚拟现实系统为用户提供更真实的体验。这种类型的虚拟现实系统常用于教育和培训领域，它通常由高端的图形计算机、高分辨率的投影系统和监视器组成，让用户部分地沉浸在虚拟世界中。比较典型的半沉浸型虚拟现实系统是飞行模拟器，如图 2-22 所示。

3）完全沉浸型虚拟现实系统

完全沉浸型虚拟现实系统为用户提供完全沉浸于其中的体验，使用户仿佛置身于真实的世界，并获得存在感。它通常采用洞穴式立体显示装置或头戴式显示器等设备，把用户的视觉、听觉和其他感觉封闭起来，并提供一个新的虚拟的感觉空间。完全沉浸型虚拟现实系统虚具有良好的系统集性和整合性，以及高度的实时性、沉浸性和逼真性，使用户很难区分虚拟世界和现实世界，但其局限性在于可能会使用户产生晕眩感。

4）增强现实型虚拟现实系统

增强现实型虚拟现实系统是将虚拟世界叠加到真实世界上，形成两个世界无缝连接

图 2-22　飞行模拟器

的系统,从而使用户获得超越现实的虚拟体验。增强现实型虚拟现实系统既可以部分地用虚拟环境取代真实环境而减少构成复杂真实环境的开销,又可以对真实世界的物体对象进行操作,真正达到虚实融合的境界。在增强现实型虚拟现实系统中,虚拟对象提供的往往是用户无法凭借其自身感觉器官直接感知的深层信息,因此用户可利用这些信息来加强现实世界中的认知。增强现实型虚拟现实系统通常具备3个基本功能:一是将真实对象和虚拟对象结合在一起,并在三维空间中整合;二是人机实时、交互地运行;三是能跟踪真实对象和虚拟对象。

5) 协作型虚拟现实系统

协作型虚拟现实系统作为虚拟现实技术和网络技术结合的产物,它利用先进的网络,在较大范围内通过计算机建立一个供异地多用户同时参与的协作式虚拟环境,达到在同一个虚拟世界中参与和互动的目的。在协作型虚拟现实系统中,处于不同地理位置的用户可以不受物理时空的限制,实时交互和共享相同的虚拟世界,如同进入到一个真实的世界。用户通过姿势、声音和文字等进行艰难任务的联合训练或演练,甚至协同完成同一件比较复杂的产品设计。

虚拟现实系统在协作型环境下运行的主要特点有以下两点:一是真实现场感的实时生成和实时交互反馈需要强大的算力,需要多台计算机协同完成;二是有些任务本身具有分布性,需要分布在不同地点的人协同完成。协作式虚拟现实系统的特性包括:用户能共享虚拟的工作空间和信息资源,能在互联共享的实体行为中产生真实感;能满足多个用户使用不同的方式相互通信和实时交互;允许用户自然操纵虚拟世界中的对象。

协作型虚拟现实系统有以下几种模式:复制式,网上各个节点完全自治并有相同的数据库,节点之间只传输环境中对象的动态状态信息及突发事件,各节点通过接收网上信息维护本地的数据库,达到一致的共享环境;集中式,某一时刻只有一个用户可以改变对象状态,并将其发给服务器,然后服务器将改变的状态发给网上其他用户;点对点式,网上的每个节点都具有完全相同的数据库,采用可靠的协议保证在新事件发生或对象添加/删除时,网上的数据库可以得到一致刷新;分布式,这种模式将环境进行划分,每个客户节点上只维护部分数据库,它们之间的交互通过服务器协调,服务器存放每个部分环境的客户信息。

2.5.4 虚拟现实技术的关键技术

1. 环境建模技术

环境建模技术,即虚拟环境的建模,目的是获取实际三维环境的三维数据,并根据应用的需要,利用获取的三维数据建立相应的虚拟环境模型。

2. 立体声合成和立体显示技术

在虚拟现实系统中消除声音的方向与用户头部运动的相关性,同时在复杂的场景中实时生成立体图形。

3. 触觉反馈技术

在虚拟现实系统中让用户能够直接操作虚拟物体并感觉到虚拟物体的反作用力,从而产生身临其境的感觉。

4. 交互技术

虚拟现实中的人机交互远远超出了键盘和鼠标的传统模式,利用数字头盔、数字手套等复杂的传感器设备,三维交互技术与语音识别、语音输入技术成为重要的人机交互手段。

5.系统集成技术

由于虚拟现实系统中包括大量的感知信息和模型,因此系统的集成技术为重中之重,包括信息同步技术、模型标定技术、数据转换技术、识别和合成技术等。

虚拟现实是在计算机中构造出一个形象逼真的模型。人与该模型可以进行交互,并产生与真实世界中相同的反馈信息,使人们获得和真实世界中一样的感受。当人们需要构造当前不存在的环境(合理虚拟现实)、人类不可能达到的环境(夸张虚拟现实)或构造纯粹虚构的环境(虚幻虚拟现实)以取代需要耗资巨大的真实环境时,就可以利用虚拟现实技术。

为了实现和在真实世界中一样的感觉,需要有能实现各种感觉的技术。人在真实世界中是通过眼睛、耳朵、手指、鼻子等器官来实现视觉、触觉、嗅觉等功能的。人们通过视觉看到色彩斑斓的外部环境,通过听觉感知丰富多彩的音响世界,通过触觉了解物体的形状和特性,通过嗅觉知道周围的气味。总之,通过各种各样的感觉,使人们能够同客观真实世界交互,使人们沉浸于和真实世界一样的环境中。

2.5.5 虚拟现实技术的设备

虚拟现实的输入设备负责数据的捕捉或对虚拟对象进行操作,输出设备负责沉浸式显示,软件对整个环境进行适当地控制和同步。

1.虚拟现实的输入设备

1)数据手套

数据手套是一种多模式的虚拟现实硬件,它一方面通过软件编程完成虚拟场景中的物体抓取、移动和旋转等动作,另一方面基于其多模式性可作为场景漫游的控制工具,如图 2-23 所示。目前的数据手套产品已经能够检测手指的弯曲,并利用磁定位传感器精确地定位出手在三维空间中的位置。这种结合手指弯曲度测试和空间定位测试的数据手套被称为"真实手套",它可以为用户提供一种非常真实、自然的三维交互手段。

图 2-23 数据手套

数据手套本身不提供与空间位置相关的信息,它必须与位置跟踪设备连用,不仅能把人手的姿势准确、实时地传递给虚拟环境,还能把与虚拟物体接触的信息反馈给操作者,使操作者以更加直接、自然、有效的方式与虚拟世界进行交互,大大增强了互动性和沉浸感。

2)三维鼠标

三维鼠标是虚拟现实中的重要交互设备,可用于六自由度虚拟现实场景的模拟交互,从不同角度和方位对三维物体进行观察、浏览和操纵,并可与数据手套或立体眼镜结合使用作为跟踪定位器,如图 2-24(a)所示。图 2-24(b)所示的三维鼠标类似于摇杆加上若干按键的组合,由于厂家为其配备了驱动程序和开发包,因此在视景仿真开发中,用户可通过程序将按键和球体的运动赋予三维场景或物体,实现三维场景的漫游和仿真物体的控制。

3)数据衣

数据衣是为了让虚拟现实系统识别全身运动而设计的输入装置,它能根据身体的动作探测和跟踪人体的所有动作。数据衣是一件安装大量光纤和电极等触觉传感器的紧身衣,可检测人的四肢、腰部等部位的活动,以及手腕、肘关节等关节的弯曲角度。它能对人体的50多个关节进行测量,并通过光电转换将身体的运动信息送入计算机进行图像重建,如图 2-25 所示。

(a)　　　　　(b)

图 2-24　三维鼠标

图 2-25　数据衣

4) 位置追踪器

位置追踪器是指用于空间跟踪和定位的装置,意思是在检测有关对象的位置和具体方位,并将位置和方位信息传递给虚拟现实系统。位置追踪器通常与数字头盔、立体眼镜、数据手套等虚拟现实设备结合使用,使用户能够自由地移动和旋转,从而使操作更加灵活、自如和随意,不受固定的空间位置的限制。用于跟踪用户位置的方式有两种:一种是跟踪头部位置与方位来确定用户的视点位置与视线方向,而视点位置与视线方向是确定虚拟世界场景显示的关键;另一种是跟踪手的位置和方向,而手的位置和方向是带有跟踪系统的数据手套获取的关键信息。带有跟踪系统的数据手套能把手指和手掌伸屈时的各种姿势转换为数字信号发送给计算机,然后被计算机识别和执行。

自由度(Degree of Freedom,DoF)是指物体在三维空间中的基本运动方式,包括 3 个沿 x 轴、y 轴、z 轴的平移运动(前后、左右、上下)和 3 个绕 x 轴、y 轴、z 轴的旋转运动。位置追踪器有三自由度(3DoF)和六自由度(6DoF)之分。3DoF 是指虚拟现实设备可以跟踪和定位头部向不同方向转动的角度。6DoF 是指虚拟现实设备不仅能跟踪和定位头部向不同方向转动的角度,还能跟踪和定位身体上下、左右、前后移动带来的空间位置变化(即角度+位置),如图 2-26 所示。

三维位置跟踪器是利用传感器对三维空间的活动对象进行探测并返回相应三维信息的设备,如图 2-27 所示。三维空间传感器对被检测的物体必须是无干扰的,也就是说,无论这种传感器是基于何种原理和应用何种技术,都不应影响被测物体的运动器。三维空间传感器能实时地检测活动的物体在六自由度上相对于某个固定物体的数值,即在 x 轴、y 轴、z 轴坐标上的位置值和围绕 x 轴、y 轴、z 轴的旋转值。

位置跟踪器的选择需要考虑以下因素:更新率,即每秒进行多少次测量;延迟,即用户的实际操作与代表该操作的报告开始传输之前的时间量;精度,即报告位置和方向的误差测量;分辨率,即可检测到的位置或方向的最小变化;范围,即工作时体积和角度覆盖的范围;易用性,即尺寸、重量等。

3DoF　　　　6DoF

图 2-26　3DoF 与 6DoF 的区别

图 2-27　三维位置跟踪器

2. 虚拟现实的输出设备

人类视觉吸引了大部分注意力并提供了大部分信息,因此视觉显示器承载着主要任务。然而,动觉、触觉和声音同样能增强人类的感知能力。头盔式显示器可以用虚拟世界的图像(不透明的 HMD)完全取代现实世界,或者用另外的信息(透明的 HMD)增强现实世界,触觉显示器则确保了动觉和触觉反馈。

1）立体显示设备

虚拟现实系统的沉浸感主要来源于人类的视觉感知。三维立体视觉是虚拟现实系统的第一反馈通道。由于人类双眼的视差,为了让用户观察到立体的虚拟世界,就需要为用户的左右眼分别绘制出具有视差效果的场景画面,并且将画面单独传送给相应的眼睛。

基于这种思路设计的立体显示设备包括台式立体显示系统、头盔显示器、吊杆显示器等。台式立体显示系统由立体显示器和立体眼镜组成,如三维电影。头盔显示器通常固定在用户头部,头与头盔之间不能有相对运动。头盔上配有三维定位跟踪设备,用于实时探测头部的位置和朝向。头部运动被一个电子单元采样并发送给计算机。计算机利用跟踪设备的反馈数据计算新的观察方向和视点位置,绘制更新后的虚拟场景图像并显示在头盔显示器的屏幕上。

立体显示设备目前应用最多的是头戴式显示器、立体眼镜、大屏立体显示设备、洞穴式立体显示、自动立体显示(裸眼三维)等,如图 2-28 所示。

图 2-28　虚拟现实的立体显示设备

2）三维声音输出设备

声音输出设备是对立体显示设备提供的视觉反馈的补充。在虚拟现实系统中,主要使用喇叭和耳机这两类声音输出设备。喇叭允许多个用户同时听到声音,一般用于投影式虚拟现实系统,其位置远离头部。一般来说,耳机比喇叭具有更好的声音控制能力,所以在虚拟现实领域,耳机的应用较为普遍。

虚拟技术中的人机环境交互中,需要生成逼真的三维声音信息。主要方法是建立音源的数据库、声音的环境特性数据库和方位脉冲响应数据库。然后通过三维声音的实时处理合成:音源的生成、声音与虚拟环境脉冲响应的卷积处理、声音与人耳滤波器的实时卷积、声音的各分量叠加,得到三维的虚拟声音信号,经数/模变换后发送到耳机输出以实现三维的声音信息。听觉通道需要为人的听觉系统提供感觉置身于立体的声场之中、能识别声音的类型和强度并能判定声源的位置的接口。其技术难题在于如何合成由接口提供的虚拟声音信号并使声音在虚拟空间定位及发声设备的问题,目前主要采用立体音响和语音识别。

3）触觉、力觉反馈设备

触觉、力觉反馈设备是在帮助用户探索虚拟环境时,利用接触感来识别虚拟对象的位置和方向,并操作和移动虚拟物体以完成某项任务。触觉反馈是指来自皮肤表面敏感神经传感器的触感,传送接触表面的几何结构、表面硬度、滑动和温度等实时信息。目前触觉反馈设备主要局限于手指接触感的反馈,种类包括充气式触觉反馈设备,如Teletact充气式触觉手套;振动式触觉反馈设备,如形状记忆合金反馈设备;温度式触觉反馈设备,如温度反馈设备等。力觉反馈指身体的肌肉、肌腱和关节运动所能感受到的力量感和方向感,主要有虚拟对象表面柔顺性、重量和惯性等实时信息。

力反馈技术主要是应用于触觉领域里的一种虚拟现实技术,它利用机械表现出的反作用力,将系统数据通过力反馈设备表现出来,可以让用户身临其境地体验系统中的力及触觉效果。力反馈技术能将系统中的数据转化成人体感官可以感受到的信息。它通过USB通信接口与其他系统设备相连,由这些设备计算并输出操控器在虚拟空间的位置信息及作用力,并通过设备内电机的牵引,带动操控器在空间的运动并输出空间中各个方向上所受的力,实现与其他设备的交互作用,如图2-29所示。

(a) 3DoF定位/3DoF力反馈　　(b) 6DoF定位/3DoF力反馈　　(c) 6DoF定位/3DoF力反馈

 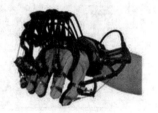

(d) 7DoF定位/7DoF力反馈　　　　(e) 1传感器/1手指

图 2-29　力反馈设备

2.6　信息存储技术

　　数字媒体信息存在和表现的形式包括文字、数据、向量图形、图元组成的图形、位图图像、数字化声音、字化视频等,具有多样性、数据量大、占用大量的存储空间的特点,因此数字媒体对存储技术的存储容量、传输速度等有更高的要求。

　　目前的存储设备主要包括内存储器、外存储器和光盘存储器,而数字媒体主要使用外存储器和光盘存储器,如图 2-30 所示。

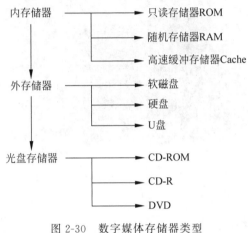

图 2-30　数字媒体存储器类型

2.6.1　磁介质存储技术

　　磁介质目前主要指依靠磁性记录数字信号的介质,具有性能优异、灵活、价格低廉的特点,目前其容量和读取速度提高很快,主要有硬盘、硬盘阵列和磁带。

　　1. 磁盘、磁盘阵列

　　磁盘阵列简称 RAID,其原理是利用数组方式来做磁盘组,配合数据分散排列的设计,提升数据的安全性。磁盘阵列主要针对硬盘,它由很多便宜、容量较小、稳定性较高、速度较慢的磁盘组合成一个大型的磁盘组,如图 2-31 所示。利用个别磁盘提供数据所产生的加成效果来提升整个磁盘系统的效能。同时,在存储数据时,利用这项技术将数据切割成许多区段,分别存放在各个硬盘上。

图 2-31　磁盘阵列

2. 磁带、磁带库

广义的磁带库产品包括自动加载磁带机和磁带库,如图 2-32 所示。自动加载磁带机和磁带库实际上是将磁带和磁带机有机结合组成的。自动加载磁带机是一个位于单机中的磁带驱动器和自动磁带更换装置,它可以从装有多盘磁带的磁带匣中拾取磁带并放入驱动器中,或执行相反的过程。它可以备份 $PB(1PB=10^6GB)$ 数量级的数据。自动加载磁带机能够支持例行备份过程,自动为每日的备份工作装载新的磁带。一个拥有工作组服务器的小公司或分理处可以使用自动加载磁带机来自动完成备份工作。

图 2-32　磁带库

2.6.2　光存储技术

光存储的介质为 CD-ROM、DVD 等盘片,光盘又称为 CD(Compact Disc,压缩盘,如图 2-33 所示),是通过冲压设备压制或激光烧刻,从而在其上产生一系列凹槽来记录信息的一种存储媒体。它通过光盘驱动器(图 2-34)来读取。

图 2-33　光盘

图 2-34　光盘驱动器

1. 光存储技术原理

采用激光照射介质,激光与介质相互作用,导致介质的性质发生变化而将信息存储下来。一般来说,介质被激光烧灼成小凹坑,利用烧灼的状态来表示二进制数据。读取信息时用激光扫描介质,识别出存储单元性质的变化。二进制数据 0(不变)、1(改变)主要通过反射率、反射光极化方向等标识,光电检测器能够通过检测出光强和光极性的变化来识别信息,如图 2-35 所示。

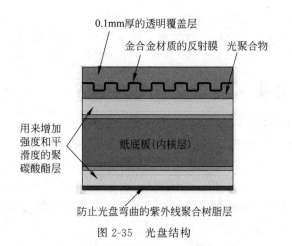

0.1mm厚的透明覆盖层

金合金材质的反射膜 光聚合物

用来增加强度和平滑度的聚碳酸酯层

纸底板(内核层)

防止光盘弯曲的紫外线聚合树脂层

图 2-35　光盘结构

2．光存储的特点

光存储具有存储密度高的特点，因为高能量激光束可以聚焦成约 $1\mu m$ 的光斑，因此光存储技术比其他存储技术有更高的容量。光信息的写入与读取采用非接触式读写和擦出，激光头与介质无接触，不受环境影响而退磁，信息保存时间长，可达 30 年以上。

3．常见光存储介质

1）CD 光盘

Video CD 标准是目前流行的视频光盘标准，它描述一个使用 CD 格式和 MPEG-1 标准的数字电视播放系统。

Video CD 定义了 MPEG 光道的结构，它由 MPEG-Video 扇区和 MPEG-Audio 扇区组成。光道上的 Video(电视图像)和 Audio(声音)是按 MPEG-1 的规定进行编码。

MPEG-Video 扇区和 MPEG-Audio 扇区是交错存放在光道上。

2）DVD 光盘

MPEG-2 的视频质量是广播级质量，为解决其 MPEG-2 数据存储问题，研制了 DVD 并于 1995 年完成标准化方案。

DVD 盘片尺寸与 CD 相同，容量最高的双层双面盘可达 17GB。单面单层 DVD 盘能够存储 4.7GB 的数据和 133 分钟的 MPEG-2 视频，其分辨率与现在电视相同，并配备 Dolby AC-3/MPEG-2 音频质量的声音和不同语言的字幕。

3）光盘、光盘塔、光盘库

光盘库是一种带有自动换盘机构(机械手)的光盘网络共享设备，由放置光盘的光盘架、自动换盘机构(机械手)和驱动器三部分组成，如图 2-36 所示。

光盘库一般配置有 1～14 台驱动器，可容纳 45～690 片光盘，每个盘仓可容纳 15 片或 50 片光盘，分为智能热插拔式盘仓和普通盘仓，这样既可方便光盘的存放和取用，又直接构成了三级存储的近线和离线的搭配结构。

光盘库通过高速 SCSI 端口与网络服务器相连，光盘驱动器通过自身接口与主机交换数据。

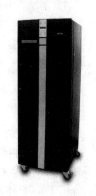

图 2-36　光盘库

第2章　数字媒体的关键技术

用户访问光盘库时,自动换盘机构首先将驱动器中的光盘取出并放置到盘架上的指定位置,然后再从盘架中取出所需的光盘并送入驱动器中。自动换盘机构(机械手)的换盘时间通常为秒级。

2.6.3 分布式存储

1. 分布式存储的概念

分布式存储是相对于集中式存储而言的,其目标是利用多台服务器的存储资源来满足单台服务器不能满足的存储需求。分布式存储是通过网络使用机构中每台机器上的磁盘空间,并将这些分散的存储资源构成一个虚拟的存储设备,数据分散地存储在机构的各个位置,而不是将数据存储在某个或多个特定的节点上。分布式存储的概念如图2-37所示。

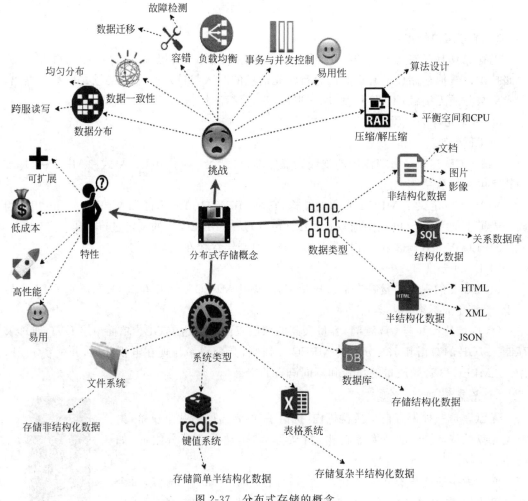

图 2-37 分布式存储的概念

2. 分布式存储的架构

传统存储技术将数据集中存储在固定的中心节点,存储系统的性能往往受到中心节点的限制,不能实现横向扩展,很难满足大规模存储应用的需求。相比于传统的集中式存储,分布式存储具有更好的横向扩展能力、更强的数据处理能力及更高的系统可靠性。分布式存储将数据分散存储在多个独立的节点,这些存储节点通过虚拟化软件整合成一个巨大的存储资源池。在分布式存储系统中,每新增一个存储节点,不仅扩大了系统的总容量,还提升了系统整体的I/O性能。分布式存储系统通常采用副本或者纠删码技术实现数据在其他存储节点中的冗余或校验,当一个存储节点发生故障时,整个系统仍然可以正常运行。由于体系架构上的明显优势,分布式存储克服了集中式存储在性能和容量方面的不足,能够满足数据中心对海量数据存储业务的需求。分布式存储的架构如图 2-38 所示,其中 CPFS (Cloud Parallel File Storage)是指基于云的可并行文件存储系统。

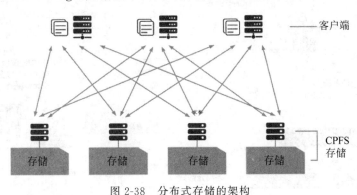

图 2-38　分布式存储的架构

3. 分布式存储的数据类型

1) 结构化数据

结构化数据是指数据之间具有清晰、可定义的关系或规律,并包含一个预定义的模型的数据。例如,使用关系型数据库表示和存储并表现为二维形式的数据就是结构化数据,它以行为单位,一行数据表示一个实体的信息,每一行数据的属性是相同的。结构化数据依赖预定义的数据模型,严格地遵循数据格式和长度规范。

2) 非结构化数据

非结构化数据是指无法用固定结构来逻辑表达实现的数据,也就是无法按照预定义的方式组织或缺少特定数据模型的数据,如微博、论坛上的各种评论。非结构化数据的主要特征是没有规律,主要形式包括文本、图形图像、声音、视频流等。

3) 半结构化数据

半结构化数据是介于结构化和非结构化之间的数据,如日志文件、HTML 文档、XML 文档、E-mail 等。半结构化数据一般是自描述的,数据的结构和内容混在一起,没有明显的区分。

2.6.4　云存储技术

1. 云存储的概念与工作过程

云存储(Cloud Storage)是一种网上在线存储的模式,也就是把数据存放在第三方托管的高虚拟服务器上(如亚马逊云、阿里云),如图 2-39 所示。

云存储是一种在云计算概念上延伸和发展出来的新兴网络存储技术,是指通过集群应用、网络技术或分布式文件系统等功能和应用软件,将网络中大量的不同类型的存储设备集合起来协同工作,共同对外提供数据存储和业务访问功能的系统。云存储能保证数据的安

58

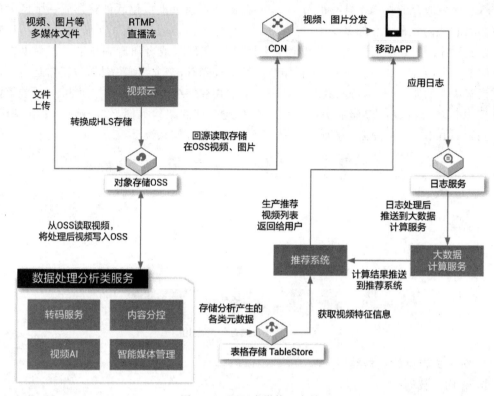

图 2-39 阿里多媒体云存储

全性并节约存储空间,使用者可以在任何时间、任何地方通过任何可连网的装置连接到云上,方便地存取数据。相比其他存储方式而言,云存储改变了数据垂直存储在某一台物理设备的存放模式,通过网络就可以查看存储数据,它具有大容量、高性能、低成本、负载均衡、灾难恢复、按需扩展、系统可用性高等特征。云存储的工作过程如图 2-40 所示。

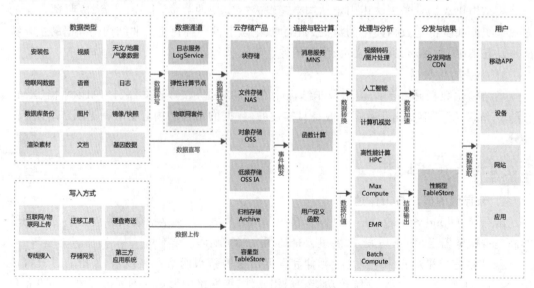

图 2-40 云存储的工作过程

2. 云存储的类型

云存储可分为以下三种类型。

1）公有云存储

公有云存储是为大规模、多用户而设计的。其所有组件都建立在共享基础设施上,通过虚拟化、数据访问、管理等技术对公共存储设备进行逻辑分区,按需分配。优点是有助于用户减轻存储的成本和管理的负担。缺点是放在公有云上的信息容易被入侵、窃取、破坏。

2）私有云存储

私有云存储也称为内部云存储,是针对特定用户设计的,它运行在数据中心的专用存储设备上,可以满足安全性能的需求。其缺点是可扩展性相对较差。因此,私有云存储更适合于具有高标准安全性需求与性能需求的数据中心建设。

3）混合云存储

混合云存储是为了弥补公有云存储和私有云存储的缺陷并兼备两者的优点而设计的。它既包含能接入公共网、提供广泛应用和服务的公有云存储,又包括建立在内部网、面向某专业业务应用、采取严格安全管理措施的私有云存储。目标是在公有云上存储开放的、需要面向社会、广泛共享的文档信息;在私有云上存储需要保密或供内部业务使用的文档信息。

3. 云存储的关键技术

云存储技术通过宽带网络整合大量的存储设备,通过存储虚拟化、分布式文件系统、底层对象化等技术整合位于各单一存储设备上的物理存储资源,构成逻辑上统一的存储资源池,对外提供服务,从而扩大存储容量。

1）存储虚拟化技术

云存储的核心技术是存储虚拟化技术,它可以通过存储虚拟化方法,把不同厂商、不同型号、不同通信技术、不同类型的存储设备互联起来,将系统中各种异构的存储设备映射为一个统一的存储资源池。

2）重复数据删除技术

随着重复数据的数据量不断增加,重复的数据会占用更多的空间,重复数据删除技术可以减少备份数据的数量,消除冗余的文件、数据块或字节,以保证只有单一的数据存储在系统中。

3）数据备份技术

数据备份技术主要是将云存储网盘上的数据本身或者其中的部分以特定的格式保存,以备原数据因出现错误、被误删除、恶意加密等情况可以随时恢复。

4）内容分发技术

该技术通过在网络各处放置节点服务器,在现有互联网的基础之上构成一层智能虚拟网络,实时地根据网络流量、各节点的连接和负载情况、响应时间、到用户的距离等信息将用户的请求重新导向离用户最近的服务节点上,主要作用是使数据传输更快、更稳定。

5）存储加密技术

当数据从前端服务器输出或在写进存储设备之前,通过系统为数据加密,以保证存放在存储设备上的数据只有授权用户才能读取。

4. 云存储的安全策略

云存储的安全策略主要有以下 3 种。

59

1）身份认证

身份认证主要是在云存储系统中对用户身份进行确认,确认该用户是否可对某种资源进行访问和使用,起到有效控制的作用。进行严格的身份鉴别可以有效防止云储存系统中的用户被其他人冒用,确保用户身份的唯一性,进而使云存储系统的访问策略更加可靠,可以从一定程度上保证数据和系统的安全及授权用户的合法权益。

2）加密

加密是通过一些特殊的算法改变原来的数据信息,让没有授权的用户即使得到了加密的信息,也无法知晓其内容。也就是说,信息在传输前与传输后所要表达的内容是不一致的,要得到传输前的真实信息,只有通过正确解密来获得。在加密过程中需注意,不同的用户要用不同的加密算法来进行不同用户之间的数据隔离,防止未授权的用户查看数据。

3）日志审计

数据存储在云端后,用户就不能直接管理自己的数据,所以云存储系统需要保证用户数据不能被他人非法使用。对数据进行的任何操作都必须进行严格的审计,防止数据被非法使用。管理者需要根据日志信息进行安全审计,可以通过查看用户访问记录、系统运行状态、系统运行日志等及时发现问题,利用日志的检查、审核及时发现故意入侵和违反安全功能的记录,从而起到监控和捕捉安全隐患的作用。

2.7　信息检索技术

多媒体技术和 Internet 的发展给人们带来巨大的多媒体信息量,并进一步导致了超大型数字媒体信息库的产生,光凭关键词是很难做到对数字媒体信息的描述和检索的,这就需要有一种针对多媒体的有效的检索方式。如何有效地帮助人们快速、准确地找到所需要的数字媒体信息,成了多媒体信息库所要解决的核心问题。数字媒体数据库技术和数字媒体信息检索技术是对数字媒体信息进行管理、存取、查询的关键技术。

2.7.1　数字媒体数据库技术

数字媒体数据库是数据库技术与多媒体技术结合的产物。数字媒体数据库不是对现有的数据进行界面上的包装,而是从数字媒体数据与信息本身的特性出发,考虑将其引入到数据库中之后而带来的有关问题。多媒体数据库从本质上来说,要解决 3 个难题。第一要解决的是信息媒体的多样化,不仅是数值数据和字符数据,还要扩大到多媒体数据的存储、组织、使用和管理;第二要解决多媒体数据集成或表现集成,实现多媒体数据之间的交叉调用和融合,集成粒度越细,多媒体一体化表现才越强,应用的价值也才越大;第三要解决的是多媒体数据与人之间的交互性。

目前研究的途径有 3 种:在现有的数据库管理系统上增加接口,以满足数字媒体应用的需要;建立基于一种或多种应用的专门数字媒体数据库;研究数据模型,建立通用的数字媒体数据库管理系统。

1. 数字媒体数据库的数据

数据是表征事物特性的,它们可以取自于现实世界,也可以通过模拟构造产生。因此,数据可以有原始性、描述性或指示性 3 种数据形式存在于计算机中。

1）原始性数据

原始性数据是根据实物采集而得到的，如声音或图像的采集。当对采样数据进行 A/D 转换后，可以得到一系列相关的二进制信号，这些二进制信号就代表着原始的、不带有任何特殊附加符号的文件格式。

2）描述性数据

描述性数据通常是带有说明特征的，可以是关键词、语句、段落，或者是语音或声音。并且数据可以采用结构化或非结构化形式。

3）指示性数据

指示性数据通常以多媒体元素的参数为内容，即为多媒体元素的特征赋予特定的语义。例如，表示图像大小的高和宽、表示线条的粗或细、表示声音的强或弱等。

2. 多媒体数据库的层次划分

如果引入数字媒体数据，这种系统划分肯定不能满足要求，就必须寻找恰当的结构分层形式。

已有多种层次划分，包括对传统数据库的扩展、对面向对象数据库的扩展、超媒体层次扩展等。虽然各有所不同，但大都是从最低层增加对数字媒体数据的控制与支持，在最高层支持数字媒体的综合表现和用户的查询描述，在中间增加对数字媒体数据的关联和超链接的处理。下面综合各种数字媒体数据的层次结构的合理成分，提出一种数字媒体数据库层次结构的划分。

1）媒体支持层

媒体支持层建立在数字媒体操作系统之上，针对各种媒体的特殊性质，对媒体进行相应的分割、识别、变换等操作，并确定物理存储的位置和方法，以实现对各种媒体的最基本数据的管理和操纵。由于媒体性质差别大，对于媒体的支持一般分别对待，在操作系统的辅助下，对不同媒体实施不同的处理，完成数据库的基本操作。

2）存取与存储数据模型层

数字媒体数据的逻辑存储与存取，各种媒体数据的逻辑位置安排、相互的内容关联、特征与数据的关系及超链接的建立等都需要通过合适的存取与存储数据模型进行描述。

3）概念数据模型层

对现实世界用数字媒体数据信息进行的描述，也是数字媒体数据库中在全局概念下的一个整体视图。通过概念数据模型为上层的用户接口、下层的数字媒体数据存储和存取建立起一个在逻辑上统一的通道。存取与存储数据模型层和概念数据模型层也可以通称为数据模型层。

4）数字媒体用户接口层

数字媒体用户接口层完成用户对数字媒体信息的查询描述和得到数字媒体信息的查询结果。这层在传统数据库中是非常简单的，但在数字媒体数据库中它成了最重要的环节之一。用户首先要能够把它的思想通过恰当的方法描述出来，并能使数字媒体系统接受。查询和检索到的结果需要按用户的需求进行数字媒体化的表现，甚至构造出"叙事"效果。

2.7.2　数字媒体信息检索技术

数字媒体信息检索技术是基于内容的检索技术。基于内容的检索（content-based

retrieval,CBR)是对媒体对象的内容及上下文语义环境进行检索,如图像中的颜色、纹理、形状,视频中的镜头、场景、镜头的运动,声音中的音调、响度、音色等。基于内容的检索突破了传统的基于文本检索技术的局限,直接对图像、视频、音频内容进行分析,抽取特征和语义,利用这些内容特征建立索引并进行检索。在这一检索过程中,它主要以图像处理、模式识别、计算机视觉、图像理解等学科中的一些方法为部分基础技术,是多种技术的合成。

1. 数字媒体信息检索技术的特点

数字媒体信息检索技术主要有以下 4 个特点。

1) 相似性检索

CBR 采用一种近似匹配(或局部匹配)的方法和技术逐步求精来获得查询和检索结果,摒弃了传统的精确匹配技术,避免了因采用传统检索方法带来的不确定性。

2) 直接从内容中提取信息线索

CBR 直接对文本、图像、视频、音频进行分析,从中抽取内容特征,然后利用这些内容特征建立索引并进行检索。

3) 满足用户多层次的检索要求

CBR 检索系统通常由媒体库、特征库和知识库组成。媒体库包含多媒体数据,如文本、图像、音频、视频等;特征库包含用户输入的特征和预处理自动提取的内容特征;知识库包含领域知识和通用知识,其中的知识表达可以更换,以适应各种不同领域的应用要求。

4) 大型数据库(集)的快速检索

CBR 往往拥有数量巨大、种类繁多的多媒体数据库,能够实现对多媒体信息的快速检索。

2. 基于内容的图像检索技术

基于内容的图像检索技术就是图像特征的提取、分析及匹配。

(1) 特征提取:提取各种特征,如颜色、纹理、形状等。根据提取的特征不同,采取不同的处理,如提取形状特征,就需要先进行图像分割和边缘提取等步骤。选择合适的算法,并在效率和精确性方面加以改进,以适应检索的需要,实现特征提取模块。

(2) 特征分析:对图像的各种特征进行分析,选择提取效率高、信息浓缩性好的特征,或者将几种特征进行组合,用到检索领域。

(3) 特征匹配:选择何种模型衡量图像特征间的相似度。

基于内容的图像检索工作原理如图 2-41 所示。

图 2-41　基于内容的图像检索工作原理

3. 基于内容的视频检索技术

基于内容的视频信息检索是当前多媒体数据库发展的一个重要研究领域,它通过对非结构化的视频数据进行结构化分析和处理,采用视频分割技术,将连续的视频流划分为具有特定语义的视频片段——镜头,作为检索的基本单元,在此基础上进行代表帧(representative frame)的提取和动态特征的提取,形成描述镜头的特征索引;依据镜头组织和特征索引,采用视频聚类等方法研究镜头之间的关系,把内容相近的镜头组合起来,逐步缩小检索范围,直至查询到所需的视频数据。其中,视频分割、代表帧和动态特征提取是基于内容的视频检索的关键技术。目前相关的研究如下。

(1) MPEG-7 标准称为“多媒体内容描述接口”,它是一种多媒体内容描述的标准,它定义了描述符、描述语言和描述方案,对多媒体信息进行标准化的描述,实现快速有效的检索。

(2) JJACOB 基于内容的视频检索系统,可进行视频自动发段并从中抽取代表帧,并可按彩色及纹理特征以代表帧描述基于内容的检索。

(3) 卡内基·梅隆大学的 Informedia 数字视频图书馆系统,结合语音识别、视频分析和文本检索技术,支持 2000 小时的视频广播的检索;实现全内容的、基于知识的查询和检索。

4. 基于内容的音频检索技术

要实现基于内容的音频检索,必须从音频数据中提取听觉特征信息。音频特征可以分为听觉感知特征和听觉非感知特征(物理特性),听觉感知特征包括音量、音调、音强等。在语音识别方面,IBM 的 Via Voice 已趋于成熟,另外剑桥大学的 VMR 系统,以及卡内基·梅隆大学的 Informedia 都是很出色的音频处理系统。在基于内容的音频信息检索方面,美国的 Muscle fish 公司推出了较为完整的原型系统,对音频的检索和分类有较高的准确率。

基于内容的多媒体检索是一个新兴的研究领域,国内外都处于研究、探索阶段。目前仍存在着诸如算法处理速度慢、漏检误检率高、检索效果无评价标准、支持多种检索手段缺少等问题。但随着多媒体内容的增多和存储技术的提高,对基于内容的多媒体检索的需求将更加上升。

2.7.3 数字媒体信息检索设备

在公共场所,常用的数字媒体信息检索设备为触摸屏系统。触摸屏又称为触控屏、触控面板,是一种可接收触点等输入信号的感应式液晶显示装置,当接触了屏幕上的图形按钮时,屏幕上的触觉反馈系统可根据预先编程的程式驱动各种连接装置,可用以取代机械式的按钮面板,并借由液晶显示画面制造出生动的影音效果。

触摸屏不仅适用于中国多媒体信息查询的国情,还具有坚固耐用、反应速度快、节省空间、易于交流等优点。利用这种技术,用户只要用手指轻轻地碰计算机显示屏上的图符或文字就能实现对主机的操作,从而使人机交互更为直截了当,这种技术大大方便了那些不懂计算机操作的用户。它赋予了多媒体崭新的面貌,是极富吸引力的全新多媒体交互设备。触摸屏在我国的应用范围非常广阔,主要是公共信息的查询,如电信局、税务局、银行、电力等部门的业务查询;城市街头的信息查询;领导办公、工业控制、军事指挥、电子游戏、点歌、点菜、多媒体教学、房地产预售等。

1. 工作原理

为了操作上的方便,人们用触摸屏代替鼠标或键盘。工作时,必须首先用手指或其他物体触摸安装在显示器前端的触摸屏,然后系统根据手指触摸的图标或菜单位置来定位选择信息输入。触摸屏由触摸检测部件和触摸屏控制器组成:触摸检测部件安装在显示器屏幕前面,用于检测用户的触摸位置,接收后送到触摸屏控制器;而触摸屏控制器的主要作用是从触摸点检测装置上接收触摸信息,并将它转换成触点坐标,再发送给 CPU,同时它能接收 CPU 发来的命令并加以执行。

2. 主要类型

从技术原理来区别触摸屏,可分为 5 个基本种类:电阻式触摸屏、电容式触摸屏、压电式触摸屏、红外线式触摸屏、表面声波式触摸屏。每类触摸屏都有其各自的优缺点,要了解哪种触摸屏适用于哪种场合,关键就在于要懂得每类触摸屏技术的工作原理和特点。下面对上述的各种类型的触摸屏进行简要介绍。

1) 电阻式触摸屏

这种触摸屏利用压力感应进行控制。电阻式触摸屏的主要部分是一块与显示器表面非常配合的电阻薄膜屏,这是一种多层的复合薄膜,它以一层玻璃或硬塑料平板作为基层,表面涂有一层透明氧化金属(透明的导电电阻)导电层,上面再盖有一层外表面硬化处理、光滑防擦的塑料层,它的内表面也涂有一层涂层,在它们之间有许多细小(小于 1/1000 英寸)的透明隔离点把两层导电层隔开绝缘。当手指触摸屏幕时,两层导电层在触摸点位置就有了接触,电阻发生变化,在 x 和 y 两个方向上产生信号,然后发送给触摸屏控制器。控制器侦测到这一接触并计算出 (x,y) 的位置,再根据模拟鼠标的方式运作。这就是电阻式触摸屏的最基本的原理,所以它可用较硬物体操作。

性能特点:电阻式触摸屏是一种对外界完全隔离的工作环境,不怕灰尘、水汽和油污;可以用任何物体来触摸它,可以用它来写字画画,这是它比较大的优势;电阻式触摸屏的精度只取决于模/数转换的精度,因此能轻松达到 4096×4096。

电阻式触摸屏的缺点是复合薄膜的外层采用塑胶材料,太用力或使用锐器触摸可能划伤整个触摸屏而导致报废。

2) 电容式触摸屏

电容式触摸屏是利用人体的电流感应进行工作的,如图 2-42 所示。电容式触摸屏是一块四层复合玻璃屏,玻璃屏的内表面和夹层各涂有一层 ITO,最外层是一薄层矽土玻璃保护层,夹层 ITO 涂层作为工作面,4 个角上引出 4 个电极,内层 ITO 为屏蔽层以保证良好的工作环境。当手指触摸在金属层上时,由于人体电场,用户和触摸屏表面形成一个耦合电容,对于高频电流来说,电容是直接导体,于是手指从接触点吸走一个很小的电流。这个电流从触摸屏的 4 角上的电极中流出,并且流经这 4 个电极的电流与手指到四角的距离成正比,控制器通过对这 4 个电流比例的精确计算,得出触摸点的位置。

图 2-42 电容式触摸屏

电容式触摸屏最主要的缺点是漂移。当环境温度、湿度、电场发生改变时,会引起电容屏的漂移,造成不准确。例如,开机后显示器温度上升会造成漂移;用户触摸屏幕的同时另一只手或身体一侧靠近显示器会引起漂移;电容式触摸屏附近较大的物体搬移后会引起漂移;当用户触摸时,如果有人围过来观看也会引起漂移。电容屏的漂移属于技术上的先天不足,环境电势面虽然与电容触摸屏离得较远,却比手指头面积大得多,它们直接影响了触摸位置的测定。

3) 压电式触摸屏

压电式触控技术介于电阻式与电容式触控技术之间。压电式传感器的触摸屏和电容式触摸屏一样支持多点触控,而且支持任何物体触控,不像电容式触摸屏只支持类似皮肤的材质触控。这样,压电式触摸屏可以同时具有电容式触摸屏的多点触控触感和电阻式触摸屏的精准。

压电式触摸屏的工作原理相当于 TFT,制造工艺部分像电容式触摸屏,物理结构又像电阻式触摸屏,是三种成熟技术的糅和。所以采用新技术的压电式触摸屏既增强了电阻式和电容式的优点,又避免了两者的缺点。压电式触摸屏一般为硬塑料平板(或有机玻璃)底材多层复合膜,硬塑料平板(或有机玻璃)作为基层,表面涂有一层透明的导电层,上面再盖有一层外表面经过硬化处理、光滑防刮的塑料层,它的表面也涂有一层透明的导电层,在两层导电层之间有许多细小的透明隔离点。屏体的透光度略低于玻璃。压电式触摸屏的代表是智器 Ten(即 T10),它是压电式 IPS 硬屏,近乎达到了 iPad 同级的显示效果和触控体验,同时成本更低,表现非常不错。

4) 红外线式触摸屏

红外线式触摸屏是利用 x、y 方向上密布的红外线矩阵来检测并定位用户的触摸。红外线式触摸屏在显示器的前面安装一个电路板外框,电路板在屏幕四边排布红外发射管和红外接收管,一一对应形成横竖交叉的红外线矩阵。用户在触摸屏幕时,手指就会挡住经过该位置的横竖两条红外线,因而可以判断出触摸点在屏幕的位置。任何触摸物体都可改变触点上的红外线而实现触摸屏操作。红外线式触摸屏不受电流、电压和静电干扰,适宜恶劣的环境条件,它是触摸屏产品最终的发展趋势。最新的第五代红外屏的分辨率取决于红外对管数目、扫描频率及差值算法,分辨率已经达到了 1000×720,克服了抗光干扰这个弱点,实现了多层次自调节和自恢复的硬件适应能力和高度智能化的判别识别,可长时间在各种恶劣环境下任意使用,并且可针对用户定制扩充功能,如网络控制、声感应、人体接近感应、用户软件加密保护、红外数据传输等。

5) 表面声波触摸屏

表面声波是超声波的一种,指在介质(如玻璃或金属等刚性材料)表面浅层传播的机械能量波。通过楔形三角基座(根据表面波的波长严格设计),可以做到定向、小角度的表面声波能量发射。表面声波性能稳定、易于分析,并且在横波传递过程中具有非常尖锐的频率特性,近年来在无损探伤、造影和示波器方向上的应用发展很快,表面声波相关的理论研究、半导体材料、声导材料、检测技术等技术都已经相当成熟。表面声波触摸屏的触摸屏部分可以是一块平面、球面或柱面的玻璃平板,安装在 CRT、LED、LCD 或等离子显示器屏幕的前面。玻璃屏的左上角和右下角各固定了竖直和水平方向的超声波发射换能器,右上角则固定了两个相应的超声波接收换能器。玻璃屏的 4 个周边则刻有 $45°$ 角由疏到密间隔非常精密的反射条纹。除了响应 x、y 坐标外，表面声波触摸屏还响应 z 轴坐标，也就是能感知用户触摸压力的大小值。其原理是由接收信号衰减处的衰减量计算得到。三轴一旦确定，控制器就把它们传给主机。

它清晰度较高，透光率好，与电阻、电容等有表面镀膜的屏幕相比具有抗刮伤性好的特点，反应灵敏；不受温度、湿度等环境因素的影响，分辨率高，寿命长（在维护良好情况下可达 5000 万次）；透光率高（能够达到 92%），能保持清晰透亮的图像质量；没有漂移，只需安装时一次校正；有第三轴（即压力轴）响应，目前在公共场所使用较多。

2.8 练 习

一、填空题

1. 数字摄像机按照使用用途可以划分为_____、_____和_____ 3 个级别。

2. 数字音频记录形式是_____，而模拟音频记录形式是连续的_____。

3. 数码冲印技术属于感光业尖端的技术，是_____、_____和_____的全部过程。

4. 分辨率有_____、_____和_____ 3 种。

二、简答题

1. 获取数字图像需要哪些设备？

2. 获取数字视频需要哪些设备？

3. 数字图像处理的优点有哪些？

4. 数字动画分为哪几类？各有什么特点？

5. 音频数字化分为哪几个步骤？需要哪些硬件完成？

6. 数字视频的格式有哪些？

7. 虚拟现实的关键技术有哪些？

8. 有储介质分为几大类？各有什么特点？

9. 信息检索的方法有哪些？

三、实验题

1. 利用计算机的录音机录制一段音频。

2. 将视频压缩成 MP4 格式，并刻录到 DVD 盘上。

第3章 数字媒体的艺术构成

【学习导入】

数码相机的普及促成了无数精彩照片的诞生,但最重要的是,它带给了人们太多的感动,并且赋予了人们发现美的眼睛。数字媒体作品的创作既是技术也是艺术,技术是基础,创意是灵魂。单纯炫耀技术的作品只是一幅空壳,追求技术与艺术的有机结合才是数字媒体创作的真谛。

在数字媒体领域,艺术具有建设性的行为,是人类具有创造性的表达,技术所创造的每一件艺术性的产品希望能唤起人们最完美的感受体验。本章介绍数字媒体艺术的概念及分类,重点介绍数字媒体艺术构成及其特征分析。

【内容结构】

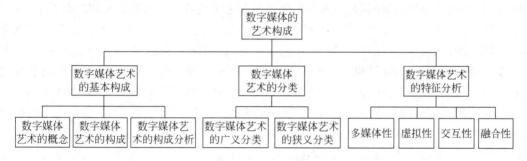

【学习目标】

(1)知识目标:了解数字媒体艺术的分类,理解数字媒体艺术的概念,掌握数字媒体基本构成与特征分析。

(2)能力目标:培养学生应用艺术规律对数字媒体作品进行创作的能力,培养学生对数字媒体作品进行艺术鉴赏的能力。

(3)素质目标:培养学生的艺术修养和创意思维。

3.1 数字媒体艺术的基本构成

数字媒体艺术的基本构成多从学科角度来描述,其包括技术类学科与艺术类学科的综合。由于数字媒体艺术有其综合性和多媒体的特点,因此,数字媒体艺术的内涵和外延是相互融合、动态平衡的。

3.1.1 数字媒体艺术的概念

要理解数字媒体艺术的概念,首先要对数字媒体的概念进行界定。

1. 数字媒体

数字媒体就是采用数字化的方式通过计算机产生、记录、处理、传播和获取的信息载体，这些载体包括数字化的文字、图形、图像、声音、视频影像和动画等。以数字形式存在的信息内容和存储、传输、接收数字信息内容的数字媒体介质或者设备都可以称为数字媒体，它不仅包括硬件设施，还包括支持这些硬件设施的软件，同时更重要的，它还包括数字信息内容。

虽然对于数字媒体的定义见仁见智，但学者们普遍强调数字媒体与数字技术的关系，认为数字媒体是信息内容数字化与信息载体数字化的统一，它的发展离不开计算机与互联网等技术的支撑。

2. 数字媒体艺术

数字媒体艺术也称为数码艺术或新媒体艺术。数字媒体艺术是以数字媒介为基本语言的新艺术学科门类，是充满了创新精神的艺术创作活动，包括数字电影艺术、数字电视艺术、数字动画艺术、数字游戏艺术、数字图像艺术、数字装置艺术、网络艺术、多媒体艺术、数字设计艺术、数字音乐艺术等诸多艺术形式。它涉及计算机技术、艺术学、传播学、社会学、哲学、科学等诸多领域，是一个多学科交叉、融合的综合体。数字媒体艺术的定义十分多样，在已有对数字媒体艺术的表述中，比较有代表性的定义有：李四达认为"数字媒体艺术是指以数字科技和现代传媒技术为基础，将人的理性思维和艺术的感性思维融为一体的新艺术形式。数字媒体艺术既可以定义为数字艺术作品本身，又可以定义为利用计算机和数字技术来参与或者部分参与创作过程的艺术"；廖祥忠认为"所谓数字艺术，可被诠释为这样一种艺术形态：即艺术家利用以计算机为核心的各类数字信息处理设备，通过构建在数字信息处理技术基础上的创作平台，对自己的创作意念进行描述和实现，最终完成基于数字技术的艺术作品，并通过各类与数字技术相关的传播媒介（以网络为主）将作品向欣赏者群体发布，供欣赏者以一种可参与、可互动的方式进行欣赏，完成互动模式的艺术审美过程"；许鹏认为"新媒体艺术是以多媒体计算机及互联网技术为支撑，在创作、承载、传播、鉴赏与批评等艺术行为方式上推陈出新，进而在艺术审美的感觉、体验和思维等方面产生深刻变革的新型艺术形态"。

数字媒体艺术不单指某一传统艺术种类，而是指基于计算机数字平台创作出来的多种媒体艺术样式。它是基于计算机数字平台的艺术，以计算机和互联网技术为支撑，提升了艺术的表现力，给艺术创作带来了无限可能。数字媒体艺术采用统一的数字工具、技术语言，灵活运用各种数字传播载体，无限复制，广泛传播，成为数字技术、艺术表现和大众传播特性高度融合的新兴艺术领域。当前对数字媒体艺术的概念界定，体现"数字信息技术""创作平台"及更为核心的"互动"化特征。

3.1.2 数字媒体艺术的构成

探讨数字媒体艺术的构成，若站在不同的角度，其构成形式也不完全相同。一般而言，从学科层面对数字媒体艺术构成的讨论显得更贴切。

数字媒体艺术从学科角度来看属于典型的综合、交叉、发展中学科。数字媒体艺术与各个学科门类之间的关系，如图 3-1 所示。

数字媒体艺术从技术方面会涉及计算机图形学、人工智能研究、软件技术研究、分形几

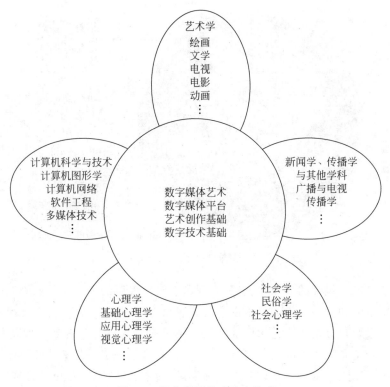

图 3-1　数字媒体艺术基本构成

何学研究、网络技术、多媒体技术与数字音视频技术等；从艺术方面会涉及摄影、动画、电影、戏剧、摄录像等不同学科的研究领域，其外延主要涉及艺术表现方法、美学、艺术心理学、视觉艺术史、影视语言等。除了与艺术学科交叉外，作为媒体艺术、商业艺术和大众娱乐艺术，数字媒体艺术的外延还与数字媒体技术、广告学、传播学等相关媒体研究学科领域发生联系，特别和带有新技术特点的"虚拟社会"关系密切，如博客（Blog）、闪客（Flash）、赛博空间（Cyberspace）文化等。由于数字媒体艺术有其综合性和多媒体的特点，因此数字媒体艺术的内涵和外延是相互融合、动态平衡的一个较模糊的概念，它们之间并不存在一个清晰的边界。

　　综上所述，数字媒体艺术是基于计算机数字平台的艺术，它以数字技术、计算机技术、网络技术等作为技术基础，综合了绘画、影视、音乐、动画等诸多艺术门类，借鉴了新闻学、传播学等相关学科的发展，应用心理学、社会学等相关学科的基础知识，共同组成了数字媒体艺术这样一个包罗万象的艺术大家族。

3.1.3　数字媒体艺术的构成分析

　　数字媒体艺术（设计）是基于数字媒体的设计艺术，是视觉艺术、设计学、计算机图形图像学和媒体技术相互交叉的学科，同时数字媒体也具有大众文化和社会服务的属性。因此，数字媒体艺术具有设计学、视觉艺术、媒体文化、计算机技术和社会服务的特征如图 3-2 所示。

　　首先，数字媒体艺术（设计）活动本身是一项创造性活动，此活动需要艺术家或设计师，

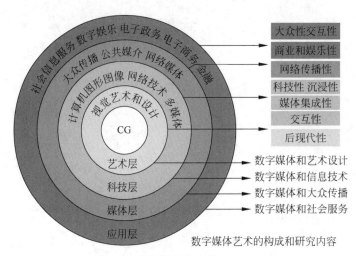

图 3-2　数字媒体艺术的构成分析

根据人的需要和艺术设计的规律,创造和表现具有时代美感的艺术作品或服务产品,并基于数字媒体时空延伸和发展人类的艺术创造力和想象力。因此,用视觉艺术规律、艺术思维和艺术表现方法武装自己是数字艺术设计师们必不可少的功课。作为数字媒体技术从业者,不是说这些工作全是艺术家的事,与自己无关。只有具备一定的艺术基础,自己掌握的数媒技术才能生根、发芽、结果。拿制作三维动画来说,美术、影视等基础知识的熟悉和掌握至关重要。没有对于造型、结构等美术知识的掌握,就很难建立一个像样的三维模型;没有构图、景别等影视常识的学习,就很难正确处理虚拟摄像机的机位;没有对于色彩的认真领悟,就很难正确设计灯光、材质等细节。只是学会了如何运用 3D、Maya 等三维软件,距离成为一个优秀的三维动画师还有很长的路要走。

其次,数字媒体艺术是建立在数字技术基础之上的,位于数字媒体艺术表现系统(艺术层)下面的技术层和媒体层,包括了各种媒体和软件技术,如数据库、计算机语言、网络技术等,一般来说,这些工作由计算机工程师完成。各种复杂的算法语言、编程逻辑和运算公式隐藏在应用软件的后面,数字媒体艺术的创作者面对的是友好的和"人性化"的操作界面,但这并不意味着数字媒体艺术创作者不需要掌握一些基本的编程语言和技术操作。学过Flash 动画的人都深有体会,虽然通过菜单选项、各种工具也能够完成一个 Flash 作品,但如果懂得 ActionScript 编程,无疑会为自己的创作锦上添花。学过网页设计的人也深知,仅利用 Dreamweaver 软件界面和工具操作也能做出网页,但如果结合 JavaScript 等语言编程,创作出的网页将能更好地体现设计者的构想和创意。

最后,数字媒体技术与艺术的整合表现其作品应用与社会服务的功能。反过来,只有根据社会服务的需求,按照产品的自然属性、社会属性创造与设计出符合社会需要的作品,数字媒体技术与艺术才能成为创作的基础与灵魂。例如,地铁导航、公园导航、电子商务、电子政务、银行、宾馆、旅行社、酒店等多媒体导航系统的设计和展示(如触摸屏);影楼的数字婚纱设计和相关多媒体服务;远程教育和多媒体展示设计、教育科学馆展览、博物馆、艺术馆、多媒体导航系统设计等都是借用数字媒体技术与艺术,根据社会需求创作出来的社会商品。

3.2 数字媒体艺术的分类

关于数字媒体艺术的分类,分类标准不同其分类方法也不同。目前学界对其分类方法争议颇多,这里结合数字媒体艺术与信息服务领域的不同,依据计算机工具在作品创作中参与程度的不同进行广义的分类,结合作品的表现形式与方式的不同进行狭义的分类。

3.2.1 数字媒体艺术的广义分类

数字媒体艺术设计的领域很广。要对数字媒体艺术进行广义的分类,只能从数字媒体服务的相关领域及计算机参与创作的程度进行介绍。以计算机为工具,可以完成多种艺术品的制作和设计,如绘画、雕塑(如计算机控制的活动雕塑等)、音乐、平面构成、空间结构,还有体操舞蹈动作设计、计算机"小说"创作等。此外,数字媒体艺术还应该包括更广泛的商业设计和大众艺术,如数字影视、数字设计、多媒体设计、网页设计、Flash 动感艺术设计等。从广义的数字媒体艺术和相关信息服务领域的关系上看,数字媒体艺术应该包含如图 3-3 所示的相关艺术领域和社会服务领域。

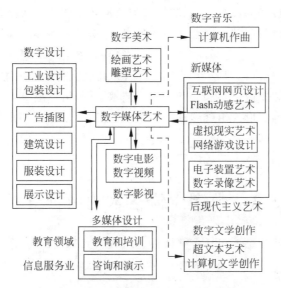

图 3-3 与数字媒体艺术相关的服务领域

在数字艺术的早期,美术作品所占的比例较大,计算机应用在美术作品创作中,是一些低层次的辅助,极少或部分降低了创作者的劳动量,大部分需要借用传统的纸、颜料、画笔来创作。例如,我国 52 集动画连续剧《西游记》就绘制了 100 多万张原画,近 2 万张背景,共用纸 30 吨,耗时 5 年。20 世纪 80 年代初开始兴起的计算机美术(电脑美术)方法论是指计算机能够使用知识系统,自动或半自动地进行作画,计算机代替了美术作品创作中的大部分工作。它和早期的美术作品不同,计算机不仅能代替笔、墨、橡皮,还能部分地代替人低层次的、有规律的思维。进入 21 世纪,过去的"计算机美术"的概念可以完全用"数字美术"代替。计算机几乎全部参与了数字媒体作品的创作。例如,在迪士尼的动画大片《花木兰》中,一场匈奴大军厮杀的戏仅用了 5 张手绘士兵的图,计算机就变出三四千个不同表情的士兵作战的模样。

3.2.2 数字媒体艺术的狭义分类

数字媒体艺术(设计)具有纯艺术与实用艺术范畴的双重性。

纯艺术范畴的数字媒体艺术包括:计算机辅助美术创作(如分形算法艺术、适量抽象艺术、超现实主义绘画);传统中国水墨画、水彩、水粉画等仿真艺术和西方油画、素描、彩绘、木刻、铜版画等仿真作品;数字摄影合成艺术和数字影像合成和特技作品;计算机控制的活动雕塑和电子装置艺术;非故事性以抽象主题出现的计算机二维和三维动画艺术;虚拟现实艺术。

实用艺术范畴的数字媒体艺术包括:广告设计、书籍装裱、商业服装、海报、邮票、企业形象设计、舞台布景、建筑设计、服装设计、人机界面设计、工业产品设计等;多媒体设计、电子游戏设计和互联网商业网站设计;非故事性的数字影视片头、数字产品广告和公益广告等。

结合数字艺术作品的表现形式,根据叙事类型划分为非情节故事艺术作品、交互艺术作品和情节故事类艺术作品。非情节类故事艺术作品包括数字绘画、数字仿传统绘画、数字合成摄影、电子装置艺术和数字录像艺术等。多数数字实用艺术作品或工业设计、信息设计产品、数字影视片头等也不具有故事性。非情节类故事艺术作品是数字艺术的主要表现形式。交互艺术作品具有非情节和部分交互情节的特点,如交互式多媒体学习软件、交互式多媒体电子杂志、数字动漫游戏等。交互性是数字艺术区别传统艺术的重要特征。随着三维虚拟现实(VR)网络技术的成熟,VR 交互网络游戏、VR 社区文化和 VR 主题公园是未来数字艺术的主要应用领域。和非情节类和交互类数字艺术不同,情节故事类作品主要以数字电影、数字动画片等娱乐产品的形式出现。如美国迪士尼公司、梦工厂和皮克斯(Pixer)等电影公司近年推出的《超人特工队》(2005 年)、《加菲猫》(2005 年)、《海底总动员》(2004 年)等都是借助传统故事将三维动画技术巧妙应用于虚拟角色中的典型范例。

3.3 数字媒体艺术的特征分析

数字媒体艺术的特征主要包括多媒体性、虚拟性、交互性、融合性。

3.3.1 多媒体性

多媒体性是指数字媒体艺术具有更丰富的媒体表现形式。在包括网络计算机、传感器、投影、音效等许多设备的共同作用下,新媒体艺术让大众在虚拟场景中将视觉、声音、气味、触感甚至味觉一并体验。新媒体艺术的呈现形态,已超越了传统媒介带给大众的单一视觉体验。它的多感官综合体验,这是传统的艺术形态所无法达到的。数字媒体常见的类型有文本、图像、动画、声音与视频,其特点如下。

(1) 文本。文本是以文字和各种专用符号表达的信息形式,它是现实生活中使用得最多的一种信息存储和传递方式。用文本表达信息给人充分的想象空间,它主要用于对知识的描述性表示。例如在数字游戏中,阐述操作方法、按钮名称、标题、菜单等内容。

(2) 图像。图像是数字媒体中最重要的信息表现形式之一,它是决定一个数字媒体作品视觉效果的关键因素。

（3）动画。动画是利用人的视觉暂留特性,快速播放一系列连续运动变化的图形图像,也包括画面的缩放、旋转、变换、淡入淡出等特殊效果。通过动画可以把抽象的内容与过程形象化。例如,在网络动画与游戏动画中,使玩家能获得感官上的刺激,激发玩家的兴趣。合理使用动画可以达到事半功倍的效果。

（4）声音。声音是人们用来传递信息、交流感情最方便、最熟悉的方式之一。在数字媒体作品中,按其表达形式,可将声音分为解说、音乐、效果三类。

（5）视频。视频具有时序性与丰富的信息内涵,常用于交代事物的发展过程。视频非常类似于人们熟知的电影和电视,有声有色,在数字媒体作品中充当着重要的角色。

数字媒体艺术以数字技术和各学科知识为依托,将传统艺术形式通过数字图像、文字和视频处理技术进行数字化处理,特别是图形图像表现力的增强和处理手段的日益丰富,使数字媒体艺术在内容和形式上更加多元,也更具综合性。数字媒体技术将传统的、相互分离的信息传播形式有机地整合在一起,从而使数字媒体艺术成为一种综合性的、能调动人类全部感官的设计形式。

3.3.2 虚拟性

虚拟性是通过数字媒体技术构建的非真实的空间,是对设计主题的非真实的假想。数字媒体艺术运用这种创造性的想象,生成一个模拟真实的环境,使观赏者在体验新媒体艺术的过程中,切实感受到虚拟现实技术魔幻般的魅力。虚拟现实系统中的"虚拟环境"主要包括以下 3 种。

（1）完全对真实世界中的环境进行再现,如虚拟小区对现实小区的虚拟再现、军队中的虚拟战场、虚拟实验室中的各种仪器等,这种真实环境可能已经存在,也可能是已经设计好但是尚未建成,还可能是原来完好但现在被破坏。

（2）完全虚拟的、人类主观构造的环境。例如影视制作或电子游戏中,三维动画设计的虚拟世界。此环境完全是虚构的,用户可以参与,并与之进行交互的非真实世界。但它的交互性和参与性不是很明显。

（3）对真实世界中人类不可见的现象或环境进行仿真,如分子结构、各种物理现象等。这种环境是真实环境,它是客观存在的,但是受到人类视觉、听觉器官的限制不能被感应到。一般情况是以特殊的方式(如放大尺度的形式)进行模仿和仿真,使人们能够看到、听到或者感受到,体现科学可视化。

当代学者吴伯凡曾深刻指出:当人们用手指来操作键盘和鼠标时,人们实际上是在用数字来虚构一个世界。此时的手指对于虚构的世界而言犹如上帝的手指,它们是"创世"("造物")的手指。0 和 1 这两个数字并非物质上的数,却可以作为一种特殊的"材料"构造一种有声有色的"现实"——"虚拟性"或"人工性"的"现实"。计算机不仅能够帮助人们认识现实的世界,进行纯观念性的推演,还能够"制造"出一个世界。

伴随着数字化技术的发展,人们已经能利用计算机创造出数字化的生物,有的虚拟形象甚至担当了影片的主角,因此造就了一批新的银幕数字形象,如《侏罗纪公园》的恐龙和《哈利波特》的多比。

数字化技术不仅能利用计算机创造出数字化的生物,担当影片的主角、电视节目主持人,还能够虚拟出现实中很难拍摄的空间场景,拓宽表现空间。虚拟的空间场景可以是真实

73

世界的模拟,也可以是想象中的虚幻世界,不受真实条件约束。在当前电视节目制作中比较流行的虚拟演播室技术,就是将虚拟的空间场景与真实的节目主持人合成到一起,不需要占用演播室制景、拆景时间,缩短了节目制作周期,节约了人力、物力和财力。最重要的是,实际身处演播室中的主持人可以任意变换主持的地点,他既可以置身于一个足球场,也可以回到几个世纪前的古代建筑中,甚至能够在宇宙空间中漫游。根据节目内容的需要,编导人员所要做的只是充分发挥想象力,运用计算机可以生成任何需要的场景,创造出非凡想象力的画面。

3.3.3 交互性

数字媒体艺术的最大特点之一就是交互性。受众已不像过去那样仅仅是作品的被动接受者,而是作品主动参与者和对话者。数字媒体艺术颠覆了传统艺术中单向的传播方式,成为双向的对话方式,同时也改变了人们以往的线形思考。互动的设计带来了新的乐趣,充分满足了人们参与的欲望,使人们拥有更多的选择机会和自由。综观艺术上千年的发展史,在数字技术介入之前,艺术通过"发布→传输→接受"的方式流传,其传播是从艺术家指向受众,即单向传播的方式,作品与欣赏者是互相分离的,艺术家无法了解受众的反应。而数字媒介,特别是网络媒介的出现,使艺术传播的方式变为"发布↔传输↔接受",艺术活动变成双向的、互动的、可交流的。这种交流不但在创作者和欣赏者之间进行,而且在欣赏者和其他欣赏者之间也存在这样的对话,他们可以就艺术创作的方方面面进行交流,有时甚至能够改变一部作品的创作走向。伴随着数字技术的发展,艺术趋于互动已成为不争的事实,艺术的互动性具有多种表现形式,其中网络影视剧、在线游戏等是常见的形式。

数字媒体艺术的互动性为观众参与艺术创作创造了条件,艺术家用作品鼓励观众参与他们的创作或者是与自己的作品发生联系,这使观众真正地走近甚至走进了艺术。

3.3.4 融合性

数字媒体艺术是建立在技术的基础上并以技术为核心的新艺术形式,是技术与艺术的融合。它以数字技术或互联网为手段进行艺术创作,数字技术在新媒体艺术中起着重要的作用。从艺术创作来说,数字媒体艺术的创作也是一种文化形态的呈现,具有人文内涵,是在哲学层面上揭示设计的走向及未来。

例如,2008年北京奥运会开幕式以多媒体技术和数字技术为支撑。在开幕式表演过程中,数字虚拟表演与传统文艺表演有机融合,艺术家通过传感器和软件控制表演空间中的图像、演员、音效和灯光等表演元素,从而获得了前所未有的手段来控制表演的空间和时间。美国福克斯体育台的评价称"北京奥运会开幕式让整个世界都为之停转",正是数字技术与艺术的融合创造了视听奇观。奥组委主席刘淇则用"见所未见,闻所未闻"形容。例如,"烟花脚印"(图3-4)、"中国画卷"(图3-5)、"梦幻五环"(图3-6)等带来了一个又一个的视听盛宴,已经永远留在全世界人们的心中。

随着数字信息技术的进一步发展,数字媒体艺术的融合性也越来越明显,各个艺术门类之间的壁垒被打通,不同艺术门类之间的界限越来越模糊,不同种类的艺术之间可以自由对接,再也没有相互隔绝和闭塞,呈现给受众更加多姿多彩的艺术世界。

图 3-4　烟花脚印

图 3-5　中国画卷

图 3-6　梦幻五环

3.4　练　　习

1. 什么是数字媒体艺术？
2. 简述数字媒体艺术的基本构成。
3. 试着对数字媒体艺术的构成进行分析。
4. 简述数字媒体艺术的广义分类。
5. 简述数字媒体艺术的狭义分类。
6. 数字媒体艺术的基本特征是什么？
7. 试分析数字媒体艺术的虚拟性特征。
8. 试分析数字媒体艺术的交互性特征。

第 4 章   形态设计与界面设计

在日常生活中,可以见到许多具有创意的签名、个性化的涂鸦及吸引人眼球的作品。人们将个性的审美融入生活与学习当中,美学不再仅仅属于象牙塔,它的对象也不仅是一种"美的精神",它还是现实的一种新认知。信息时代人们的"审美"不仅局限于美与真,它更多地指向虚拟性和可变性,互动性就是虚拟性和可变性的一种表现。

本章从用户认知特性角度,介绍数字媒体领域形态设计、色彩设计及界面设计的方法。

【内容结构】

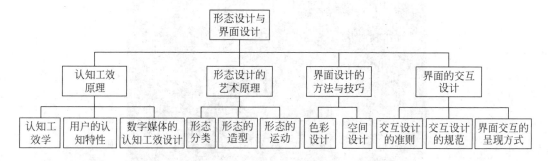

【学习目标】

(1) 知识目标:了解用户的认知特性,理解数字媒体的认知工效设计的基本原则,理解心理与色彩的关系。

(2) 能力目标:掌握形态造型及形态运动的方法,培养数字媒体界面设计与空间设计的能力,掌握数字媒体设计中色彩搭配的方法。

(3) 素质目标:培养学生数字媒体形态设计与界面设计的思维方法,并能有意识应用于学习、生活和实践。

4.1   认知工效原理

人与计算机交互方式的演变,从利用穿孔纸带输入计算机程序,到面对终端机上的字符操作界面,再到个人计算机上的图形界面和多媒体,继而是网络和虚拟现实,界面的日益友好或者说计算机技术的日益人性化,其实质也就是人机工程特性的不断提高。实际上,字符界面对用户的要求是一种回忆加工,用户必须记忆大量的计算机命令才能与计算机进行交互,而图形用户界面对用户的要求则是一种再认加工,用户只要能够认出菜单、按钮、滚动条的意义就能够与计算机交互,再认加工与回忆加工相比对用户的认知负荷的要求要低得多,这样就大大降低了用户的认知负担,有利于用户工作更快、更舒适、更高效,不容易有挫折感和疲劳感,更易于自学和探究,学习到更多的能力。

4.1.1 认知工效学

工效学是研究有关思维、记忆和决策等认知因素与设备和职业之间关系的一门分支学科。随着微电子技术的发展,计算机等智能机器越来越多取代了过去单纯为弥补人的体能不足而设计的机器,人机界面已逐渐发展为两个认知系统的界面,同时,整个系统自动化程度的提高,也使人的工作性质发生了深刻的变化。认知工效学(cognitive ergonomics)是认知心理学知识与工效学的结合,它是一门应用认知心理学的知识研究、设计人们使用的机器和设备及研究人机界面设计的科学。主要研究内容包括如何使人和机器的功能得到最有效的分配? 如何根据人的特点设计控制器和显示器? 如何使机器设备的设计适合人的操作以提高人机系统的效率? 解答这些问题离不开对人的认知过程及特点的研究。从简单的非常普遍的如各种开关如何装置到复杂的如计算机的各种硬件如何设计,这些都和人们的认知活动有关。在美国"认知工效学"也被称为"认知工程",但其研究重点与欧洲有所不同,主要集中在计算机软件系统设计中人的因素问题及人机交互方式等领域。

因此,和以往的工效学研究相比,认知工效学主要具有以下特点。

(1) 强调研究人与智能机器两个认知系统间的认知兼容性。

(2) 改变了过去人-机系统研究中一味追求定量模型的传统,强调定性模型。

(3) 充分认识到任务特点对人类作业及人-机关系的影响,从追求普适性的模型转而注重在不同的环境中采用不同的或不同层次的模型。

(4) 在研究中强调吸收心理学、语言学、脑科学、人工智能等认知科学各领域的研究成果作为本学科的理论基础。

总之,认知工效学的研究目的在于使人-机系统的设计(包括计算机的软、硬件设计)与人的认知特点相匹配,以提高工作效率,保障系统安全,并保证系统中人的工作质量。

4.1.2 用户的认知特性

用户的认知特性包括感觉、知觉、注意、记忆及判断推理等多方面。其中,知觉特性对数字媒体设计的影响明显。本节主要讨论用户的知觉特性。

知觉是在感觉的基础上形成的,但知觉不是感觉信息的简单结合。感觉信息是简单而具体的,它主要由刺激物的物理特性决定。知觉则较为复杂,它要利用已有的经验,对所获得的感觉信息进行组织,同时解释这些信息,使之成为有意义的整体。影响知觉的因素包括以下方面。

1. 知觉的选择性

在某一瞬间,人不可能对众多事物进行感知,而总是有选择地把某一事物作为知觉对象,与此同时把其他事物作为知觉背景,这就是选择性。分化对象和背景的选择性是知觉最基本的特性,背景往往衬托着、弥漫着、扩展着,对象往往轮廓分明、结构完整。

知觉的对象从背景中分离,与注意的选择性有关。当注意指向某种事物的时候,这种事物便成为知觉的对象,而其他事物便成为知觉的背景。当注意从一个对象转向另一个对象时,原来的知觉对象就成为背景,而原来的背景转化为知觉的对象。因此,注意选择性的规律同时也就是知觉对象从背景中分离的规律。

有时人可以依据自身目的进行调整,使对象和背景互换,如图 4-1 所示的双关图的花瓶与人脸。

2. 知觉的整体性

虽然事物有多种属性,由不同部分构成,但是人们并不把知觉对象感知为个别的、孤立的几个部分,而倾向于把它们组合为一个整体。

正因为如此,当人感知一个熟悉的对象时,尽管只感知了它的个别属性或部分特征,就可以由经验判知其他特征,从而产生整体性的知觉。当一个残缺不全的部分呈现到眼前时,人脑中的神经联系马上被激活,从而把知觉对象补充完整。而当知觉对象是没经验过的或不熟悉时,知觉就更多地以感知对象的特点为转移,将它组织为具有一定结构的整体,即知觉的组织化。其原则是视野上相似的、邻近的、闭合的、连续的易组合为一个图形,如图 4-2 所示。

图 4-1　双关图的花瓶与人脸　　　　　图 4-2　知觉整体性

3. 知觉的理解性

知觉的理解性是指在知觉过程中,人用过去获得的有关知识经验,对感知对象进行加工理解,并以概念的形式标示出来。其实质是旧经验与新刺激建立多维度、多层次的联系,以保证理解的全面和深刻。在理解过程中,知识经验是关键。例如,面对一张 X 光片,不懂医学的人很难发现有用的信息,而放射科的医师却能获知病变与否。教师也应通过言语启发,提供线索,帮助学生提取知识经验,组织知觉信息。

4. 知觉的恒常性

当知觉条件发生变化时,知觉的印象仍然保持相对不变,这就是知觉的恒常性。在视知觉中,知觉的恒常性十分明显。

视知觉的恒常性包括形状恒常、大小恒常、明度恒常、颜色恒常。从不同的角度看同一扇门,视网膜上的投影形状并不相同,但人们仍然把它认为是同一扇门,这是形状恒常性。一个人由近及远而去,在视网膜上的成像是越来越小的,但是人们并不会认为这人在慢慢变小,这是大小恒常性。煤块在日光下反射的光亮是白墙在月色下反射的光量的 5 万倍,但看上去人们仍然认为煤是黑的,墙是白的,这是明度恒常性。家具在不同灯光的照明下颜色发生了变化,但人对它颜色的知觉保持不变,这就是颜色恒常性。

恒常性使人在不同的条件下,仍然产生近似实际的正确认识,这对正常的生活与工作是必要的。

4.1.3 数字媒体的认知工效设计

数字媒体的认知工效设计需考虑可用性、易用性、自然知觉方式及认知负载的影响。

1. 可用性

GB/T 3187—1997 对可用性的定义为：在要求的外部资源得到保证的前提下,产品在规定的条件下和规定的时间域内处于可执行规定功能状态的能力。它是产品可靠性、维修性和维修保障性的综合反映。

可用性是指技术的能力(按照人的功能特性),它很容易有效地被特定范围的用户使用,经过特定培训和用户支持,在特定的环境情景中,去完成特定范围的任务。这个定义包含了以下 4 个方面含义。

(1) 可用性不仅涉及界面的设计,也涉及整个系统的技术水平。

(2) 可用性是通过人因素反映的,通过用户操作各种任务去评价的。

(3) 环境期间因素必须被考虑在内,在各个不同领域,评价的参数和指标是不同的,不存在一个普遍适用的评价标准。

(4) 要考虑非正常操作情况,如用户疲劳、注意力比较分散、紧急任务、多任务等具体情况下的操作。一般来说,可用性被表达为对用户友好、容易使用等。

2. 易用性

易用性是数字媒体的重要质量指标,指的是产品对用户来说有效、易学、高效、好记、少错和令人满意的程度,即用户能否用产品完成其任务,效率如何,主观感受怎样,实际上是从用户角度看到的产品质量。

3. 自然知觉方式

设计的最高要求是给用户提供自然知觉方式。人们在长期日常生活中学会了对各种事物的知觉,并且积累了大量的知觉经验,这也是设计的基本出发点。人的知觉是多种通道的,并不是只靠眼睛。人们习惯了自然信息,这些方面是设计应当尽量利用的。此外,人的知觉对物理量和化学量不敏感,通过设计应当弥补这些缺陷。从这些方面考虑,给用户提供自然信息意味着以下几点：按照用户的愿望提供信息,这些信息应当在恰当的位置、恰当的时候出现;提供面向用户行动的信息,而不是面向机器的信息;信息要符合用户的知识、经验、期待和预测;符合用户期望的知觉通道;减少或不需要知觉学习;弥补对物理量和化学量的知觉缺陷。

4. 认知负载的影响

认知负载是指用户在加工信息时,在工作记忆中进行信息存储、信息提取和信息加工处理等一系列活动时付出的"心理能量"。认知负荷主要分为 3 种类型：内在认知负载、相关认知负载和外在认知负载。注意是一种紧缺的心理资源,要尽量使用户不要把注意用来寻找信息、识别信息、判断信息。设计时只给他们提供这些必要的信息,不要提供垃圾信息,减少用户对信息的思维处理负荷。

拓展阅读

视觉-目标拾取认知技术研究

人类的信息加工在很大程度上依赖视觉,来自外界的信息有80%～90%是通过人的眼睛获得的。眼动的各种模式一直与人的心理变化相关,对于眼球运动即眼动的研究被认为是视觉信息加工研究中最有效的手段,吸引了神经科学、心理学、工效学、计算机科学、临床医学、运动学等领域专家的普遍兴趣,其研究成果在工业、军事、商业等领域得到广泛应用。

在视觉-目标拾取认知技术科学研究中,最为重要的问题是人对信息流的获取(输入)和信息流的控制(输出)。世界各国对视觉-眼动系统的研究越来越多:NASA、哈佛、麻省、剑桥、牛津等著名科研机构或大学都设有专门的视觉-眼动系统研究部门。而人对外部信息流的控制主要是通过手、脚、口等效应器官进行的,其中研究人的目标拾取运动这一基本、重要的作业运动形式,可以为人机界面系统的设计、评估、操作提供量化的理论依据和理论指导,因此,该研究具有很好的工程应用价值,并一直是工效学、心理学、生理学等学科的研究热点。

4.2 形态设计的艺术原理

4.2.1 形态分类

关于形态的分类有不同分类标准,如按形态的自由度可以分为有机形态和无机形态、自由形态和几何形态;按形态的表现形式还可以分为抽象形态和具体形态;按形态的形体大小可以分为微观形态、中观形态和宏观形态。本节根据形态的形体大小进行分类。

1. 微观形态

在日常生活中,人类看到最多的是自己身边的自然,在科技不甚发达的现代社会前期,人类甚至都没有在意过在人类肉眼能及的世界里还有很多看不见的东西。微观世界就是一个方面,直到有一天荷兰人列文·胡克用他自己手工制作的单显微镜中看到细菌,一个奇妙的微观世界被发现了。图4-3是在显微镜下观看的图像。

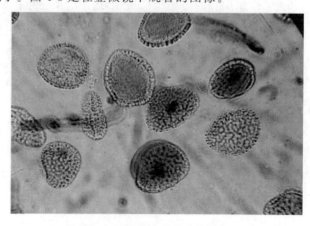

图 4-3 显微镜下观看的图像

2．中观形态

中观形态就是一般意义上的人类肉眼能看到的世界，从遥不可及的日月星辰到江湖河海，从百岳大川到房前屋后，可以说都是中观形态。在自然物中，中观形态的绝大部分都是一种自然的自由形态。图4-4为雏菊。

3．宏观形态

宏观形态的事物主要是指随着人类航天事业的拓展而拓展的人类所见物，如大陆、海洋、地球、太阳系、银河系、其他星系等。图4-5为地表气候。

图 4-4　雏菊

图 4-5　地表气候

4.2.2　形态的造型

数字媒体的形态指中观形态，形态的造型指点、线、面的造型。

1. 点

在几何学上，点只有位置，没有面积。点能够使构成作品产生不同心理效应的关键在于排列。有序的点，以规律化的形式排列构成，或相同的重复，或有序的渐变等。通常通过疏与密的排列形成空间中图形的表现需要，产生层次细腻的空间感。而自由的点，以自由化、非规律性的形式排列构成，这种构成往往会呈现出丰富的、平面的、涣散的视觉效果。

1）功能点

功能点是指点元素承载某种使用功能的时候，主要表现为功能性按键、具有提示功能和警示的灯等，如手机的按键、计算机的机箱的开关等。在设计中，需注意清晰表达这些产品功能点承载的信息，通过点的不同造型，提高功能点的认知准确度。即在点的造型中要考虑提供必要的信息冗余度，以免在干扰时无法辨认而导致错误。在通过对功能点的造型的设计时，实现按钮操作方式的准确认知。图4-6为功能点。

2）装饰点

装饰点通过点阵排列，装饰美化产品表面，丰富观者的视觉经验。在装饰点的设计时要求遵循形式美原则。图4-7为装饰点，点成线地排列在产品的界面边缘上，突出轮廓。

3）肌理点

所谓肌理，在词典上解释为皮肤的纹理。在设计领域中，肌理一般指由材料表面的组织结构引起的纹理，这种纹理可以是天然形成的，也可以是通过人为加工而产生某些表面效果。

82

图 4-6　功能点

图 4-7　装饰点

　　肌理点因形态不同分为凸形点、凹形点和镂空点。凸形点表现为防滑的功能性时,主要出现于使用者的手接触的地方,如手柄或需要抓、拉的区域。凹形点、镂空点表现为散热、透音和防滑的功能性时,主要与产品的内部功能构件位置相对应。图 4-8 为肌理点。

　　4)标志性点

　　标志性点主要表现为产品界面上的品牌标志、产品的品名、型号等增加产品识别性的点状元素。点元素在界面中的位置、大小、色彩对产品形态产生重要的影响。图 4-9 为标志性点。

图 4-8　相机形态上的肌理点

图 4-9　标志性点

2. 线

　　线主要分为两种形态,即直线与曲线,如图 4-10 和图 4-11 所示。线以长短、粗细、疏密、方向、肌理、形状、线型组合的不同创造线的形象,表现不同线的个性,反映不同的心理效应。线的性格如表 4-1 所示。

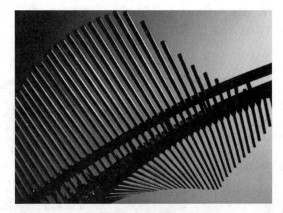
图 4-10　直线

图 4-11　曲线

表 4-1　线的性格

线	性　格	线	性　格
垂直线	富于生命力、力度感、伸展感	自由曲线	自由、潇洒、自如、随意、优美
水平线	稳定感、平静、呆板	细线	精致、挺拔、锐利
斜线	运动感、方向感强	几何曲线	弹力、紧张度强、规则美
折线	方向变化丰富、易形成空间感	粗线	壮实、敦厚

3. 面

扩大的点形成面,封闭的线造成面,图 4-12 为点形成的面。密集的点和线同样也能形成面。在形态学中,面同样具有大小、形状、色彩、肌理等造型元素,同时面又是"形象"的呈现,因此面即是"形"。

图 4-12　点形成的面

面的形态可分为规则形的面和不规则形的面,如图 4-13 和图 4-14 所示。规则形的面是由圆形、方形、角形等规则的几何图形组成的。圆形的视觉效果完整且具动感;正圆形的中心对称性中柔和见沉稳,在圆形中截取的任何一部分即是弧形,弧形比圆形更具有运动感和速度感；方形通常给人稳固、坚定、不易改变的心理效应，所以适于表现厚重、有力、固执等概念；角形突出的角给人以紧张感，带有较强的不安定性和刺激性。

图 4-13　规则形的面

图 4-14　不规则形的面

　　不规则形是有曲线、直线围成的复杂的面。其个性复杂，同一形态可因观察环境和观察主体的主观心态的不同而产生理解上的变化。不规则形融入了圆、方、角的多种因素，其表现的多少可倾向于不同的视觉印象。

4.2.3　形态的运动

　　形态的运动指媒体本身具有运动性和自己的运动形态，如动画以及视频中的运动。形态的运动设计主要是如何将媒体元素本身的运动形态和整个作品的风格相统一。影响的主要因素包括运动幅度、运动速度及运动视角。

　　1. 运动幅度

　　运动幅度是指运动元素在运动过程中空间运动距离的大小。在界面中，处在不同距离上的运动对象横向运动时，远处物体移动的速度慢、距离小、幅度小，近处物体移动的速度快、距离大、幅度大；运动对象纵深移动时，形成由大到小或由小到大的变化，距离近则变化急速、幅度大，距离远则变化缓慢、幅度小。

　　在运动要素的形状大小和运动速度既定的情况下，运动幅度的设计可以更加合理地分配各运动要素在作品中的比重，将各要素进行统筹，使作品具有良好的节奏和韵律，具有更高的美学价值。

　　2. 运动速度

　　运动速度由作品各运动元素和运动媒体的运动快慢构成。速度的变化是造成节奏感的主要因素，即"快速""慢速"及"停顿"的交替使用，不同的速度变化会产生不同的节奏感。数字媒体作品的速度节奏因作品题材而异，每部作品的节奏应符合作品的主题和作品风格。

　　3. 运动视角

　　根据作品内容和人的主观视觉感受，选择最适合表现作品内容的视点进行作品设计，这种视点就是运动的视角。每个拍摄对象都有它本身独具的外形特征,只有运用最适当、最有表现力的视角,才能充分展示对象的本质和风貌。

视点对于运动形态显现具有非常重要的意义,角度不同,则运动的形态不同,在视点设计中,要选择最能体现运动特征,特别是主体运动的表现视角;通过改变视角,可强化和突出某些运动。

4.3 界面设计的方法与技巧

界面是一种以色彩、文字、图像、符号等视觉元素及数字媒体元素为主构成的,传达特定信息的,方便人机交流为目的的中间媒体。

人机界面指的是人与计算机之间传递和交换信息的媒介,是计算系统向用户提供的综合操作环境。

4.3.1 色彩设计

1. 色彩心理

不同波长色彩的光信息作用于人的视觉器官,通过视觉神经传入大脑后,经过思维,与以往的记忆及经验产生联想,从而形成一系列的色彩心理反应。

1) 色彩的冷、暖感

色彩本身是没有灵魂的,它只是一种物理现象,但人们却能感受到色彩的情感,这是因为人们长期生活在一个色彩的世界中,积累着许多视觉经验,一旦知觉经验与外来色彩刺激发生一定的呼应时,就会在人的心理上引出冷暖情绪。由此可见,人对于色彩的感知和认知来源于生活实践,人对于色彩的运用则是对于生活实践的虚拟。冷暖色相环如图4-15所示。

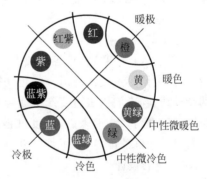

图4-15 冷暖色相环

(1) 暖色:人们见到红、红橙、橙、黄橙、红紫等色后,马上联想到太阳、火焰、热血等物像,产生温暖、热烈、危险等感觉。

(2) 冷色:见到蓝、蓝紫、蓝绿等色后,则很容易联想到太空、冰雪、海洋等物像,产生寒冷、理智、平静等感觉。

(3) 中性色:绿色和紫色是中性色。黄绿、蓝、蓝绿等色,使人联想到草、树等植物,产生青春、生命、和平等感觉。紫、蓝紫等色使人联想到花卉、水晶等稀贵物品,故易产生高贵、神秘感感觉。至于黄色,一般被认为是暖色,因为它使人联想起阳光、光明等,但也有人视它为中性色,当然,同属黄色相,柠檬黄显然偏冷,而中黄则感觉偏暖。

人们往往用不同的词汇表述色彩的冷暖感觉。暖色包括阳光、不透明、刺激的、稠密、深的、近的、重的、男性的、强性的、干的、感情的、方角的、直线型、扩大、稳定、热烈、活泼、开放等。冷色包括阴影、透明、镇静的、稀薄的、淡的、远的、轻的、女性的、微弱的、湿的、理智的、圆滑、曲线型、缩小、流动、冷静、文雅、保守等。

2)色彩的轻、重感

这主要与色彩的明度有关。明度高的色彩使人联想到蓝天、白云、彩霞及许多花卉还有棉花、羊毛等,产生轻柔、飘浮、上升、敏捷、灵活等感觉。明度低的色彩易使人联想钢铁、大理石等物品,产生沉重、稳定、降落等感觉。

3)色彩的软、硬感

其感觉主要也来自色彩的明度,但与纯度也有一定的关系。明度越高感觉越软,明度越低则感觉越硬,但白色反而软感略高。明度高、纯度低的色彩有软感,中纯度的色也呈柔感,因为它们易使人联想起骆驼、狐狸、猫、狗等好多动物的皮毛,还有毛呢、绒织物等。高纯度和低纯度的色彩都呈硬感,它们明度低则硬感更明显。

4)色彩的前、后感

各种不同波长的色彩在人眼视网膜上的成像有前、后,红、橙等光波长的色彩在后面成像,感觉比较迫近,蓝、紫等光波短的色彩则在外侧成像,在同样距离内感觉就比较后退。

实际上这是一种视错觉的现象,一般暖色、纯色、高明度色、强烈对比色、大面积色、集中色等有前进感觉,而冷色、浊色、低明度色、弱对比色、小面积色、分散色等有后退感觉。

5)色彩的大、小感

由于色彩有前、后的感觉,因而暖色、高明度色等有扩大、膨胀感,冷色、低明度色等有缩小、收缩感。

6)色彩的华丽、质朴感

色彩的三要素对华丽及质朴感都有影响,其中纯度关系最大。明度高、纯度高的色彩,即丰富、强对比的色彩感觉华丽、辉煌。明度低、纯度低的色彩,即单纯、弱对比的色彩感觉质朴、古雅。但无论何种色彩,如果带上光泽,都能获得华丽的效果。

7)色彩的舒适与疲劳感

色彩的舒适与疲劳感实际上是色彩刺激视觉生理和心理的综合反应。红色刺激性最大,容易使人产生兴奋,也容易使人产生疲劳。凡是视觉刺激强烈的色彩或色组都容易使人疲劳,反之则容易使人舒适。绿色是视觉中最为舒适的色彩,因为它能吸收对眼睛刺激性强的紫外线,当人们用眼过度产生疲劳时,多看看绿色植物或到室外树林、草地中散散步,可以帮助消除疲劳。一般来讲,纯度过强、色相过多、明度反差过大的对比色组容易使人疲劳。但是过分暖昧的配色,由于难以分辨,视觉困难,也容易使人产生疲劳。

2. 色彩设计

色彩总的应用原则应该是"总体协调,局部对比",也就是界面的整体色彩效果是和谐的,只有局部的、小范围的地方可以有一些强烈色彩的对比。

图 4-16　暖色调

在色彩的运用上,可以根据内容的需要分别采用不同的主色调。因为色彩具有象征性,例如嫩绿色、翠绿色、金黄色、灰褐色就可以分别象征着春、夏、秋、冬。常用的配色方案如下。

1)暖色调

暖色调,即红色、橙色、黄色、赭色等色彩的搭配。这种色调的运用,可使界面呈现温馨、和煦、热情的氛围,如图 4-16 所示。

2）冷色调

冷色调，即蓝色、绿色、紫色等色彩的搭配。这种色调的运用，可使主页呈现宁静、清凉、高雅的氛围，如图 4-17 所示。

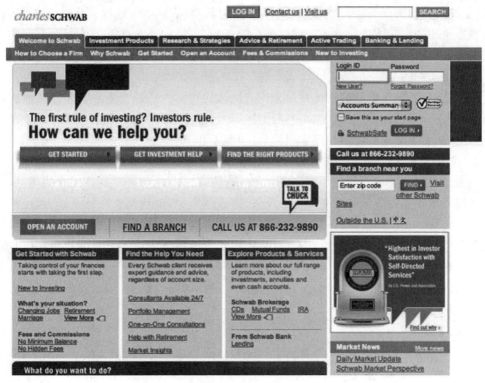

图 4-17　冷色调

3）对比色调

对比色调，即把色性完全相反的色彩搭配在同一个空间里，如红与绿、黄与紫、橙与蓝等。这种色彩的搭配可以产生强烈的视觉效果，给人亮丽、鲜艳、喜庆的感觉，如图 4-18 所示。

图 4-18　对比色调

注意，对比色调如果用得不好，会适得其反，产生俗气、刺眼的不良效果。这就要把握"大调和，小对比"这一重要原则，即总体的色调应该是统一和谐的，局部的地方可以有一些小的强烈对比。

同时，还要考虑界面底色（背景色）的深、浅，这里借用摄影中的术语，就是"高调"和"低调"。底色浅的称为高调；底色深的称为低调。底色深，文字的颜色就要浅，以深色的背景衬托浅色的内容；反之，底色淡，文字的颜色就要深些，以浅色的背景衬托深色的内容。

4.3.2　空间设计

实现静态物体空间透视的方法有运用空气透视、线条透视、体积透视、虚实透视,以及前景、背景和陪体的构图关系。同时,数字媒体艺术作品在表现空间透视关系时会模拟影视艺术中摄影机镜头记录图像的方式,此时,镜头的选择、模拟拍摄角度和方位都会影响物体的透视关系。

1. 体积透视

根据透视原理,离的近的物体看起来比离的远的物体大。观赏者观看作品画面中的物体时,会根据画面上物体的体积大小判断出体积大的物体离自己比较近,体积小的物体离自己比较远,从而感觉到明显的画面空间深度,如图 4-19 所示。

2. 线条透视

线条透视是比较常用的一种空间深度的表现方式。当观赏者观察画面中物体时,对象的轮廓线条或许多物体纵向排列形成的线条,越远越集中,最后消失在地平线上,这种现象称为线条透视。在画面里,线条透视表现得越明显空间深度感越强。画面中的物体所呈现的线条可以是可见的直线或曲线,也可以是由观赏者想象形成的不可见的线条,譬如视线。这些线条起到把观众的视线导向纵深的作用,观赏者在观察线条的同时,自然就会体会到空间的深度。可以充分利用有规则排列的物体或者平行的纵向线条,形成线条在画面上的透视收缩现象,以表达空间感。

3. 虚实透视

人们在观察某个物体时,总感觉这个物体前后的其他物体模糊不清。虚实透视就是利用了观众的这种视觉体验。利用虚实透视表现空间深度是指运用人类视线聚焦的特性,人类的眼睛有自己的焦距,就有一定的景深范围,在景深范围内的物体成像清晰,景深范围以外的物体成像模糊,这样可以表现一定的画面空间深度,如图 4-20 所示。

图 4-19　体积透视　　　　　　　　　　　　　　图 4-20　虚实透视

4. 纵深设计

在安排画面布局时,运用前景、主体、陪体和背景等景次的安排,有助于表现空间深度。景次的纵深安排本身就具有空间距离特征,同时可以引导观赏者的视线在景次之间移动,使电视画面呈现出深度和层次。前景处理需简洁、单纯,在画面中常常起引导视线、装饰画面、平衡主体的作用；主体景物是画面的中心，是视觉的焦点所在；远景可以是清晰的或模糊的，但不宜过于复杂，如图 4-21 所示。

图 4-21　纵深设计

5. 运动设计

界面设计的空间运动主要反映在两个方面：实体本身的运动引起的位移和变形；设计者创造出的类似于电影中摄影机镜头的各种运动方式，如推、拉、摇、移、升、降等和镜头画面的景别、角度的变化，构图的变化形成作品画面实体的运动。

4.4　界面的交互设计

交互设计是界面、环境和系统的行为，以及传达这种行为的外形元素的设计与定义。其关注内容和内涵，旨在规划和描述事物的行为方式，然后描述传达这种行为的有效形式。从用户角度分析，界面交互设计是一种如何让界面易用、有效而让人愉悦的技术，它致力于了解目标用户的期望、用户在与界面交互时的行为，以及人本身的心理和行为特点。同时，还包括了解各种有效的交互方式，并对它们进行增强和扩充。

4.4.1　交互设计的准则

Ben Shneiderman(本·施耐德曼)提出界面交互设计的八项黄金法则。

1. 力求一致性

每一个界面保持一致的风格，导航放在屏幕的适当位置，具有高度一致性的界面能给人清晰、整洁的感觉。

2. 允许频繁使用快捷键

快捷键体现界面使用的灵活性和有效性。

3. 提供明确的反馈

出现错误时要明确说出错误的含义，而且需要考虑用户能否理解。

89

4.设计对话,告诉用户任务的进展

在用户完成某项任务或操作后进行提示。如果用户得不到反馈,则无法知道自己是否达成目标。

5.提供错误预防和纠错功能

将某些当前不能单击的按钮设置为灰色,在系统执行时让用户进行确认。

6.方便用户取消某个操作

设有撤销和恢复的功能,提倡用户的体验。

7.用户掌握控制权

一般而言,用户希望自己去控制系统交互,在执行任务中,用户可以随时中止或退出。

8.减轻用户记忆负担

尽可能帮助用户避免要求他们记住各种信息,如各个菜单项之间的逻辑关联,更好的分类就会帮助用户找出按钮位置。

4.4.2 交互设计的规范

交互设计的规范主要包括页面规范、信息规范和控件规范。

1.页面规范

页面规范主要指页面的静态信息应该遵循的规则,包括用于规定整个页面中所有不同层级、不同功能的页面应该使用的标题规则,用于规定打开页面链接的规则。

2.信息规范

信息规范主要用于规定在交互过程中交互的方式及其信息提示,主要包括以下8个方面。

(1)交互进行前,需要提供充分的用户预先应该知道的提示信息。

(2)明确表单提交的步骤,每个表单项的要求需要给出提示信息。表单是用户提交保存数据的,提交保存后需要给出提示,如成功为绿色、失败为红色、普通为灰色。提交成功后应直接跳转到结果展示部分。

(3)对用户来说,需要慎重操作的需要预先提示,如扣除金币等。

(4)当一个功能的规则与用户习惯的规则具有一定的差异或比较复杂时,需要给出提示,或者给出帮助链接。

(5)当操作涉及数据删除等需要谨慎操作的操作时,需要给出删除确认提示框。

(6)当用户的操作不符合操作的规则时,需要给出操作提示。

(7)交互进行后给出结果反馈时应该给出适当的提示。

(8)任何信息列表、查询结果,当对应信息无结果时,需要给出有无结果状态提示。

3.控件规范

当有些功能会被多个模块复用时,需要把这些功能提炼出来设计成通用控件被多个模块共用。

4.4.3 界面交互的呈现方式

在交互设计时,交互是灵魂,界面是形式,其最终目的是解决和满足人的需求。界面交互的常见呈现方式包括以下5个方面。

1. 文字说明

文字是界面常见的交互呈现形式。用户往往无法完整阅读大篇幅的文字说明。但如果需要解释专业术语或者名词时,文字形式的帮助无可替代。

2. 图文说明

图文说明是主流的交互呈现形式,提供比文本说明更加直观和清晰的帮助形式。可以解决大部分用户的帮助需求,但遇到比较复杂和烦琐的交互过程时,图文帮助并不是最有效的。

3. 视频演示

通过演示人员完整的人机交互演示,让用户更直观地学习整个交互过程。这种交互形式适合较复杂和烦琐的交互过程。尽量提供用户在线观看和下载两种选择。

4. 互动式帮助

应用虚拟现实技术,通过模拟真实的交互环境,提供引导和说明,帮助用户完成整个交互过程。对于较复杂的交互过程,互动式的帮助是目前较好的解决办法。

5. 搜索

通过输入关键字,查找用户所需的内容。这类交互形式可以以最快的速度帮助用户找到需要的内容。图 4-22 为 Google 学术搜索界面,但它对用户的要求比较高,需要用户能够找到概括他们遇到的问题的关键字。建立搜索帮助的关键的问题是建立"帮助知识库",以能够涵盖大部分用户所需帮助的关键字。

图 4-22　Google 学术搜索界面

4.5　练　　习

一、填空题

1. 用户的认知特性指_____、_____、_____、_____。

2. 形态造型时,点的分类包括_____、_____、_____、_____。

3. 影响形态运动的因素是_____、_____、_____。

4. 界面设计的空间运动主要反映在两个方面:_____和_____。

二、简答题

1. 简述数字媒体的认知工效设计需考虑的因素。

2. 简述面的形态特征。

3. 简述冷色调与暖色调应用的差异性。

4. 简要说明线条透视的特点。

三、实验题

1. 设计一份三星手机广告。

2. 自选企业,设计企业 logo。

3. 设计儿童动画片的宣传海报。

第 5 章　数字媒体产品设计与制作

【学习导入】

数字媒体产品种类较多,每类数字产品都具有一定的特点,数字媒体产品的开发一般都需要综合利用多种工具软件和多种技术,涉及图形图像设计、创作脚本编写、程序编码设计,甚至是数据库等多方面知识。

【内容结构】

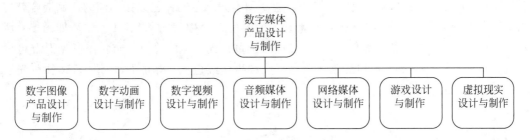

【学习目标】

(1)知识目标:了解数字媒体产品的主要分类,熟悉各种数字产品的开发工具,掌握各类数字媒体产品的开发过程。

(2)能力目标:具备初步的产品设计能力,通过本章的引导能进一步深入了解相关产品的开发知识。

(3)素质目标:了解程序设计相关知识,引导学生具备一定的程序设计能力。

5.1　数字图像设计与制作

图像数字化处理是目前较为流行的处理方法,以其简洁高效的制作方式、缤纷多彩的视觉效果成为图像设计与制作的主旋律。

5.1.1　基础知识介绍

1. 数字图像相关概念

进行数字图像的设计与制作之前,首先必须要理解、掌握与数字图像设计相关的一些基本概念,如色相、饱和度、三基色、三原色、分辨率等,为以后的学习奠定良好的基础。

1)色相

色相是指色彩的相貌和种类,是各种色彩之间的主要区别。色彩来源于光线,光线的波长决定了色相,波长不同,色相不同。例如,波长在 780nm 左右的光线是红色光,波长在 590nm 左右的光线是黄色光。

2) 饱和度

饱和度是指色彩的纯净程度,也称为纯度、彩度或浓度等。色谱中的红、橙、黄、绿、青、蓝、紫具有最高的饱和度,也是该色彩的固有色。当色彩的饱和度降低为 0 时,就形成无彩色——黑、白、灰,无彩色没有饱和度和色相的性质,它们之间只有亮度的区别。具有饱和度的颜色一般称为有彩色,而无饱和度的颜色称为无彩色。

3) 亮度

亮度是指色彩的明暗程度,又称为光度、明度、深浅程度等。无论是有彩色还是无彩色,都有亮度的性质。亮度在色彩运用中有着重要的作用,合理使用亮度的对比,可以充分体现画面的立体感和空间感。例如,黑色的阴影可使物体产生空间感。

4) 三基色

当日光透过三棱镜时,可以呈现出不同颜色的彩色光。三棱镜透射出来的彩色光,是一组按红、橙、黄、绿、青、蓝、紫顺序排列的不能再分解的谱色光,它们的波长依次减小,范围在780～380nm 之间。经实验验证,将红、绿、蓝 3 种不同颜色的谱色光按不同的比例混合就可以仿造出大自然中绝大多数的色彩,因此这 3 种谱色光就称为三基色,其色相环如图 5-1 所示。其中,等量的红色光和绿色光混合,可以产生黄色光;等量的绿色光和蓝色光混合可以产生青色光;等量的蓝色光和红色光混合可以产生洋红色光;等量的红、绿、蓝 3 种色光混合,可以产生白色光。

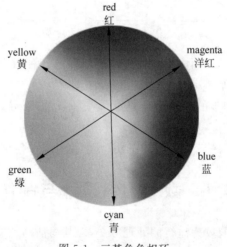

图 5-1　三基色色相环

5) 三原色

不发光物体之所以能够呈现一定的颜色,是因为当白色光照射到物体表面上时,一些色光将不被反射回来,而是被物体“吸收”了,因此,反射到人眼中的白色光由于缺少了被“吸收”色光的颜色,而显示出其互补色光的颜色,从而使得不发光物体也能呈现出一定的色彩。例如,黄色物体能够吸收白色光中的蓝色光,剩下红色光和绿色光被反射回来,而呈现出黄色。又例如,等量的黄色颜料和青色颜料混合在一起,因为黄色颜料吸收了白色光中的蓝色光,青色颜料吸收了白色光中的红色光,那么只剩下绿色光被反射回来,所以呈现出绿色。同理,等量的黄色颜料和洋红颜料混合可以形成红色;等量的青色颜料和洋红颜料混合可以形成蓝色。由于黄、青、洋红 3 种颜色的颜料相互混合可以产生红、绿、蓝 3 种颜色,因此称这 3 种颜色为三原色。

等量的黄、青、洋红颜料混合，由于红、绿、蓝 3 种色光都被吸收，因此呈现出黑色，若想得到白色只能"减去"所有的颜料，因此三原色的混色属于相减混色法。三原色相减混色原理一般指的是颜料的混合，而非色光的混合，通常应用在打印、印刷等领域中，因此这 3 种颜色也被称为印刷三原色。

6）分辨率

分辨率是衡量输入输出设备图像处理效果好坏的重要指标，通常以每英寸的像素数（dpi）为单位。分辨率是一个与设备相关的概念，当图像应用在某一设备上时，图像的质量往往取决于该设备的分辨率，分辨率越高，图像质量越好。

7）位图与矢量图

位图图像使用彩色网格即像素（pixel）来表现图像，每个像素都具有特定的位置和颜色值，因此在技术上又称为栅格图像。图 5-2 是一幅被放大 16 倍的位图图像。

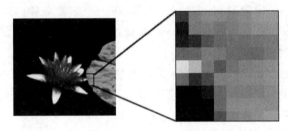

图 5-2　放大 16 倍的位图图像

位图善于重现颜色的细微层次，如照片的颜色层次。由于具有一定分辨率的位图的像素总量是固定的，因此如果在屏幕上对它们进行缩放或以低于创建时的分辨率打印，将丢失其中的细节，并会出现锯齿状。

矢量图形由称为矢量的数学对象定义的线条和色块组成。矢量根据图像的几何特性，使用数学公式和算法描绘图像，从而完成图像的数字化任务。例如，如图 5-3 所示，矢量图形中的形状由数学定义的椭圆组成，椭圆以某一半径画出，放在特定位置并填充特定颜色。移动形状、调整其大小或更改其颜色均不会降低图形的品质。

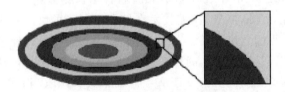

图 5-3　放大 16 倍的矢量图形

矢量图形与分辨率无关。也就是说，可以将它们缩放到任意尺寸，也可以按任意分辨率打印，而不会遗漏细节或降低清晰度。矢量图形适用于重现清晰的轮廓，如徽标或插图中的线条，是表现标志图形的最佳选择。许多软件都支持矢量图形，如 CorelDRAW、Flash、Illustrator 等。

2. 常用图像文件格式

在进行数字图像处理时，经常会遇到不同的文件格式之间的转换，因此非常有必要了解各种图像格式的特性和适用范围。

1) BMP 格式

BMP(Bit Mapped)格式是 Microsoft 公司为 Windows 操作系统自行开发的一种图像文件格式,因为在 Windows 操作系统中,画面的滚动、窗口的打开或恢复均是在绘图模式下进行的,所选择的图像文件必须能应付高速度的操作要求,不能有太多的计算过程,能够快速地将屏幕内容完整地存储在文件内,避免解压缩时浪费时间,因此设计了 BMP 文件格式。

BMP 格式是与设备无关的文件格式,故又称为 DIB(Device-Independent Bitmap)格式。这种格式的图像文件可以是 2 色、16 色、256 色或 16 777 216 色,每个图像文件都有两部分,第一部分是记录图像相关数据的文件头,第二部分才是图像数据。

2) TIFF 格式

TIFF(Tagged Image File Format)格式是一种包容性十分强大的图像文件格式,简称 TIF。它可以包含许多图像内容和信息,甚至可以在一个图像文件内放置一个以上的图像,其文件头比较有"弹性",由不同的标记(tag)组成,而且包含了固定及可变动的部分,支持 24 位(1677 万色)真彩色图像。

TIFF 格式可以支持 Photoshop 中除双色调模式之外的所有颜色模式,而且在灰度、RGB 和 CMYK 模式下,还支持 Alpha 通道。由于 TIFF 格式独立于操作平台和软件,因此在 PC 和苹果机之间交换图像通常都采用这种格式。

3) GIF 格式

GIF(Graphics Interchange Format)格式是由 CampuServe 机构设计出来的点阵式(Bitmapped)图像文件格式,采用 LZW 压缩算法,在保持图像色彩信息的前提下有效降低了图像文件的大小。许多图像处理软件都具备处理 GIF 文件的能力,这种文件格式最大支持 65 535×65 535 的分辨率和 256 种颜色,采用索引色模式,由于支持动画和透明而被广泛应用在网页中。目前常见的有 1987 年 5 月制定的 87a 和 1989 年 7 月制定的 89a 两种版本。

4) JPEG 格式

JPEG(Joint Photographic Experts Group,联合图像专家组)格式利用离散余弦转换(Discrete Cosine Transform,DCT)压缩技术存储静态图像的文件格式。该格式将图像分割为许多 8×8 像素大小的方块,再针对每个小方块做压缩的操作,经过复杂的 DCT 压缩过程,生成的图像文件可以达到 30∶1 的压缩比例,但是所花费的代价却是某种程度的失真,但这种失真是人们肉眼无法察觉的,属于有损压缩格式。JPEG 格式是目前所有格式中压缩比最高的一种,在网络上得到广泛应用。

5) PSD 格式

PSD 格式是 Photoshop 软件生成和使用的主要格式,可包含层、通道、路径及色彩模式等信息。当图像以 PSD 格式保存时,会自动对文件进行压缩,以缩小文件的长度,但由于保存了较多的层和通道等信息,因此通常还是比其他格式的文件大些。

5.1.2 图像处理工具 Photoshop

在数字图像处理领域中,Photoshop、CorelDraw 等多种专业图形图像处理软件,凭借自身的优势拥有各自的适用范围和用户群。

Photoshop 被誉为目前世界公认的权威的点阵图像处理软件,该软件是一款集图像扫描、编辑修改、图像制作、广告创意、图像输入与输出于一体的图形图像处理软件,在广告平面设计、数码照片处理、室内装潢等领域中得到了广泛的应用,深受广大平面设计人员的喜爱。

1. Photoshop CC 2021 的界面

Photoshop CC 2021 的工作界面由标题栏、菜单栏、工具箱、工具选项栏、功能面板组、图像窗口和状态栏组成,如图 5-4 所示。

图 5-4　Photoshop CC 2021 工作界面

1)标题栏

当只有一个图像文件时,标题栏显示图像名称、格式、缩放比例、颜色模式等信息;当有多个图像文件时,只在窗口显示一个图像文件,其余图像最小化到后方选项卡中。

2)菜单栏

菜单栏由"文件""编辑""图像""3D"等 11 大类组成,提供了图像处理过程中使用的绝大部分操作命令。

3)工具箱

工具箱是 Photoshop 的重要组成部分,图像处理过程中的许多操作都需要利用工具箱中的工具完成。Photoshop CC 2021 提供了 70 余种工具,可以使用鼠标或者键盘选择所需工具完成图像的处理与编辑。

4)工具选项栏

工具选项栏用于显示当前所选工具的参数设置项,在选择工具箱的某个工具后,可以在工具选项栏中调整工具的相关设置。

5)功能面板组

功能面板组主要包括图层、通道、路径、历史记录、导航器、动作、字符等 30 多种面板。默认情况下,功能面板以组的方式排列在工作区的右侧,如图 5-5 所示。在图像制作过程中,如果需要使用某个面板,可以直接选择面板中的选项卡,还可以通过"窗口"菜单中的相应的命令显示或隐藏面板。面板组的排列方式并不是固定不变的,用户可以对面板进行编

97

组、堆叠或停放等。

6）图像窗口

图像窗口用于显示当前正在使用的图像文件及相关信息,该窗口是进行图像编辑和处理的主要区域。在进行图像处理时,可以同时打开多个图像窗口,并且可以通过执行"窗口"→"排列"命令改变多个图像窗口的排列显示方式。

7）状态栏

状态栏主要用于呈现当前图像的显示比例、文档大小等基本信息。

2. 常用工具

Photoshop CC 2021 包含了 70 余种不同功能的工具,如图 5-6 所示。工具箱中工具按钮图标右下角有一个三角形,表示该工具含有隐藏工具,右击鼠标即可显示出隐藏工具。下面简要介绍一些 Photoshop 图像处理的常用工具。

(a) 面板展板状态　(b) 面板折叠状态具

图 5-5　功能面板组

图 5-6　Photoshop CC 2021 工具栏

1）选择工具

（1）矩形选框工具 ：在图像上拖动鼠标可以确定一个矩形的选择区域,如果在拖动鼠标的同时,按 Shift 键可创建正方形选区。

（2）椭圆选框工具 ：用于创建椭圆形的选择区域,如果在拖动鼠标的同时按 Shift 键可以创建圆形选区。

（3）套索工具 ：用于手动创建自由形状的选择区域。

（4）磁性套索工具 ：能够自动寻找图像的边缘,用于沿图像边缘选择图像的部分区域。

（5）魔棒工具 ：用于选择图像中与选定颜色相近的区域。

（6）快速选择工具 ：使用圆形画笔笔尖快速"绘制"选区。

（7）移动工具 ：用于移动选区图像、图层和参考线等。

2）修饰工具

（1）污点修复画笔工具 ![icon]：用于修复画面中面积较小的污点，调整好笔尖的半径，直接单击污点即可修复。

（2）修复画笔工具 ![icon]：善于修复线状瑕疵，首先按 Alt 键的同时单击鼠标选择样本，然后拖动鼠标利用样本图像修复瑕疵图像。

（3）修补工具 ![icon]：善于修复较大面积的瑕疵，首先使用该工具创建选区，然后拖动选区以修复瑕疵区域。

（4）红眼工具 ![icon]：用于修复闪光灯拍照时人眼出现的红眼现象，调整好"瞳孔大小"和"变暗量"参数后，直接单击红眼即可修复。

（5）仿制图章工具 ![icon]：用于复制图像的指定源区域，首先按 Alt 键的同时单击鼠标确定源区域，然后在目标区域拖动鼠标复制源区域。

（6）橡皮擦工具 ![icon]：用于删除图像的指定区域。

3）绘画工具

（1）画笔工具 ![icon]：用于绘制柔和边缘的线条或图案。

（2）铅笔工具 ![icon]：用于绘制坚硬边缘的线条或图案。

（3）油漆桶工具 ![icon]：用前景色填充颜色相近的图像区域。

（4）渐变工具 ![icon]：用于创建线性、径向、角度、对称或菱形的颜色过渡效果。

4）文字工具

（1）横排文字工具 ![icon]：用于单击或拖动鼠标创建横排文字图层。

（2）直排文字工具 ![icon]：用于单击或拖动鼠标创建竖排文字图层。

5）绘图工具

（1）钢笔工具 ![icon]：通过单击或拖动鼠标绘制直线或平滑曲线的路径。

（2）矩形工具 ![icon]：用于绘制矩形的路径。

6）裁剪和导航工具

（1）裁剪工具 ![icon]：用于裁剪图像，将不需要的部分删除。

（2）抓手工具 ![icon]：用于在图像窗口内移动图像。

（3）缩放工具 ![icon]：用于放大或缩小图像，按 Alt 键的同时单击鼠标则缩小图像。

7）屏幕模式工具

（1）标准屏幕模式工具 ![icon]：通过单击鼠标进入标准屏幕模式。

（2）全屏模式工具 ![icon]：在全屏模式下只显示背景和图像，面板是隐藏的，可在屏幕两侧访问面板，或按 Esc 键返回标准模式。

3. 常用功能面板

功能面板是 Photoshop 的重要组成部分，可以通过"窗口"菜单打开或关闭这些面板，下面简要介绍常用功能面板的功能。

1）"导航器"面板

在进行图像编辑处理的过程中，经常需要对图像进行放大与缩小操作，以便更好地观察图像整体效果或具体细节。在实际操作过程中，通常使用图像"导航器"面板对图像进行成比例的放大或缩小，其中框住的部分就是画布展现的部分，如图 5-7 所示。

> 提示：图像的放大或缩小只是一种显示效果，并不是真正改变图像的实际大小。使用"缩放工具" 🔍 也可以完成图像的放大或缩小显示。将鼠标移动到图像窗口中显示为"放大"状态 🔍 ，单击鼠标放大图像；按 Alt 键光标显示为"缩小"状态 🔍 ，单击鼠标缩小图像画面。

2）"历史记录"面板

"历史记录"面板主要用于记录用户的操作过程，它可以方便地撤销多次执行的命令，回到任何一个历史状态，如图 5-8 所示。如果"历史记录"面板没有显示在功能面板组中，执行"窗口"→"历史记录"命令即可打开"历史记录"面板，单击相应的历史状态就可以完成还原与重做。

图 5-7 "导航器"面板   图 5-8 "历史记录"面板

> 小技巧：按 Ctrl＋Alt＋Z 组合键可以依次撤销操作步骤。

3）"图层"面板

图层是指能够存放图像信息的"透明胶片"，将图像的内容绘制在不同图层上，然后再将每个图层的内容叠加起来形成一幅完整图像。使用图层是学习 Photoshop 图像处理的基础和核心技能，在如图 5-9 所示的"图层"面板中可以完成对图层的绝大多数操作。

4）"通道"面板

通道分为颜色通道和 Alpha 通道，每个通道以 256 级灰度图的方式进行存储。不同色彩模式的图像具有不同的颜色通道。例如，RGB 模式图像具有红、绿、蓝 3 个颜色通道，CMYK 模式图像具有黄、品、青、黑 4 个颜色通道；而 Alpha 通道的作用是存储选区信息。图 5-10，是 Photoshop 的"通道"面板，在这里可以完成对通道的相关操作。

5）"路径"面板

路径是由节点、直线或曲线构成的矢量对象，通过调整节点的状态和位置精确绘制复杂的形状。该形状属于矢量图的范畴，因此不能直接渲染成位图图像，必须经过描边、填充或转换为选区等操作才能成为位图图像的组成部分。使用工具箱中的绘图工具（如钢笔工

图 5-9 "图层"面板

具)可以绘制矢量路径。如图 5-11 所示,在"路径"面板中可以完成路径的相关操作。

4．图像窗口的基本操作

1）显示标尺

执行"视图"→"标尺"或利用标题栏中的"查看额外内容"→"显示标尺"菜单命令,即可在图像窗口中显示出标尺,如图 5-12 所示。再次执行该命令即可关闭标尺。

图 5-10 "通道"面板

图 5-11 "路径"面板

2）设置参考线

参考线是一种辅助定位的工具,将鼠标放在标尺上,然后拖动鼠标即可从标尺中拖出参考线,如图 5-12 所示。使用"移动工具" ⊕ 将参考线拖回标尺即可删除该参考线。

3）显示网格

网格也是一种辅助定位工具,执行"视图"→"显示"→"网格"或利用标题栏中的"查看额外内容"→"显示网格"菜单命令,即可在图像窗口中显示出网格,如图 5-13 所示。再次执行该命令即可关闭网格。

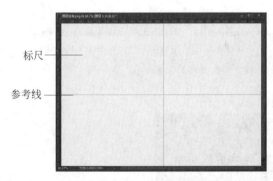

图 5-12 标尺与参考线

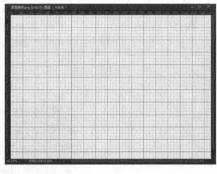

图 5-13 网格

> 提示:在进行图像处理时,可以通过执行"编辑"→"首选项"中的子菜单命令完成标尺、参考线、网格等相应属性的设置。

4）更改图像大小

工具箱中的"缩放工具" 🔍 和"导航器"面板只能改变图像的浏览尺寸,而不能改变图像的实际像素尺寸。执行"图像"→"图像大小"命令,打开如图 5-14 所示的"图像大小"对话框,在这里可以调整图像的宽度、高度、分辨率等。

图 5-14 "图像大小"对话框

5）更改画布大小

更改图像大小和画布大小是有区别的,如图 5-15 所示。执行"图像"→"画布大小"菜单命令,在如图 5-16 所示的"画布大小"对话框中完成画布大小的设置。

(a) 原图3024×3024像素　　(b) 图像放大至4000×4000像素　　(c) 画布放大至4000×4000像素

图 5-15 更改图像大小和画布大小的区别

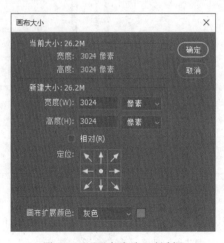

图 5-16 "画布大小"对话框

6）旋转画布

旋转画布是指对整个图像（包含所有图层）内容旋转一定角度，还可进行水平或垂直方向的翻转，通过执行"图像"→"图像旋转"菜单命令实现旋转画布的操作。

> 提示：图像大小是指图像尺寸和分辨率的大小，如果改变了分辨率，那么图像尺寸也会随之改变；画布大小仅仅是指图像尺寸的大小，与分辨率没有关系，无论怎么修改画布尺寸，分辨率也不会发生改变。

5. 图像选取的编辑

如何将所需的图像内容精确地选择出来是进行其他操作的前提，Photoshop 提供了较为丰富的编辑选区功能，除了工具箱中的选择类工具外，钢笔工具、画笔工具、快速蒙版、通道、路径、特殊滤镜等都可以用来创建和编辑选区，下面简单介绍选区的操作方法。

1）选框工具

使用工具箱中的"矩形选框工具"和"椭圆选框工具"在图像中拖动鼠标可以创建规则的选区，按 Ctrl+D 快捷键即可取消选区。在 Photoshop 中，通过更改工具属性栏中的 选项，实现选区的交、并、差运算，从而创建不规则的选区，如图 5-17 所示。该选项组中， 表示每次都创建一个新选区， 用于实现选区的并集， 用于实现选区的差集， 用于实现选区的交集。

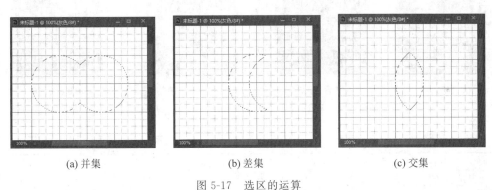

(a) 并集　　　　　　　　(b) 差集　　　　　　　　(c) 交集

图 5-17　选区的运算

2）使用套索工具

"选框工具"适合创建图像中的规则选区，"套索工具"则适合创建图像中的不规则选区。套索工具包括三种类型：套索工具 、多边形套索工具 和磁性套索工具 。其中："套索工具"主要用于生成比较随意边缘的选区，使用方法为按住鼠标左键拖动鼠标，将其移动轨迹记录为选区；"多边形套索工具"可以生成由若干个选择点组成的多边形选区，使用方法为单击鼠标添加选择点，按 Delete 键删除选择点，使选区首尾相连或双击鼠标即可结束创建操作；"磁性套索工具"能够自动查找图像的边缘，使用方法为将鼠标沿着需要选择的图像边缘移动，计算机将自动添加选择点来创建选区（也可以单击鼠标人为添加选择点），如图 5-18 所示。按 Delete 键删除选择点，使选区首尾相连或双击鼠标即可结束创建操作。

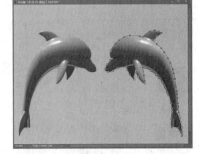

图 5-18　用"磁性套索工具"创建选区

103

"磁性套索工具"有以下 3 个重要的属性。

(1) 宽度：鼠标指针到图像边缘的检测距离,该距离以内的边缘能被检测到。

(2) 对比度：对图像边缘的灵敏度,其值为 1%～100%。较高的数值将只检测鲜明清晰的边缘,较低的数值能够检测含混不清的边缘。

(3) 频率：添加选择点的频度,其值介于 1～100Hz。较高的值添加较多的选择点。

> 小技巧：用户可以在工具选项栏设置"磁性套索工具"的宽度、对比度和频率属性。当选取边缘清晰的图像时,首先使用较大的宽度和对比度,然后粗略地跟踪边缘即可;当选取边缘较含混不清的图像时,首先应该使用较小的宽度和对比度,然后精确地跟踪边缘;当选取曲折多变的边缘时应该使用较高的频率,选取舒缓平滑的边缘时使用较低的频率。

3) 使用魔棒工具

"魔棒工具"用于选择与鼠标单击处像素颜色相近的连续或不连续区域。该工具有一个重要的属性——容差,该值用于确定所选区域内颜色之间的差异程度,其值介于 0～255。如果数值较小,则会选择与所单击处像素颜色非常相似的少数几种颜色;如果数值较大,则选择的颜色范围将扩大,图 5-19 是在同一位置上采用不同容差值创建的选区。

(a) 容差=15　　　　　(b) 容差=32　　　　　(c) 容差=80　　　　　(d) 容差=100

图 5-19　同一位置上采用不同容差值创建的选区

> 提示：魔棒工具适合于色彩比较单一、形象区分明确的图像,选择起来十分快捷。

4) 选区的移动和变换

首先确认工具属性栏选择了"新选区"■选项,然后使用任何选择工具创建选区后,将鼠标移动到选区内部,拖动鼠标即可移动选区的位置。

创建选区后,执行"选择"→"变换选区"菜单命令,可以调整选区的大小和旋转角度,在选区内部双击鼠标左键结束变换操作;执行"选择"→"反选"命令,可以选择该选区之外的其余部分。

5) 调整选区边缘

创建选区后,执行"选择"→"选择并遮住"命令,打开如图 5-20 所示的"调整边缘"对话框。

每个选择工具都有"选择并遮住"命令,可用于对选区边缘进行一定的修饰,具有较强的实用价值,其中各参数的作用如下。

(1) 半径：用于指定 Photoshop 在多大的范围内调整边缘,增加半径可以扩大调整范围。例如,在选择较短的头发时可以增加半径值。

(2) 对比度：锐化选区边缘并去除模糊的不自然感。增加对比度可以减少由于"半径"值过高而在选区边缘附近产生的杂色。

（3）平滑：减少选区边缘的"毛刺"，创建较为平滑的边缘轮廓。

（4）羽化：在选区与周围像素之间创建柔化的过渡效果。

（5）移动边缘：收缩或扩展选区边界。收缩选区有助于从选区边缘去除额外的背景色。

6）选区的存储和载入

创建选区以后，执行"选择"→"存储选区"菜单命令，可以将选区用指定名称存储到通道中；通过执行"选择"→"载入选区"菜单命令，可以将指定通道转换为选区。

> 提示：选区中的图像内容可以进行复制和移动操作，按 Ctrl＋C 快捷键复制选区内容，按 Ctrl＋X 快捷键剪切选区内容，按 Ctrl＋V 快捷键粘贴选区内容。此外，还可以执行"编辑"→"描边"命令，将选区描绘成实际的像素线条。

6. 绘制图像

1）选择颜色

单击工具箱中的"设置前景色"工具 ，打开如图 5-21 所示的"拾色器"对话框。选择相应的颜色后，单击"确定"按钮即可完成颜色设置。

工具箱中的"吸管工具" 用于从图像中吸取颜色。当鼠标在图像窗口中的某个位置上时，"信息"面板会显示鼠标所在位置的颜色和坐标信息，如图 5-22 所示。当鼠标在图像窗口中的某个位置上单击时，填充的前景色将会替换成图像中所选取的颜色。

2）绘制基本线条

选择工具箱中的"画笔工具" ，在工具属性栏中"画笔" 区域单击向下的小箭头，打开如图 5-23 所示的设置面板，其中，"大小"用于设置画笔的粗细，"硬度"用于调节画笔的软硬程度，值越大画笔越硬，值越小画笔越柔软。设置好后，便可以按住鼠标左键在图像窗口中进行绘画操作。

> 提示：按 F5 键，可以快速打开如图 5-24 所示的"画笔"面板，进行更多的画笔属性设置。

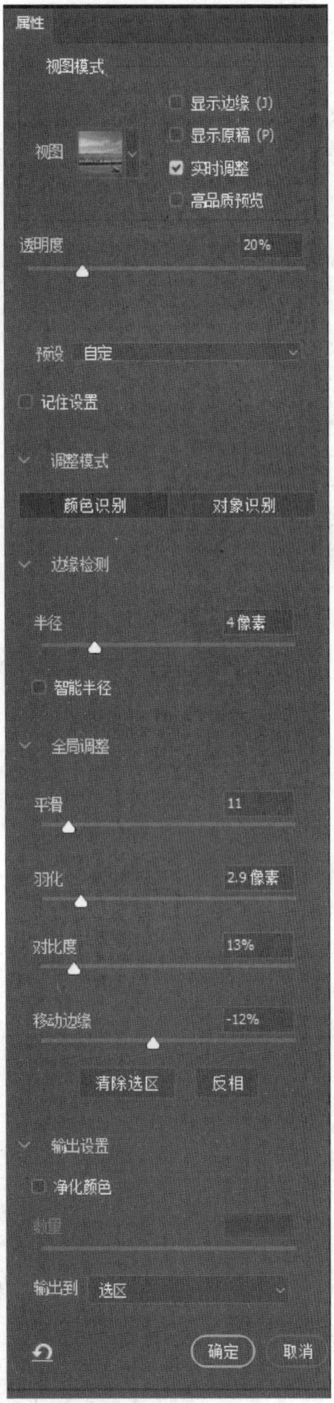

图 5-20 "调整边缘"面板

3）填充图像

通常情况下，通过使用工具箱中的"油漆桶工具" 对选区填充颜色或图案，也可以执行"编辑"→"填充"命令，打开如图 5-25(a)所示的"填充"对话框，在该对话框中设置参数后

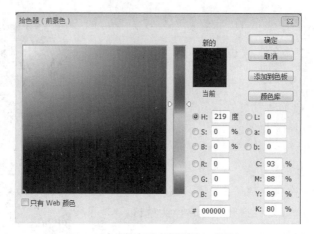

图 5-21 "拾色器(前景色)"对话框

图 5-22 使用"吸管"工具吸取图像颜色后的"信息"面板

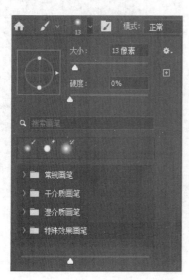

图 5-23 画笔属性设置

图 5-24 "画笔"面板

再对选区填充颜色或图案。两者的区别在于"油漆桶工具"是填充颜色相近的连续区域,而使用"填充"对话框则直接覆盖所选区域,效果对比如图 5-25(b)和图 5-25(c)所示。

(a) "填充"对话框　　　　(b) 使用"油漆桶工具"的效果　　　(c) 使用"填充"对话框的效果

图 5-25　"填充"对话框和填充效果对比

提示:使用前景色填充的快捷键是 Alt+Delete,使用背景色填充的快捷键是 Ctrl+Delete。

4)渐变效果

"油漆桶工具"在填充图像时,只能使用纯色填充,有时无法满足图像颜色处理的要求。此时,可以使用工具箱中的"渐变工具"　　完成多个渐变颜色的填充效果,如图 5-26 所示。

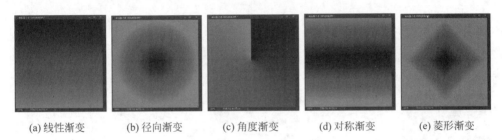

(a) 线性渐变　　　(b) 径向渐变　　　(c) 角度渐变　　　(d) 对称渐变　　　(e) 菱形渐变

图 5-26　渐变效果

单击工具属性栏　　　　处的小三角可以打开如图 5-27 所示的"渐变拾色器",用于快速选择渐变效果,若单击小三角左侧的大色块则打开如图 5-28 所示的"渐变编辑器"窗口,用于设定渐变的颜色和透明效果。

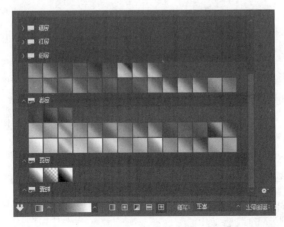

图 5-27　渐变拾色器

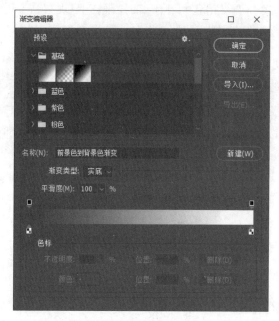

图 5-28　"渐变编辑器"窗口

7. 调整图像

1）调整亮度和对比度

执行"图像"→"调整"→"亮度/对比度"命令,打开"亮度/对比度"对话框,调节图像的整体亮度和对比度,效果如图 5-29 所示。

(a) 原图　　　　(b) 亮度+100　　　(c) 亮度-100　　　(d) 对比度+100　　　(e) 对比度-50

图 5-29　调整亮度和对比度的效果

2）调整颜色

执行"图像"→"调整"→"色彩平衡"命令,打开如图 5-30(a)所示的"色彩平衡"对话框,可以调整图像在红和青、绿和洋红、蓝和黄之间的颜色偏移。执行"图像"→"调整"→"色相/饱和度"命令,打开如图 5-30(b)所示的"色相/饱和度"对话框,在这里可以调整图像的色相、饱和度和明度。如果选中"着色"复选框,则将会放弃图像原有色彩,使用设定的颜色覆盖整个图像。

3）调整阴影和高光

如果图像的阴影区太暗或者高光区太亮,将会导致看不清图像的细节,如图 5-31(a)就是一幅阴影区太暗的图像,执行"图像"→"调整"→"阴影/高光"命令,打开如图 5-32 所示的"阴影/高光"对话框,将阴影的"数量"参数设置为 40%,得到如图 5-31(b)所示的效果,阴影区的细节内容得到了明显的改善。

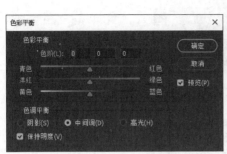
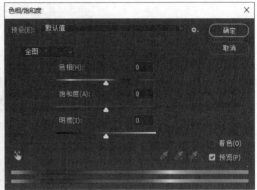

(a) "色彩平衡" 对话框 （b）"色相/饱和度" 对话框

图 5-30　两个调整颜色的对话框

(a) 原图 （b）调整阴影后的效果

图 5-31　调整阴影效果

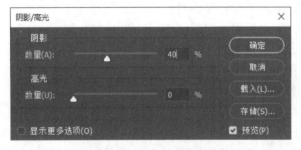

图 5-32　"阴影/高光"对话框

8．图层

在图像制作过程中，图层主要用来执行多种任务，如复合多个图像、向图像添加文本或添加矢量图形形状等，此外也可以通过应用图层样式来添加投影、发光等特殊效果。图层是一组可以绘制、存放图像的透明电子画布，可以透过图层的透明区域看到下面的图层，如图 5-33 所示。

1）图层功能面板

图层功能面板是进行图像图层操作的主要对象，主要用来显示当前图像的图层信息，进行图层叠放顺序、透明度、图层混合模式参数的调整与设置。图层功能面板组成部分及其相应功能，如图 5-34 所示。

图 5-33　图层效果

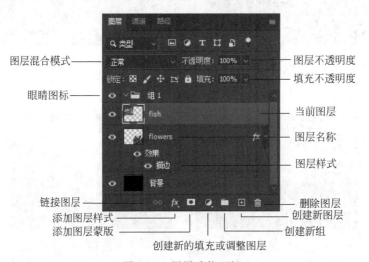

图 5-34　图层功能面板

（1）图层混合模式：用于设置图层间的混合模式。

（2）图层不透明度：用于设置图层中所有对象及其样式的不透明度。

（3）填充不透明度：用于设置图层中所有对象的不透明度，但不影响其样式的透明度。

（4）眼睛图标：用于设置当前图层是否可见的属性。

（5）当前图层：当前正在编辑的图层以浅灰色显示。

（6）链接图层：单击该按钮，可以将所选定的多个图层或图层组进行链接，链接后的图层保持关联，可以同时对其进行移动、变换等操作。

（7）添加图层样式：单击该按钮，可以为所选定的图层添加投影、描边等效果样式。

（8）添加图层蒙版：单击该按钮给当前图层创建一个图层蒙版。

（9）创建新的填充或调整图层：单击该按钮，在弹出的快捷菜单中选择色阶、色彩平衡等命令，来对当前图层进行填充或调整。

（10）删除图层：单击该按钮可以将当前选取的图层删除。

（11）创建新组：单击该按钮可以创建一个图层组。

（12）创建新图层：单击该按钮可以创建一个新图层。

2）图层的类型

Photoshop CC 2021 中有多种图层类型，如普通图层、背景图层、文字图层、调整图层等。不同的图层类型具有不同的功能、特点，其使用方法也不尽相同。

（1）普通图层。普通图层是最为常用的一种图层，支持 Photoshop CC 2021 大多数的功能效果设置。建立普通图层的方法极为简单,单击图层面板下方的"创建新图层"按钮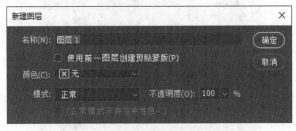
即可建立一个普通图层。此外,还可以执行"图层"→"新建"→"图层"命令,在弹出的如
图 5-35 所示的"新建图层"对话框中,设置新建图层的名称、颜色、模式等属性后,单击"确
定"按钮。

图 5-35　"新建图层"对话框

(2) 背景图层。背景图层是一种不透明的图层,一幅图像只能有一个背景图层。背景
图层默认为锁定状态,不能够直接对其进行透明度、混合模式等图层样式的应用,如果需要
更改背景图层的图层填充颜色等属性,应先将其转换为普通图层再进行相应设置。将背景
图层转换为普通图层的方法十分简单,在图层面板中背景图层的位置上双击鼠标,弹出"新
建图层"对话框,在该对话框中设置图层的名称等属性即可。

提示:在选定背景图层后,可以通过执行"图层"→"新建"→"背景图层"命令完成图层的转换。

(3) 文字图层。文字图层是使用"横排文字工具" 和"直排文字工具" 创建的图
层。在文字图层上可以完成文字编辑和图层样式等常规设置,但是部分效果(滤镜效果、变
形等)却不能直接应用于该图层,需要将该图层栅格化后进行设置。栅格化文字图层即将文
字图层转换为普通图层,栅格化后则不能够再进行文字的编辑。

(4) 调整图层。调整图层可以将颜色和色调调整应用于图像。颜色和色调调整存储在
调整图层中,并应用于它下面的所有图层,并且可以随时扔掉更改并恢复原始图像。建立调
整图层的操作比较简单,执行"图层"→"新建调整图层"命令,在其子菜单中选择相应的命令
后进行设置即可。

(5) 填充图层。填充图层是指在当前图层中完成纯色、渐变和图案 3 种类型填充图层。
建立填充图层的方法与调整图层类似,执行"图层"→"新建填充图层"命令,在其子菜单中选
择相应的命令后进行设置即可。

9. 滤镜

滤镜是 Photoshop 最重要的功能之一,使用不同的滤镜可以轻而易举地实现图像的扭
曲、交错、变形或马赛克等专业效果。滤镜的使用十分简单,在选择某个图层或创建选区后,
执行"滤镜"菜单命令,然后选择某个滤镜进行相应设置即可。

5.1.3　制作实例:炫彩背景

制作如图 5-36 所示的炫彩背景。

操作步骤如下。

(1) 启动 Photoshop CC 2021,执行"文件"→"新建"命令,新建如图 5-37 所示的文档。

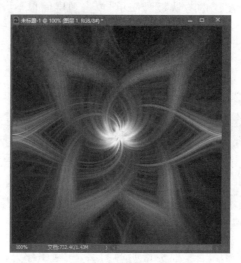

图 5-36　炫彩背景

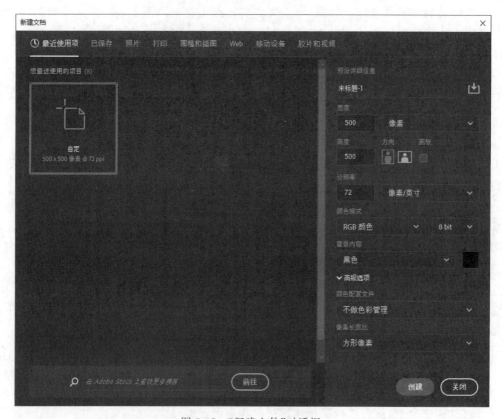

图 5-37　"新建文件"对话框

(2) 执行"滤镜"→"渲染"→"镜头光晕"命令,在"镜头光晕"对话框中保持默认设置,单击"光晕中心"方框中的中心点,将光晕设置在画布中心,如图 5-38 所示。

(3) 重复执行"滤镜"→"渲染"→"镜头光晕"命令,保持默认设置,只是将光晕中心设置在如图 5-39 所示的位置上。

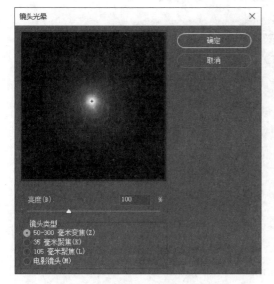

图 5-38　"镜头光晕"对话框

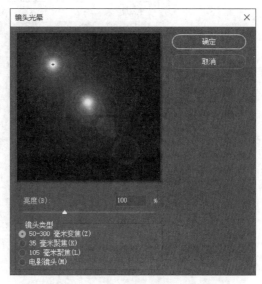

图 5-39　再次设置"镜头光晕"效果

（4）重复步骤（2），直到得到如图 5-40 所示的多个光晕中心。

图 5-40　"镜头光晕"的最终效果

（5）执行"图像"→"调整"→"色相/饱和度"命令，设置"色相/饱和度"对话框如图 5-41 所示，对图像进行去色处理。

（6）执行"滤镜"→"像素化"→"铜版雕刻"命令，设置其属性如图 5-42 所示。

（7）执行"滤镜"→"模糊"→"径向模糊"命令，设置其属性如图 5-43 所示。

（8）按 Ctrl＋F 快捷键 3 次，重复径向模糊滤镜，将粗糙的画面变平滑。

（9）按 Ctrl＋U 快捷键，打开"色相/饱和度"对话框，设置其属性如图 5-44 所示。

113

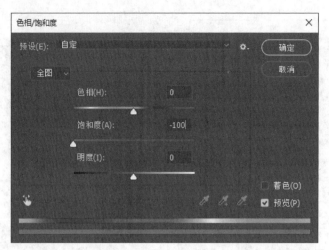

图 5-41　"色相/饱和度"对话框

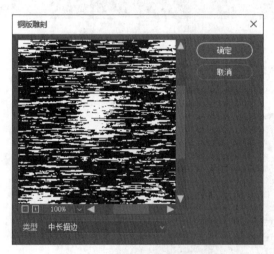

图 5-42　"铜版雕刻"对话框

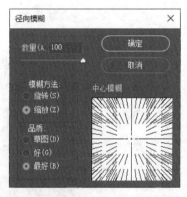

图 5-43　"径向模糊"对话框

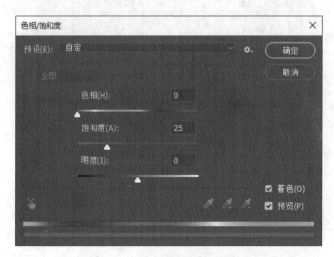

图 5-44　"色相/饱和度"对话框

（10）选择"背景幅本"图层，执行"滤镜"→"扭曲"→"旋转扭曲"命令，设置该滤镜属性如图 5-45 所示。

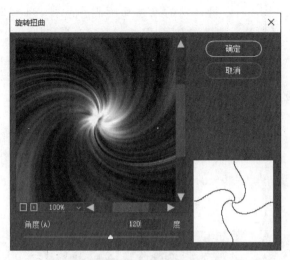

图 5-45　背景图层的"旋转扭曲"滤镜设置

（11）按 Ctrl+J 快捷键再复制一个新图层，执行"滤镜"→"扭曲"→"旋转扭曲"命令，设置该滤镜属性如图 5-46 所示。

（12）选择图层，并在图层面板中将图层的混合模式改为"变亮"，如图 5-47 所示。

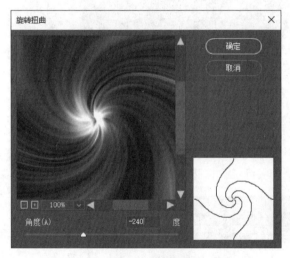

图 5-46　图层 1 的"旋转扭曲"设置

图 5-47　图层面板

（13）制作完成后的炫彩背景如图 5-36 所示。

5.2　数字动画设计与制作

计算机动画在近几年被广泛使用在计算机教学、建筑效果图、电影、电视等领域，并逐渐被广大用户所接受和使用，其技术的发展也是日新月异。

5.2.1　三维动画工具 3ds Max

3ds Max 是由 Autodesk 公司开发的三维动画制作软件,当前最新版本为 3ds Max 2022。3ds Max 2022 以其灵活的操作方式、强大的动画功能和超强的外挂插件能力在众多软件中脱颖而出,易学易用,受到广大用户的好评。在应用范围方面,3ds Max 广泛应用于计算机动画、广告、影视、工业设计、建筑设计、多媒体制作、游戏、辅助教学以及工程可视化等领域,并与虚拟现实软件全面兼容。

1. 3ds Max 操作界面

3ds Max 的界面组成比较复杂,主要由 11 个部分组成:项目工作区、菜单栏、主工具栏、功能区、工作视图区、命令面板、视图控制区、轨迹栏、动画控制区、状态栏、3ds Max 命令输入区,如图 5-48 所示。其各部分的功能如下。

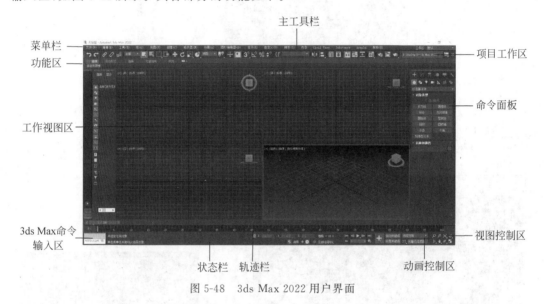

图 5-48　3ds Max 2022 用户界面

1)项目工作区

项目工作区如图 5-49 所示,可自行设置项目工作区指令。

图 5-49　3ds Max 的项目工作区

2)菜单栏

3ds Max 共有"文件""编辑"等 17 个菜单项,提供了进行 3ds Max 操作的绝大多数的命令菜单。

3)主工具栏

主工具栏主要包括物体链接、选择控制、变换修改、操作控制、捕捉开关、常用工具、常用编辑器和渲染等,如图 5-50 所示。

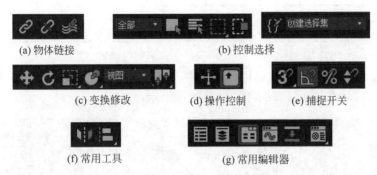

(a) 物体链接　　　　　　(b) 控制选择

(c) 变换修改　　(d) 操作控制　　(e) 捕捉开关

(f) 常用工具　　　(g) 常用编辑器

图 5-50　3ds Max 的主工具栏

4）功能区

功能区有建模工具、自由形式、选择、对象控制、填充 5 个选项卡。可以从选项卡、面板标题、面板按钮等形式组织起来,通过单击这些选项卡可以进入相应的命令面板。

5）工作视图区

工作视图区由 4 个视图组成,依次为"顶"视图、"左"视图、"前"视图和"透视"视图。

6）命令面板

命令面板是 3ds Max 中重要组成部分,主要用于完成物体的创建、修改,层级动画的编辑等操作。命令面板一共由 6 个子面板组成,依次是"创建"面板、"修改"面板、"层次"面板、"运动"面板、"显示"面板和"实用程序"面板,并且以选项卡的形式组织起来,通过单击这些选项卡可以进入相应的命令面板。

7）视图控制区

视图控制区共由 8 个按钮组成,用来调整观察角度和观察位置,以利于从最佳的角度观察物体。

8）轨迹栏

轨迹栏位于工作视图区的下方,共有上下两个部分。上面的部分称为时间滑块,拖动时间滑块指示出当前的帧数,单击时间滑块两边的按钮可以一帧一帧地移动滑块;下面的部分称为关键帧指示条,可以清楚地看到关键帧的总数和每一个关键帧的位置,最右边的数字代表当前动画的总帧数。

9）动画控制区

动画控制区在视图控制区的左边,主要提供了动画记录开关按钮及播放动画的一些控制工具,并可以完成对动画时间、播放特性的一些设定工作。

10）状态栏

状态栏位于界面的下方,X、Y、Z 三个显示框可以提供当前物体的位置信息,当进行物体编辑时,提供相应的编辑参数。此外,在下面的状态栏中还可以实时地提供下一步可进行的操作。

11）3ds Max 命令输入区

该区位于界面的左下角,在这里可以输入简单的 MaxScript 脚本语句,并编译执行,而复杂的语句要通过脚本编辑器来完成。

> 提示：由于工具栏的按钮较多，屏幕显示不下，可以将鼠标指针悬停在主工具栏的空白处，此时鼠标指针变为小手形状，拖动鼠标就可以移动工具栏。

2. 标准三维几何体的创建

3ds Max 提供的标准基本几何体有长方体、圆锥体、球体、几何球体、圆柱体、管状体、圆环、四棱锥、茶壶、平面和加强型 11 种，如图 5-51 所示。

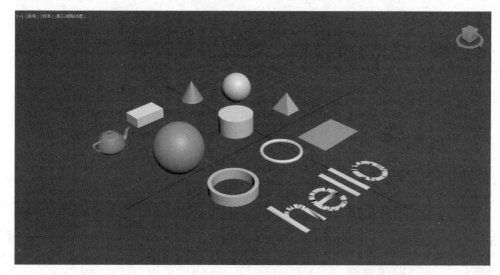

图 5-51　标准三维几何体

创建标准三维模型是 3ds Max 中最简单的建模方法，但也是高级建模的基础。依次执行命令面板中"创建" → "几何体" 命令，在 标准基本体 列表中选择"标准基本体"，在"对象类型"卷展栏中列出了 11 个标准基本几何体的创建按钮，如图 5-52 所示。

标准几何体的创建方法较为简单，首先在"对象类型"卷展栏中单击需要创建的几何体按钮，其背景色将变为蓝色，然后在工作视图中通过拖动、单击、移动等操作便可创建相应物体，右击鼠标结束创建过程。各种标准几何体的创建方法基本相同，用户可以自行通过拖曳鼠标完成创建。为了帮助用户更好地掌握标准几何体的基本参数设置，现将相关的重要参数进行简要介绍。

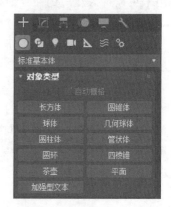

图 5-52　标准基本几何体
创建面板

（1）"分段数"：可以理解为物体的关节，如图 5-53 所示。"分段数"越大，物体的弯曲就越平滑，但如果太大的话，物体的复杂程度将大大增加，会增加系统的运算负荷，降低刷新速度，所以应该谨慎设定"分段数"的大小。所有的标准几何体都具有"分段数"的属性。

（2）"边数"和"平滑"选项均用于平滑标准几何体的弯曲面。"边数"是指弯形曲面的边数，边数越多，侧面越接近圆形，如图 5-54 所示；选中"平滑"时，较小的边数即可创建圆形侧面，如图 5-55 所示。圆锥体、圆柱体、球体、管状体、圆环和茶壶都有"边数"或"平滑"参数。

(a) 分段数=15　　　　　　　　　　　　(b) 分段数=50

图 5-53　不同"分段数"物体的弯曲效果

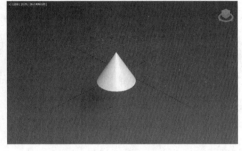

(a) 分段数=10　　　　　　　　　　　　(b) 分段数=30

图 5-54　分段数分别为 10、30 的圆锥体效果

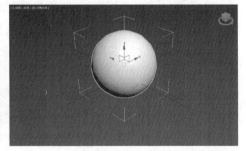

(a) 未启用"平滑"　　　　　　　　　　(b) 启用"平滑"

图 5-55　"平滑"选项启用前后的球体效果

> 提示:如果用户在更改物体参数的时候,不小心右击鼠标或因其他操作而结束了物体的创建过程,则右边的"参数"卷展栏就消失了,此时若需要继续更改物体的参数,请单击"命令面板"中的 ⬛ 按钮,进入"修改"面板,在这里可以继续修改物体的参数。

3. 操作视图

3ds Max 的工作视图区由 4 个视图组成,依次为"顶"视图、"左"视图、"前"视图和"透视"视图。4 个视图中的内容是从不同的角度看到物体的结果,因此这 4 个视图是同步变化的,即如果任何一个视图中的物体发生了变化,那么其他 3 个视图中的相应物体也会发生变化。在工作视图区中进行操作时,只能有一个视图是活动视图。当视图的周围有一个黄色的边框时,表示其处于活动状态,通过使用鼠标在视图上单击来完成活动视图的转换。

1) 切换工作视图

默认情况下,工作视图区由"顶"视图、"左"视图、"前"视图和"透视"视图组成,但根据用户的不同操作习惯和实际需要,往往要切换到其他的视图或更换视图的布局方式。3ds Max 提供了丰富的视图类型,除了上述 4 个视图之外,还有"正交"视图、"后"视图、"右"视图、"底"视图、"灯光"视图、"摄影机"视图等。

工作视图的切换操作非常简单,依次执行"视图"→"视口配置"命令,在打开的"视图配置"对话框中完成视图的切换。此外,视图的大小也是可以变化的,只需将鼠标移动到两个视图的交界处,当鼠标变为双向箭头状时,按下鼠标左键上下、左右拖动便可以改变视图的大小。

2) 变换工作视图

在 3ds Max 中,经常需要在保证物体属性不变的前提下,从各个角度观察物体的细节,这种变换主要是通过变换工作视图完成的。在 3ds Max 中常用的变换类型有缩放视图、平移视图和旋转视图,可以通过"视图控制区"中的按钮完成工作视图的变换操作。

缩放视图主要是指对工作视图进行放大或缩小,是变换工作视图的主要操作。现将各按钮的功能介绍如下。

(1) 缩放 ![icon]±:单击该按钮,按住鼠标左键在视图中上下拖动,可将当前活动视图放大或缩小。

(2) 缩放所有视图 ![icon]:单击该按钮,按住鼠标左键在视图中上下拖动,可将所有视图同时放大或缩小。

(3) 视野 ![icon]:该功能只作用于"透视"视图中,使用该功能缩放"透视"视图时将产生透视变焦效果,类似于更改摄影机镜头焦距的效果。

(4) 缩放区域 ![icon]:该功能只作用于平面视图中,用鼠标选择某一区域,可将选定的区域放大。

(5) 最大化显示 ![icon]:该功能使当前活动视图中的所有物体最大化显示。

(6) 最大化显示选定对象 ![icon]:该功能使当前活动视图中的选定物体最大化显示。

(7) 所有视图最大化显示 ![icon]:该功能可以将所有视图中的所有物体最大化显示。

(8) 所有视图最大化显示选定对象 ![icon]:该功能可以将所有视图中选定物体最大化显示。

平移视图是指将视图向任意方向平行移动,该操作主要通过"视图控制区"中的 ![icon]"平移"工具完成。平移视图操作只改变视图窗口呈现三维场景的位置,并不改变物体在场景中的位置。

旋转视图是指将视图向任意方向旋转,该操作只是改变视图窗口呈现三维场景的角度,并不改变物体自身的旋转角度。旋转视图的工具有"环绕"工具 ![icon]、"环绕子对象"工具 ![icon]和"选定的环绕"工具 ![icon]。

3) 主栅格和系统单位

在每个工作视图中都有一些灰色的网格,这些网格称为主栅格,起到一种构造平面的作用,当在视图中创建物体时,会将新物体放置在该视图的主栅格平面上。主栅格是一个单独的系统,提供了创建物体时使用的可视参数。用户可以通过执行菜单"工具"→"栅格和捕捉设置"命令,打开"栅格和捕捉设置"对话框,在该对话框中的"主栅格"选项卡中进行栅格设置。

单位是连接三维虚拟世界与物理真实世界的关键。3ds Max 以自己内在的系统单位记录所有的测量和数值参数,无论使用哪种显示单位,最关键的是确定物体与整个场景的正确比例。默认的系统单位为 1.000 英寸。通过依次执行菜单"自定义"→"单位设置"命令,在"单位设置"对话框中完成系统单位的更改与设置。

4. 三维坐标系统的概念

在 3ds Max 虚拟的三维世界中,有一个始终固定的用来定位场景的坐标系统——世界坐标系。在每个视图的左下角都可以看到世界坐标轴,该轴指示了视图中与世界坐标系相对应的当前方向。世界坐标轴的 X 轴为红色,正向朝右;Y 轴为绿色,正向指向背离用户的方向;Z 轴为蓝色,正向朝上,如图 5-56 所示。

在 3ds Max 中创建的所有物体也都含有一个由 X、Y、Z 三个方向组成的坐标轴,其初始方向与世界坐标轴相同,如图 5-57 所示。3 个坐标轴的交点称为轴点或轴心,用于标识物体的位置和状态,也可作为旋转和缩放变换的中心点。

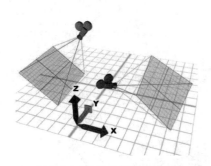

图 5-56　世界坐标系的图示

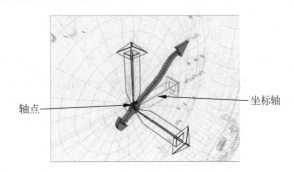

图 5-57　物体的轴和轴点

在 3ds Max 中,除了"世界坐标系"以外,为了便于用户的移动、旋转、缩放等操作还提供了许多其他的参考坐标系,如"屏幕"坐标系、"视图"坐标系、"父对象"坐标系、"局部"坐标系等。可以通过"主工具栏"中的"参考坐标系"列表选择不同的参考坐标系。

5. 选择物体的方法

3ds Max 为用户提供了多种选择物体的方法,主要包括基本选择法、区域选择法等。还可以通过物体变换工具,如"选择并移动" ✛、"选择并旋转" ↻、"选择并均匀缩放" 等进行操作。

1) 基本选择法

基本选择法是指使用"主工具栏"中的"选择对象" 工具通过单击相应物体进行选择的方法。该选择法的操作十分简单,只需要将鼠标移动到所选物体上,单击鼠标即可。此外,再配合一些快捷键的使用,就可以实现更多的选择技巧。

2) 区域选择法

区域选择法是指使用选择工具通过拖动鼠标画出一个选择区域来同时选择多个物体的方法。单击"主工具栏"中的"矩形选择区域"工具 的右下角,弹出其他 5 种区域类型,分

121

别是矩形区域、圆形区域、围栏区域、套索区域和绘制区域,用户可以根据实际情况进行相应的选择。

> 提示:在进行区域选择时,也可以配合使用Ctrl键(增加选区)和Alt键(减少选区)。

3) 克隆物体

3ds Max中几乎所有的物体都可以制作副本,这种操作称为克隆。克隆出来的物体有3种类型,分别是复制、实例、参考。进行物体克隆,最为快捷的方法就是使用Shift+变换工具,进行克隆操作之后,出现如图5-58所示的"克隆选项"对话框,在该对话框中设置克隆物体的类型、个数和名称。

(1) 复制:克隆出来的物体与源物体之间不再有任何关系,相互之间是独立的。

(2) 实例:克隆出来的物体可以说是源物体在其他地方的一个"分身"—"实例",即对源物体进行的修改操作也会施加到"实例"体上,对"实例"体进行的修改操作也会施加到源物体上。

(3) 参考:克隆出来的物体与源物体之间存在单向关系,即对源物体的修改会施加到"参考"物体上,而对"参考"物体的修改却不会影响到源物体。

6. 常用工具

1) 对齐工具

3ds Max中物体的位置比较重要,有时还需要参考其他物体的位置进行物体的放置。3ds Max提供了多种对齐工具,比较常用的是"对齐"▉工具。在选择源物体后单击"对齐"▉工具按钮,在视图中单击目标物体后,出现如图5-59所示的"对齐"对话框。

图 5-58 "克隆选项"对话框

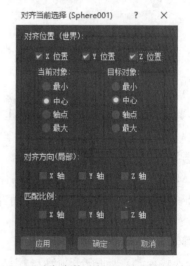

图 5-59 "对齐当前选择(Sphere001)"对话框

该对话框中各参数功能说明如下。

(1) 对齐位置:用于设定物体在空间位置的对齐。

(2) 最小:是指物体边界盒上沿某一坐标轴或某几个坐标轴上最小值的点。

(3) 中心:是指物体的几何中心。

（4）轴点：是指物体坐标轴的轴点。

（5）最大：是指物体边界盒上沿某一坐标轴或某几个坐标轴上最大值的点。

（6）对齐方向：用于设定物体旋转角度对齐。

（7）匹配比例：用于设定物体的缩放大小对齐。

2）阵列工具

使用"阵列"工具可以一次克隆多个物体，并且可以创建一维、二维或三维阵列。执行
"工具"→"阵列"命令，在如图 5-60 所示的"阵列"对话框中进行设置。

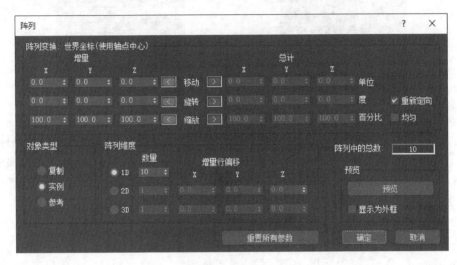

图 5-60　"阵列"对话框

3）镜像工具

单击"主工具栏"中的"镜像"工具，弹出如图 5-61 所示的"镜像"对话框，其主要功能
是可以使物体沿一个或两个轴向进行镜像操作，并可以同时创建镜像克隆体。现将主要参
数介绍如下。

（1）"镜像轴"组合框中的选项用来设定在哪个轴向上进行物体镜像。

（2）"偏移"参数用来设定镜像物体的偏移量。

（3）"克隆当前选择"组合框中的 4 个选项用来设定镜像物体的克隆方式。

> 提示：在使用中应该注意尽量避免大批量的"阵列"分段数较多的物体，否则系统运算量急剧增加，
> 会降低处理速度。

7. 修改三维几何体

在创建完物体后，通常需要对物体进行进一步的设置与修改，常用的修改方法就是使用
修改器。修改器的作用主要是用于更改物体的几何形状、内部结构及其属性。结束创建几
何体后，保持物体的选中状态，单击命令面板中的　按钮，进入"修改"面板，如图 5-62 所示。

根据物体的类别不同，"修改器列表"的修改器会有所不同，通常将其分为三大类。

（1）选择修改器。这类修改器的主要作用是对物体的子对象层级进行选择，并将选择
的结果向后面应用的修改器进行传递，使后面修改器的效果只作用于选择的子对象。它包
括网格选择、面片选择、多边形选择和体积选择。

图 5-61 "镜像：世界 坐标"对话框

图 5-62 "修改"面板

（2）世界空间修改器。这类修改器的主要作用是通过一定的方法使空间产生变形、扭曲，而被应用该类修改器的物体在这样的一个扭曲空间中，也会跟随着产生相应的变形。它包括点缓存、路径变形、面片变形、曲面变形等 11 个修改器。

（3）对象空间修改器。这类修改器的主要作用是将变形、修改效果直接作用于选定物体，并可以通过调节 Gizmo、中心和子对象对物体进行进一步的修改。它包括弯曲、锥化、扭曲、噪波、球形化、蒙皮、编辑网格、编辑面片、编辑样条线、网格平滑、FFD、优化等 80 多个修改器。

> 提示：修改器的子对象有很多类型，并且各个修改器包含的子对象也不完全一样，有些修改器含有 Gizmo 和中心子对象，有些则没有。此外，并不是所有的修改器都有子对象。

"锥化""噪波""扭曲"等常用对象空间修改器在三维几何物体网格建模中起到了非常重要的作用。

1）"锥化"修改器

"锥化"修改器主要用于缩放几何体的两端，产生锥化的轮廓，即一端放大而另一端缩小。它既可以在两组轴向上控制锥化的量和曲线，也可以对几何体的某一部分进行锥化。"锥化"修改器的参数面板如图 5-63 所示。

（1）当"数量"选项的值为正时，物体的上表面向外扩展，值为负时，上表面向内收缩，收缩的程度与参数的绝对值成正比。

（2）"曲线"选项用于确定物体与作用轴方向平行部分的弯曲程度，正值向外凸起，负值则向内凹陷，凸起或凹陷的程度由参数的绝对值确定。

（3）"主轴"选项用于选择以哪个轴为基准进行锥变修改。

（4）"效果"选项用于选择修改在哪个轴向起作用。

（5）"对称"复选框用于确定是否以对称的方式进行修改。

（6）"限制"选项可以限制锥化的范围，上限取值必须为正值，下限取值必须为负值。

2)"噪波"修改器

"噪波"修改器能够沿着 3 个坐标轴的任意组合调整物体顶点的位置,以产生随机变形的效果,对面数较多的物体其效果最为明显。"噪波"修改器的参数面板如图 5-64 所示。

图 5-63 "锥化"修改器参数面板

图 5-64 "噪波"修改器的参数面板

(1)"种子"选项用于确定产生干扰的随机函数种子,干扰是以随机函数产生的,修改随机函数的种子就可以改变产生的噪波效果。

(2)"比例"选项用于将噪波进行缩放,较大的值产生更为平滑的噪波,较小的值产生锯齿现象更严重的噪波。

(3)"分形"复选框用于采用碎片数学运算方法得到噪波效果。

(4)"粗糙度"选项用于设定噪波的粗糙程度。

(5)"迭代次数"选项用于设定碎片运算次数。

(6)"强度"选项用来设定物体在 X、Y、Z 三个轴向上的起伏强度。

(7)"动画噪波"复选框来启用动画效果。

(8)"频率"选项用来设定在动画过程中噪波变化的快慢。

(9)"相位"选项用来设定当前帧的波形位置。

3)"扭曲"修改器

"扭曲"修改器的作用是使物体沿着某一轴向产生旋转的效果,类似于拧湿抹布,并可以通过设置偏移量来压缩扭曲相对于"中心"的效果。"扭曲"修改器的参数面板如图 5-65 所示。

(1)"角度"选项用于确定扭曲的角度,360°为一周。

(2)"偏移"选项用于使物体的扭曲效果沿扭曲轴产生偏移,该值为负时,扭曲效果将向修改器中心偏移;该值为正时,扭曲效果将向远离修改器中心的方向偏移。

(3)"扭曲轴"选项用于确定物体在哪个轴向上产生扭曲。

图 5-65 "扭曲"修改器
参数面板

(4)"限制"选项用于限制扭曲的范围,以产生局部扭曲效果。

4)"编辑网格"修改器

"编辑网格"修改器提供了 5 个子对象,分别是顶点、边、面、多边形和元素,通过子对象层级的编辑,可以制作生成非常复杂的模型。该修改器的大部分功能和参数都工作于子对象编辑状态,只有"编辑几何体"卷展栏中极少数个别功能工作于整个物体状态,如附加、炸开等。

"编辑网格"修改器含有 3 个卷展栏,分别是"选择""软选择"和"编辑几何体",当进入子对象编辑模式后,会增加一个"曲面属性"卷展栏。

(1)"选择"卷展栏:用于提供启用或者禁用不同子对象的按钮,以及一些选择设置、显示设置和关于选定条目的信息,如图 5-66(a)所示。

(2)"软选择"卷展栏:如图 5-66(b)所示,该卷展栏能够使选择的子对象就像被磁场包围了一样,在移动、旋转和缩放变换时,带动周围邻近的子对象产生平滑渐变的柔化效果。

(3)"编辑几何体"卷展栏:如图 5-66(c)所示,该卷展栏提供了各种编辑子对象的功能,网格建模大部分的操作都在这里完成。

(4)"曲面属性"卷展栏:只有进入子对象编辑状态时才会出现,针对不同的子对象,该卷展栏的内容也不一样,如图 5-66(d)所示。该卷展栏提供了修改子对象法线、材质 ID、平滑组、顶点颜色和可见性等功能。

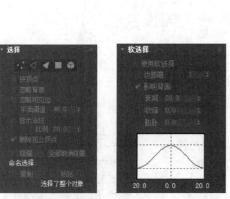
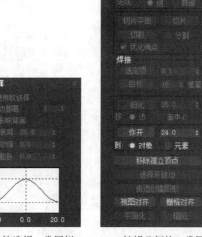

(a)"选择"卷展栏　　　(b)"软选择"卷展栏　　　(c)"编辑几何体"卷展栏　　　(d)"曲面属性"卷展栏

图 5-66　"编辑网格"修改器的卷展栏

"编辑网格"修改器含有 5 个子对象,对这 5 个子对象说明如下。

(1)顶点:是空间中的点,两点构成一条直线,三点构成一个平面,所以顶点是定义边和面的基础。当移动或编辑顶点时,它们形成的边和面也会受到影响。顶点也可以独立存在,这些孤立的顶点可以用来创建面,而不能用来创建边,但在渲染时,它们是不可见的。

（2）边：就是一条线，可以用来连接两个顶点，三条边就可以组成一个面，并且两个面可以共享一条边。

（3）面：是由3个顶点组成的三角形面。

（4）多边形：多边形的作用类似于面，只不过它是由4个或4个以上顶点组成的多边形面。

（5）元素：当处于元素子对象编辑状态时，就可以同时处理物体所有的相邻面。

8．样条曲线建模方法

1）创建样条曲线

3ds Max提供了绘制二维或三维样条曲线的功能，可以创建13种样条曲线（矩形、圆形、线、椭圆形、弧形、圆环、多边形、星形、文本、螺旋线、卵形、徒手和截面）如图5-67所示。这些样条曲线经过放样、车削、拉伸等操作，便可以形成许多复杂的几何体，也可以作为路径控制物体的运动。

样条曲线的创建方法与标准几何体的创建方法类似，依次执行命令面板中的"创建"→"图形"命令，在如图5-68所示的"对象类型"卷展栏中选择需要的对象类型后，单击或拖曳鼠标进行创建即可。

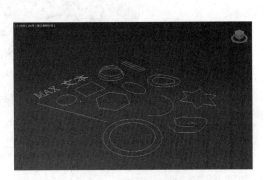

图 5-67　样条曲线创建图

图 5-68　"对象类型"卷展栏

3ds Max中的样条曲线是由节点控制形成的，共有4种类型的节点，分别是角点、光滑点、Bezier点和Bezier角点，如图5-69所示。

（1）角点：能生成尖锐转角的不可调整的节点，并且角点的两侧产生直线。

（2）平滑点：能生成平滑连续曲线的不可调整的节点，平滑点处的曲率是由相邻节点的间距决定的。

（3）Bezier点：带有连续切线控制柄的可调整的顶点，用于创建平滑曲线，节点处的曲率由切线控制柄的方向和长短确定。

（4）Bezier角点：带有不连续切线控制柄的可调整的顶点，用于创建带有尖锐转角的曲线，节点两侧的曲率可以不同，分别由两侧切线控制柄的方向和长短确定。

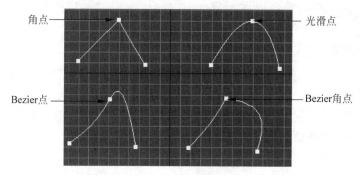

图 5-69 4 种节点类型

2) 样条曲线的可视化

样条曲线是只有形状而没有体积的特殊物体,由此在渲染输出时并不可见。通常需要对如图 5-70 所示的样条曲线的"渲染"卷展栏进行相应的设置,进而才能够观看到其渲染效果。

（1）在渲染中启用：启用此项后,渲染引擎将使用指定的参数对样条曲线进行渲染。

（2）在视口中启用：启用此项后,将直接在视图窗口中显示样条曲线的渲染效果。

（3）视口或渲染：用于选择不同的渲染引擎。

（4）径向：用于将 3D 网格显示为圆柱形对象。

（5）厚度：用于决定渲染后曲线的厚度。

（6）边数：用于设定渲染后曲线截面的边数。

（7）角度：用于设定渲染后曲线截面的旋转角度。

（8）矩形：用于将样条曲线网格图形显示为矩形。

（9）长度：用于指定沿着局部 Y 轴的横截面大小。

（10）宽度：用于指定沿着局部 X 轴的横截面大小。

（11）纵横比：用于设置矩形横截面的纵横比。

图 5-70 样条曲线的"渲染"卷展栏

（12）扭曲校正：用于渲染后的样条线的扭曲校正。

（13）封口：用于指定渲染后的样条线的末端是否形成封闭,可选择封口形状。

3) 样条曲线的插值

在创建基本三维几何体时,通过提高"分段数"使几何体达到平滑的弯曲变形效果。而对于样条曲线来说,如果想要得到平滑的弯曲曲线,则需要提高样条曲线的步数。样条曲线是由节点构成的,节点与节点之间的连接线称为线段,为了使曲线达到平滑的效果,而将线段分割成小段的折点数目即为步数。样条曲线经过编辑和修改,可以生成复杂的几何物体,所生成的几何物体的边数和面数均由样条曲线的步数决定。图 5-71 是一个不同步数值的圆形样条曲线。

每种样条曲线都有一个"插值"卷展栏,如图 5-72 所示。其中各参数的功能说明如下。

（1）"步数"值用于设置线段产生的折点数。

图 5-71　不同步数值的圆形样条曲线

（2）"优化"复选框决定是否允许系统对样条曲线进行优化，以最少的折点数达到最平滑的效果，如直线的步数将减少为 0。

（3）"自适应"复选框决定是否让系统自动计算每个样条曲线的步数，选择该项后，上面的"步数"参数将不可用。

4）样条曲线的基本修改方法

样条曲线是 3ds Max 的重要组成部分，其形式灵活、多变，功能也十分强大，在建筑效果图、机械器件、角色建模等方面有重要的作用。通常使用"编辑样条线"修改器对样条曲线进行修改与设置。

（1）"编辑样条线"修改器简介。"编辑样条线"修改器是对样条曲线进行编辑修改的基本方法，它提供了 3 个子对象，通过子对象层级的编辑，可以产生复杂的曲线。在对样条曲线施加"编辑样条线"修改器后，"修改"面板如图 5-73 所示，其中各卷展栏的功能如下。

图 5-72　"插值"卷展栏　　　　图 5-73　"编辑样条线"修改器的"修改"面板

① "选择"卷展栏：如图 5-74 所示，主要提供了选择不同的子对象模式、使用命名的选择集、控制柄、显示设置和选择信息等功能。

② "软选择"卷展栏：如图 5-75 所示，该卷展栏能够使选择的子对象就像被磁场包围了一样，在移动、旋转和缩放变换时，带动周围邻近的子对象产生平滑渐变的柔化效果。

图 5-74 "选择"卷展栏

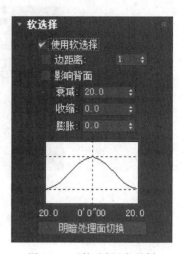

图 5-75 "软选择"卷展栏

③"几何体"卷展栏：如图 5-76 所示,提供了编辑样条线修改器的大部分功能,是最重要的卷展栏。当处于不同的子对象编辑状态时,该卷展栏的功能也有所不同。

④"曲面属性"卷展栏：如图 5-77 所示,只有处于"线段"和"样条线"子对象编辑状态时,该卷展栏才会出现,它主要提供了在样条线可渲染的情况下,通过材质 ID 号为曲线分配不同材质的功能。

(a) (b)

图 5-76 "几何体"卷展栏

图 5-77 "曲面属性"卷展栏

(2)"编辑样条线"修改器的子对象。"编辑样条线"修改器有 3 个子对象,分别是"顶点""分段"和"样条线",如图 5-78 所示。

①"顶点"是构成样条曲线的基本单位。

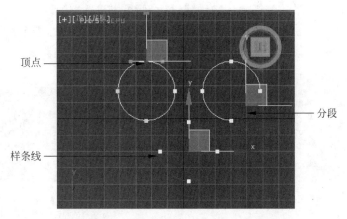

图 5-78 "编辑样条线"修改器的子对象

② "分段"是顶点与顶点之间的连线。

③ "样条线"是整个曲线的若干子集,即一个完整的局部。

在利用子对象进行编辑的时候,往往是综合使用 3 种不同的子对象。

> 提示:在 3ds Max 的样条曲线中,除了"线"和"截面"创建的横截面以外,在进行"顶点""分段"和"样条线"的子对象编辑时,必须对其施加"编辑样条线"修改器。

5) 样条曲线的放样

(1) 样条曲线的放样。"放样"操作是将一个或多个样条曲线(称为截面图形)沿着第三个轴(称为放样路径)挤出的三维物体,如图 5-79 所示。放样一般应用于二维平面曲线,至少两个以上的曲线才能生成一个放样物体,在进行放样过程中,需要确定两个重要的曲线,一个是放样路径,一个是截面。当使用多个截面图形时,3ds Max 会在这些截面图形之间自动生成曲面。

"放样"操作的一般步骤为:选择放样路径后依次执行命令面板"创建"→"几何体"命令,在其下拉列表中选择"复合对象"选项,然后在"对象类型"卷展栏中单击"放样"按钮,开始放样操作;最后在"创建方法"卷展栏中单击"获取图形"按钮,在视图中选择放样截面图形,如图 5-80 所示;如果使用多个截面图形,则在"路径参数"卷展栏中设置好截面图形在路径中的百分比位置值,继续选择放样截面图形即可。

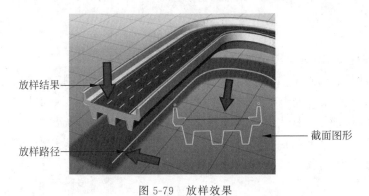

图 5-79 放样效果   图 5-80 "创建方法"卷展栏

(2) 放样物体的编辑。放样物体被创建以后,便可以进入"修改"面板修改其子对象,此时"修改器"堆栈如图 5-81 所示;也可以进入新增加的"变形"卷展栏进行变形操作,如图 5-82 所示;还可以继续修改放样物体的各种参数,甚至施加其他的修改器。

图 5-81　放样物体的"修改器"堆栈

图 5-82　"变形"卷展栏

9. 材质与贴图

1) 材质与贴图的概念

在三维设计软件中,材质和贴图是经常会碰到的两个概念,三维模型只有被赋予了一定的材质和贴图后,才能变得更加逼真和生动。

材质是指物体表面的特性信息,换句话说就是指物体表面由什么样的物质构造而成的,其中不仅包含表面的纹理,还包括了物体对光的属性,如反光强度、反光方式、反光区域、透明度、折射率以及表面的凹凸起伏等一系列属性。在自然界中,之所以能够看到物体的不同之处,除了物体的形状和空间状态不同之外,还有很重要的一点就是不同物体的材质不同。利用材质,可以使苹果显示为红色,使橘子显示为橙色,还可以为金属添加光泽,为玻璃添加抛光等。在制作过程中,如果想要在 3ds Max 中创造出接近真实的物体,除了在物体的形状上力求真实以外,还需要给物体指定一个准确的材质。

贴图是一种将图片信息投影到曲面上的方法,这种方法很像使用包装纸包裹礼品,所不同的是它将图像、图案,甚至表面纹理以数学方法投影到曲面上,而不是简单地"贴"在曲面上。从某种意义上讲,贴图是材质属性的一种体现方式,只有一系列的贴图和相应的参数才能构成一种完整的材质,从而改善材质的外观,并产生生动的效果。

在 3ds Max 中,一种材质可以包含多种子材质,而子材质还可以继续包含子材质;有的材质含有多个贴图通道,在贴图通道中可以使用各种贴图,而在贴图中仍然含有多个贴图通道,在贴图通道中继续可以使用各种贴图。如此一来,通过有限的材质和贴图类型,可以生成无数变幻莫测的效果。

2) 材质和贴图的类型

在 3ds Max 中,共有 19 种材质,48 种贴图,它们各自都有不同的用处。

材质的类型主要有物理材料、PBR 材质(金属/粗糙)、PBR 材质(高光反射/光泽)、DirectX Shader 材质、Ink'n Paint 材质、"变形器"材质、"标准"材质、"虫漆"材质、"顶/底"材质、"多维/子对象"材质、"高级照明覆盖"材质、"光线跟踪"材质、"合成"材质、"混合"材质、"建筑"材质、"壳"材质、"双面"材质、外部参照材质和"无光/投影"材质。用户在操作时,应该根据实际需要选择合适的材质类型,使三维建模更加形象逼真。

3) "材质编辑器"的使用

3ds Max 的"材质编辑器"有精简材质编辑器(以下简称"材质编辑器")和 Slate 材质编

辑器两种模式。

单击主工具栏中的 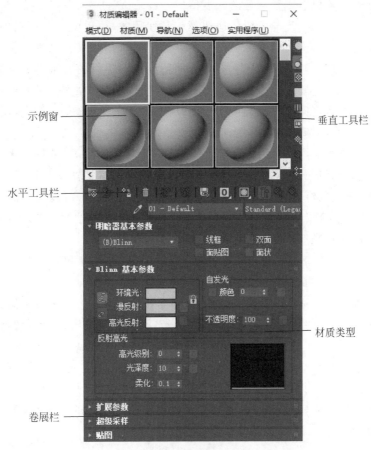 按钮就可以打开"材质编辑器"窗口,如图 5-83 所示。材质编辑器包含各种材质的快速预览。如果用户要指定已经设计好的材质,那么材质编辑器是一个实用的界面。

图 5-83　材质编辑器

"材质编辑器"上方的 6 个大方格称为"示例窗",每一个"示例窗"代表一种材质。"示例窗"中的球体是材质的示范物体,它用于显示当前设定材质的预览效果。有白色边框的"示例窗"表示处于激活状态,可以对其所代表的材质进行编辑。默认情况下,一次可显示 6 个"示例窗",但实际上"材质编辑器"一次可存储 24 种材质。

3ds Max 自带了一些"材质库",里面是一些已经设置好了的材质和贴图,可以方便用户使用。但是需要注意的是,只有材质能够直接赋予场景中的物体,而贴图不能直接赋予场景中的物体,只能在材质的贴图通道中使用贴图。在"材质/贴图浏览器"中,可以看到材质库预置的材质和贴图列表。

10. 灯光与摄影机

1）灯光简介

在 3ds Max 中灯光是一种特殊的物体,它本身不能被渲染,只能在视图操作时看到,但它却可以影响周围物体的表面光泽、色彩和亮度。通常灯光是和材质共同作用的,它们的结

133

合可以产生强烈的色彩和明暗对比,从而使三维作品更具有真实感。

(1) 灯光的类型。在 3ds Max 中,主要有三种类型的灯光:标准灯光、光度学灯光和 Arnold。标准灯光简单、易用,用于模拟家用灯光、办公室灯、舞台灯光、电影中的灯光和太阳光等。不同种类的灯光对象可用不同的方法投影灯光,模拟不同种类的光源。与光度学灯光不同,标准灯光不具有基于物理的强度值。

光度学灯光较为复杂,当与光能传递渲染一起使用时,可提供一种更精确的照明效果。它使用光度学(光能)值,通过这些值可以更精确地定义灯光,就像在真实世界一样。用户可以创建具有各种分布和颜色特性灯光,或导入照明制造商提供的特定光度学文件。但光度学灯光也有不足之处,它要求模型具有更高的精确度及完整性,如房间模型必须有四面墙和天花板,否则就不会为房间提供正确照明。而且使用光度学灯光和光能传递的场景,其渲染时间比使用标准灯光的场景要长得多。

Arnold 是一种基于物理算法的跨平台的光线追踪渲染引擎,它能提供多种类别的照明效果和实现更复杂的灯光渲染。其原理是基于物理规则的渲染器创建材质和灯光,允许用户创建多个物理维度的灯光照明效果,实现更复杂的灯光效果。可以根据需求结合标准灯光和光度学灯光进行全局创建。目前 Arnold Light 灯光要求更高的渲染精确度和软件需求能力,渲染时间比标准灯光和光度学灯光都更长。

在 3ds Max 中标准灯光主要包括聚光灯、泛光灯、平行光灯和天光灯 4 种类型。下面简要介绍各种灯光的作用效果。

① 聚光灯像闪光灯一样投影聚焦的光束,根据控制点不同可分为自由聚光灯和目标聚光灯。它的光线有明确的投射方向,通过调节聚光灯的亮度可以将观看者的注意力吸引到三维场景中的某一特定区域,如图 5-84 所示。

② 泛光灯是一个点光源,比较类似于太阳系中的星星。由于泛光灯没有明确的投射方向,因此它可以照亮周围所有的物体,如图 5-85 所示。创建泛光灯光源时应该注意,由于泛光灯是 360°发光,是针对整个场景的光源。因此不要使用太多的泛光灯,否则将会使整个场景失掉层次感。

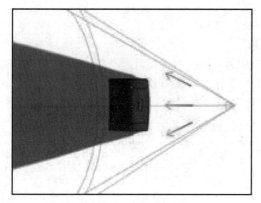

图 5-84　聚光灯照射物体"顶"视图效果

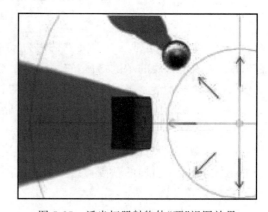

图 5-85　泛光灯照射物体"顶"视图效果

③ 平行光灯主要用于模拟太阳光,根据控制点不同可分为自由平行光和目标平行光。当太阳在地球表面上投射时,所有平行光以一个方向投射平行光线。此外,由于平行光线是

平行的,因此平行光线呈圆形或矩形棱柱而不是"圆锥体",其效果如图 5-86 所示。

④ 天光灯可以作为场景中唯一的光源。它是一种圆顶的光源,提供了一种柔和的背景阴影,也可以和其他光源一起使用获得高亮度和整齐的投影,其效果如图 5-87 所示。

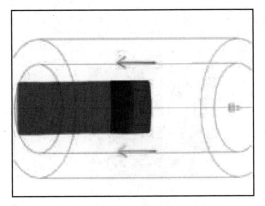

图 5-86 平行光灯照射物体"顶"视图效果

图 5-87 使用天光灯的效果

(2)自由灯光和目标灯光的区别。在 3ds Max 中,聚光灯和平行光灯可分为目标聚光灯、自由聚光灯、目标平行光和自由平行光 4 种。其中,目标灯光和自由灯光的主要区别在于目标灯光有固定的照射点,而自由灯光没有固定的照射点。

在对灯光进行定位和调节操作时,如果使用的是目标灯光,那么用户便可以对其照射点和灯光的位置分别进行调节,并且在调节时两者互不干扰,这样比较便于对场景中的灯光进行调节。通常情况下,当使用目标灯光来给固定物体布光时,便可以将物体的照射点固定,而仅仅调节灯光位置。

自由灯光是一种没有明确投射目标的灯光,其光束的大小、范围都可以调节,但是不能对目标点进行调整,在生成动画时能够维持其投射范围不变。在实际使用中,自由灯光不利于对固定物体进行照射,而它比较适合于对运动物体进行跟踪照射。

2)灯光的基本参数

在 3ds Max 中灯光的类型有很多种,但是其参数的设置大同小异,这里主要介绍基本参数的设置方法。灯光的参数主要有"常规参数""强度/颜色/衰减"参数、"阴影参数"参数、"大气和效果"参数等。

(1)"常规参数"卷展栏如图 5-88 所示,主要用于启用或禁用灯光、是否投射阴影,并且选择灯光使用的阴影类型。

(2)"强度/颜色/衰减"卷展栏如图 5-89 所示,主要用于设置灯光的颜色、强度以及灯光的衰减程度。

(3)"阴影参数"卷展栏如图 5-90 所示,主要用于设置物体在环境中的投影效果,以此来增强物体的立体效果和真实感,可以设置阴影颜色和其他常规阴影属性,此外也可以让灯光在大气中投射阴影。所有灯光类型(除了"天光"和"IES 天光")都具有"阴影参数"卷展栏。

(4)"大气和效果"卷展栏的主要功能是制作特殊效果,如

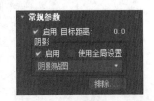

图 5-88 "常规参数"卷展栏

设置大气效果和镜头光晕等。另外,该卷展栏仅出现在"修改"面板上,它并不在创建时出现。"大气和效果"卷展栏如图 5-91 所示,在该卷展栏中单击"添加"按钮,弹出如图 5-92 所示的"添加大气或效果"对话框,选择所需添加的"体积光"或"镜头效果"选项后,单击"确定"按钮完成添加。

图 5-89 "强度/颜色/衰减"卷展栏

图 5-90 "阴影参数"卷展栏

图 5-91 "大气和效果"卷展栏

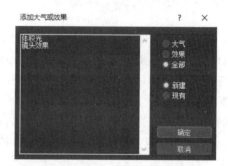

图 5-92 "添加大气或效果"对话框

3) 摄影机简介

在 3ds Max 中,经常需要借助摄影机从各个角度、方向、远近、高低观看同一个场景,使观看到的场景发生一定变化,并且可以产生现实世界中无法实现的效果。

摄影机对象模拟现实世界中的静止图像、运动图片或视频摄影机。此外,可以将视图切换为摄影机视图,以产生好像正在通过摄影机的镜头观看场景的效果。在摄影机的实际使用过程中,通过调节摄影机的角度、视点、镜头、景深等设置,便可以得到同一场景的不同效果,如高低摄影角度、近远景等,如图 5-93 所示。

(a)从左侧观看建筑物　　　　　　(b)从右侧观看建筑物

图 5-93 从不同的角度观看同一场景效果

在 3ds Max 中有两种类型的摄影机：目标摄影机和自由摄影机。目标摄影机可将目标点锁定在场景中的一个对象，不论该对象在动画中运动到什么位置，它始终都对准该对象，因而适合拍摄视线跟踪动画。自由摄影机与目标摄影机的主要区别在于它没有目标点，其他的参数是相同的，它适合制作通过路径运动的漫游式动画，以及一些简单的位置记录动画。由于自由摄影机没有目标点，因此镜头的运动需要通过摄影机自身的移动或旋转等工具来实现，不适合某些要求精确目标跟踪的动画。

4）摄影机的基本参数

摄影机的"参数"卷展栏如图 5-94(a)所示，这里简要介绍一下摄影机的常用参数。一般情况下，其他参数均采用默认设置，如图 5-94(b)所示。

(a)　　　　　　　　　　　(b)

图 5-94　摄影机的基本参数

（1）镜头：以毫米为单位设置摄影机的焦距值。

（2）视野：设定摄影机查看区域的宽度。宽度可以是水平方向、垂直方向或对角线方向，以度为单位进行设置。

（3）备用镜头：系统预设的摄影机焦距，用户可以单击"焦距"按钮，完成对摄影机焦距的改变。

11．动画和渲染

1）生成动画

3ds Max 的动画功能非常强大，几乎所有的参数变化都可以记录为动画，可以使用自动关键点和手动关键点简单地创建动画，也可以使用动画控制器生成动画，还可以使用轨迹视图、动力学系统、反向动力学系统、Reactor、Character Studio 及第三方动画插件等许多工具来制作动画。

在 3ds Max 中生成动画主要包含如下 5 个流程。

（1）确定动画时间和帧率。单击动画控制区中的 ![按钮] 按钮，打开"时间配置"对话框，在具体制作动画前必须要对动画的时间长度、帧数和制式等参数进行恰当的设置。

（2）制作运动物体。设定完动画时间属性后就可以在视图中开始建模了，并且根据实际需求对物体的参数属性进行相应的设置。

（3）开始记录动画。制作好运动物体后便可以开始记录动画，首先将时间滑块拖动到第0帧,单击"关键帧"按钮,然后将时间滑块拖动到其他时间帧上,此时对物体的任何修改(如移动一段距离、旋转一个角度、缩放大小、修改编辑器等)都将被记录为动画,并在此帧添加一个关键帧。

（4）记录结束。修改完物体后再次单击"关键帧"按钮,关闭动画记录开关。

（5）播放动画。动画创建过程已经结束,单击动画控制区中的 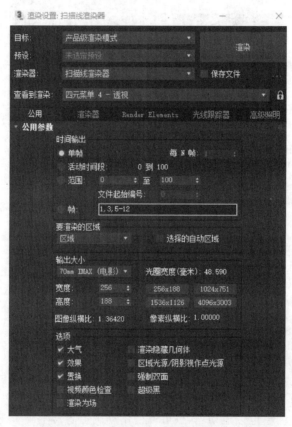 按钮,播放动画观看效果。

2）动画渲染输出

制作完成的动画必须经过渲染才能使一些特殊效果生效,并生成可以脱离3ds Max而独立播放的动画文件。在动画制作完毕后,单击主工具栏中的 按钮,在如图5-95所示的"渲染设置:扫描线渲染器"窗口中进行相关参数与属性的设置即可。

图 5-95 "渲染设置:扫描线渲染器"窗口

5.2.2 制作实例：椅子

制作如图5-96所示的椅子。

操作步骤如下。

（1）依次执行命令面板"创建"→"几何体"→"标准基本体"→"圆柱体"命令,在"透视"视图中创建一个"半径"为1、"高度"为150、"高度分段"为75、颜色为白色的圆柱体,并在"透视"视图中右击鼠标结束创建操作。

图 5-96　椅子实例效果图

（2）在工具栏中单击"选择并旋转"工具 ，然后在状态栏中的 区域输入 180，并按 Enter 键，使圆柱体围绕 X 轴旋转 180°。

（3）在工具栏中单击"选择并移动"工具 ，在工具栏"参考坐标系" 视图 下拉列表框中选择"局部"坐标系统。

（4）单击命令面板中的 按钮，进入"修改"面板，单击"修改器列表"，在弹出的下拉菜单中选择"弯曲"修改器。

（5）单击"修改器堆栈"中的"Bend"左侧的小"＋"号，展开其子对象，单击"中心"子对象，进入子对象编辑状态。

（6）在"前"视图中，将圆柱体的弯曲中心沿 Z 轴向下移动两格半位置，如图 5-97 所示。

（7）再次单击"修改器堆栈"中的"中心"子对象，关闭子对象编辑状态。

（8）在"弯曲"修改器的"参数"卷展栏中选中"限制效果"复选框，并将"上限"值设为 6。

（9）将"角度"值设为 90°，完成第一个弯曲操作。

（10）单击"修改器列表"，选择"弯曲"修改器，对圆柱体施加第二个弯曲操作。

（11）将第二个弯曲操作的"中心"移至如图 5-98 所示的位置，水平方向右移 3 个格，最后关闭子对象编辑状态。

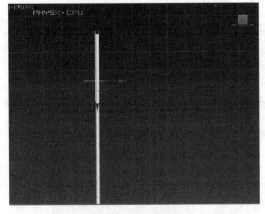

图 5-97　第一个弯曲操作的中心位置

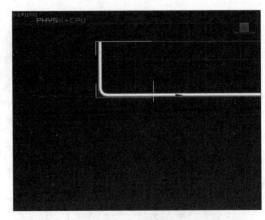

图 5-98　第二个弯曲操作的中心位置

（12）在"参数"卷展栏中,选中"X"弯曲轴,选中"限制效果"复选框,将"上限"值设为6,并将弯曲"角度"设为−90°,完成第二次弯曲操作。

（13）单击"修改器列表",选择"弯曲"修改器,对圆柱体施加第三个弯曲操作。

（14）将第三个弯曲操作的"中心"移至如图5-99所示的位置,垂直方向下移6个格,最后关闭子对象编辑状态。

（15）在"参数"卷展栏中,选中"限制效果"复选框,将"上限"值设为6,并将弯曲"角度"设为−90°,完成第三次弯曲操作。

（16）单击"修改器列表",选择"弯曲"修改器,对圆柱体施加第四个弯曲操作。

（17）将第四个弯曲操作的"中心"移至如图5-100所示的位置,最后关闭子对象编辑状态。注意,该中心的位置一定要使下面的水平距离超出上面的水平距离。

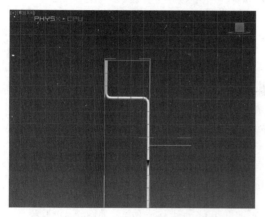

图5-99　第三个弯曲操作的中心位置

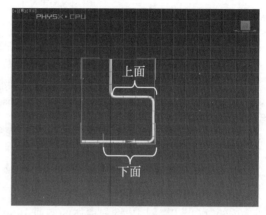

图5-100　第四个弯曲操作的中心位置

（18）在"参数"卷展栏中,选中"X"弯曲轴,选中"限制效果"复选框,将"下限"值设为−6,并将弯曲"角度"设为90°,弯曲"方向"设为90,完成第四次弯曲操作,结果如图5-101所示。

（19）单击工具栏中的"镜像"工具，其参数设置如图5-102所示。

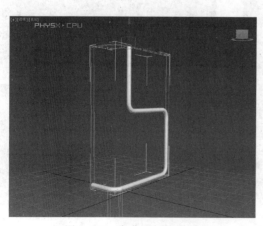

图5-101　弯曲后的椅子腿

图5-102　"镜像:世界坐标"对话框

（20）同时选择两个圆柱体，依次执行菜单"组"→"成组"命令，将两个物体组合起来。

（21）在工具栏"参考坐标系" 局部 下拉列表框中选择"视图"坐标系统。

（22）依次执行命令面板"创建"→"几何体"→"扩展基本体"→"切角圆柱体"命令，在
"透视"视图中创建一个切角圆柱体，"半径"为20，"高度"为2，"圆角"为1，"高度分段"为1，
"圆角分段"为5，"边数"为30，"端面分段"为5，颜色为蓝色，最后在"透视"视图中右击鼠标
结束创建操作。

（23）单击命令面板中的 按钮，进入"修改"面板，单击"修改器列表"，在弹出的下拉菜
单中选择"FFD4×4×4"修改器。

（24）进入"FFD4×4×4"修改器的"控
制点"子对象编辑状态。

（25）按照如图5-103所示的方向，在
"顶"视图中调节控制点的位置。在操作时
应该使用区域选择法，用鼠标指针画出一个
选择区域，框选控制点，而不应该通过单击
选择控制点，因为多个控制点在垂直位置上
是重叠的。

（26）关闭"控制点"子对象编辑状态，单
击"修改器列表"，选择"弯曲"修改器，对"椅
子面"施加弯曲操作。

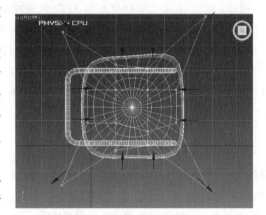

图5-103 控制点的位置

（27）弯曲"角度"设为30°，"方向"设为
90，弯曲轴选择"Y"轴。

（28）将"椅子面"移动到如图5-104所示的位置。

（29）单击工具栏中的"选择并旋转"工具 ，按住Shift键的同时将"椅子面"以绿色的
Y轴为中心顺时针旋转90°，在弹出的"克隆选项"对话框中单击"确定"按钮。

（30）单击工具栏中的"选择并均匀缩放"工具 ，将复制出来的"椅子背"沿Z轴压缩
至原来的80％左右，并移动到如图5-105所示的位置。

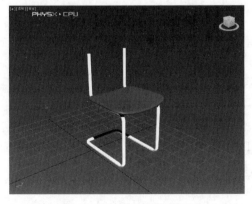

图5-104 "椅子面"的位置

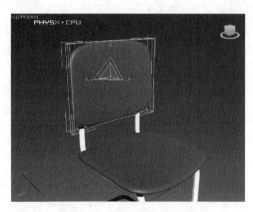

图5-105 "椅子背"的位置

5.2.3 HTML5 动画设计

HTML(HyperText Markup Language,超文本标记语言)主要用于网页的开发制作。值得注意的是,HTML 并不是一种编程语言,它没有编程语言所具有的特性,只用于向浏览器提供显示数据的说明。HTML 通过使用特定的标签控制网页中内容的展示,包括文字、图片、音视频、动画、文本控件等。

1. HTML5 简介

HTML 是一种不断更新发展的语言,现如今已经发展到了 HTML 5.0,HTML 5.0 和 HTML 5 两者等同。HTML5 是 HTML 的第五代版本,也可将其理解为 HTML 的最新版本。相比于旧版本,HTML5 更有益于开发者进行编写,对移动端适配性强。在当前 Web 相关技术迅猛发展及业务场景逐渐增多的情况下,HTML5 得到了广泛的应用。本书中的 HTML 特指 HTML 5.0。HTML 文件是以".html"为扩展名的文件,在其中可进行 HTML、CSS、JavaScript 等语句的编写。

2. HTML5 语法规则

1) 语法形式固定

HTML5 提供了双标签和单标签两种语法形式,每种标签都有自己的作用和使用规则,使用尖括号连接,通过指定不同的标签、内容和属性进行内容的呈现。双标签有开始标签和结束标签,其语法格式为<标签名称>内容</标签名称>,如< p >这是双标签</p >。单标签只有开始标签,其语法格式为 <标签名称>,如< br >。

还有一些标签可以通过设置不同的属性控制展示方式,语法格式及示例如下。

(1) 双标签的语法格式为<标签名称 属性名 A="属性值 1" 属性名 B="属性值 2"></标签名称>,如< input type="radio">。

(2) 单标签的语法格式为<标签名称 属性名 A="属性值 1" 属性名 B="属性值 2"/>,如< input type="checkbox">。

这两个示例中都是 input 标签,但由于 type 属性值的不同,在浏览器中呈现的元素也不同,示例(1)是单选按钮,示例(2)是复选框。

2) 不区分大小写

例如,< p >这是小写</p >和< P >这是大写</P >两种写法均可被浏览器解析,小写标签是 HTML 4.0.1 中的写法,建议开发者使用小写字母的形式,以方便其他开发者浏览。

3) 不区分单引号及双引号

例如,< input type="radio">和< input type= 'radio'>是等同的。

3. HTML5 的基本结构

1) 文档声明语句

HTML5 仅有一种文档声明,即<! DOCTYPE html>。通过添加声明告知浏览器这是一个基于 HTML5 开发的网页,供浏览器解析文档。

2) 文档编码格式

如< meta charset="UTF-8">,charset 属性用来指定 HTML5 文件的字符编码格式,常见的字符编码格式有 GBK 和 UTF-8,默认情况下推荐使用 UTF-8。UTF-8 是一种针对 Unicode 的可变长度字符编码,又称万国码,在网页上支持简体中文、繁体中文、英文、日文等文字的显示。

3）html 标签

html 标签用于标记 HTML 文档的开始和结束。

4）head 标签

head 标签用来标记 HTML 文档的头部。

5）title 标签

title 标签设置网页的标题。

6）body 标签

body 标签是开发者书写 HTML5 语句的主要区域。

HTML5 结构代码示例如图 5-106 所示。

4. HTML5 代码编写工具

1）HbuilderX

HbuilderX 简称 HX，开发人员可以使用 HbuilderX

```
1   <!DOCTYPE html>
2   <html>
3
4   <head>
5       <meta charset="UTF-8">
6       <title>页面标题</title>
7   </head>
8
9   <body>
10
11      <p>我的第一个段落。</p>
12
13      <br>
14
15      <input type="radio">
16      <input type="checkbox">
17
18  </body>
19
20  </html>
```

图 5-106　HTML5 结构代码示例

进行 HTML5 的编辑与开发。HbuilderX 依赖 C++ 架构，具有轻巧快速的特点。它的主题界面简洁，具有语法提示、多光标、智能双击、选取管理、选择自己习惯的快捷键方案等功能，其界面如图 5-107 所示。

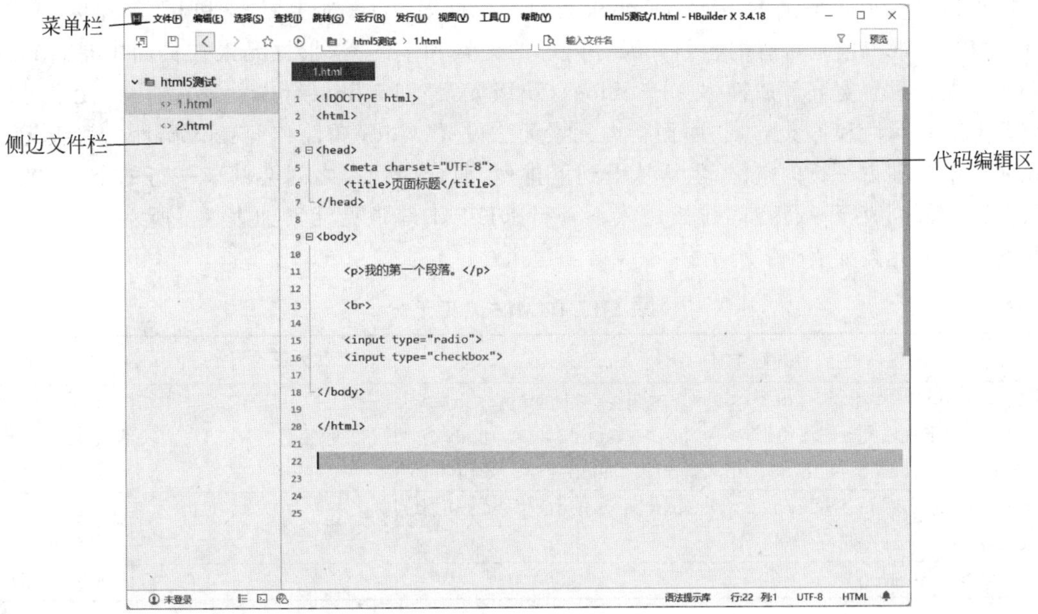

图 5-107　HbuilderX 界面

2）Visual Studio Code

Visual Studio Code，简称 VS Code，是同时支持 Windows、Linux 和 macOS 等操作系统的代码编辑器。编辑器中内置了扩展程序管理的功能，为用户提供了全功能代码编辑，强大的调试器可以帮助开发人员提高代码的编辑速度，并对代码进行循环调试。它还具有运行程序的功能，可以直接在软件中模拟代码程序的运行情况，通过快捷键的操作快速掌握程序运行细节，其界面如图 5-108 所示。

第5章　数字媒体产品设计与制作

图 5-108　Visual Studio Code 界面

5. HTML5 元素

1）HTML5 主要元素

HTML5 元素是通过标签创建和表现的，标签由一对尖括号和标签名称构成。HTML5 元素根据是否有内容划分为有内容的元素和空元素，根据元素在页面中是否独占一行及能否设置宽高等属性，划分为 block（块级元素）和 inline（行内元素）。块级元素可以设置 width 属性和 height 属性，而行内元素无法设置 width 属性和 height 属性。块级元素在网页中会独占一行的空间，默认从上到下排列，而行内元素之间会共享一行的空间，默认从左到右排列直至一行空间排满进入下一行。HTML5 常见元素如表 5-1 所示。HTML5 新增的部分元素如表 5-2 所示。

表 5-1　HTML5 常见元素

开 始 标 签	结束标签	行内元素/块级元素
＜p＞、＜div＞、＜dl＞、＜dt＞、＜dd＞、＜li＞、＜form＞、＜h1＞、＜h2＞、＜h3＞、＜h4＞、＜h5＞、＜h6＞、＜table＞、＜tbody＞、＜tfoot＞、＜thead＞、＜td＞、＜th＞、＜tr＞、＜address＞、＜caption＞	＜/标签名＞	块级元素
＜a＞、＜b＞、＜em＞、＜select＞、＜span＞、＜strong＞、＜sub＞、＜sup＞、＜textarea＞	＜/标签名＞	行内元素
＜img＞、＜input＞	无	行内元素

表 5-2　HTML5 新增的部分元素

开 始 标 签	结束标签	行内元素/块级元素
＜header＞、＜footer＞、＜article＞、＜section＞、＜aside＞、＜nav＞、＜main＞、＜figure＞、＜video＞、＜audio＞	＜/标签名＞	块级元素
＜canvas＞、＜mark＞、＜time＞、＜meter＞、＜progress＞	＜/标签名＞	行内元素

注意，对于有结束标签的元素，可以在开始标签和结束标签中间设置内容。对于没有结束标签的元素，可以在开始标签中设置属性来控制标签的展示。此外，元素之间可以嵌套使

用,块级元素可以嵌套行内元素和部分块级元素,而行内元素无法嵌套块级元素。

2) HTML5 的音视频元素

HTML5 提供了 audio 元素和 video 元素,可以通过 audio 标签和 video 标签创建音频元素和视频元素,从而控制音频和视频文件的播放。HTML5 中的音频元素还支持音频文件在浏览器中的本地播放,从而减少对插件和播放器的依赖。audio 元素和 video 元素的属性如表 5-3 所示。

表 5-3　audio 元素和 video 元素的属性

属 性 名 称	属 性 声 明	audio/video
controls	网页中播放控件的显示	audio、video
autoplay	实现音视频文件自动播放	audio、video
loop	实现音视频文件循环播放	audio、video
muted	静音开关	audio、video
preload	规定当网页加载时,音视频频是否默认被加载及如何被加载	audio、video
src	音视频文件的路径	audio、video
height	视频播放器的高度	video
width	视频播放器的宽度	video

由于不同浏览器对 HTML5 的支持程度不一样,因此无法保证每个用户使用的浏览器版本都支持 HTML5。这就要求在书写音频、视频标签时采取兼容写法,确保用户可以正常播放音频、视频文件。音频代码示例如下:

```
<audio controls>
  <source src="音频文件路径 1" type="audio/音频类型 1">
  <source src="音频文件路径 2" type="audio/音频类型 2">
您的浏览器不支持 audio 元素
</audio>
```

在上述代码中,如果浏览器不支持 audio 元素,会在网页中显示"您的浏览器不支持 audio 元素",可以在 audio 标签中插入文字,当用户使用旧版本浏览器浏览网页时会显示这些文字。

controls 属性可以在网页中创建一个音频播放组件,该音频播放组件具有播放、暂停、控制音量大小、设置播放速度和播放进度显示的功能,便于用户对音频进行相关操作。

audio 标签中可以嵌套多个 source 标签,浏览器会自动解析首个支持的音频格式。

在 source 标签中主要有 src 和 type 两个属性。src 属性用来设置音频文件的路径,路径又分为相对路径和绝对路径:相对路径是相对于当前文档来说的,以"./"表示当前文档所在的目录,"../"表示当前文档的上一级目录;绝对路径是以当前计算机中的盘符名称开头的,例如 C:/file/hello.mp3 表示的是 C 盘里 file 文件夹中名称为 hello 的 MP3 音频。在开发中推荐使用相对路径,因为项目开发完成后要上传到服务器,文件路径会发生改变,使用相对路径可以有效避免找不到文件的情况出现。type 属性用来指明当前音频文件的格式,常见的音频格式有 mp3、ogg、mpeg 等。

在 HTML5 中实现音频插入的代码如图 5-109 所示,运行效果如图 5-110 所示。

HTML5 中的 video 元素与 audio 元素类似,它以<video>标签开始,以</video>标签

```
1   <!DOCTYPE html>
2   <html>
3   <head>
4       <meta charset="UTF-8">
5       <title>页面标题</title>
6   </head>
7
8   <body>
9       <audio controls>
10          <source src="without_you.mp3" type="audio/mp3">
11          <source src="without_you.mp3" type="audio/mpeg">
12          您的浏览器不支持 audio 元素。
13      </audio>
14  </body>
15
16  </html>
```

图 5-109　HTML5 音频插入代码

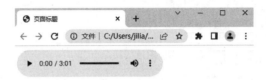

图 5-110　浏览器运行效果

结束。video 元素示例代码如下。

```
< video width = "320" height = "240" controls >
    < source src = "movie1.mp4" type = "video/mp4">
    < source src = "movie2.ogg" type = "video/ogg">
    您的浏览器不支持 video 标签
</video >
```

在上述代码中,如果浏览器不支持 video 元素,会在网页中显示"您的浏览器不支持 video 元素"。video 元素提供了播放、暂停和音量控件来控制视频文件的播放,同时提供了 width 和 height 等属性控制视频的尺寸。如果设置了 width 和 height 属性,那么所需的视频空间会在页面加载时保留。如果没有设置这些属性,浏览器不知道视频的大小,就不能在加载时保留特定的空间,页面会根据原始视频的尺寸进行改变。

在 HTML5 中实现视频插入的代码如图 5-111 所示,播放效果如图 5-112 所示。

图 5-111　HTML5 视频插入代码　　　　　　　图 5-112　浏览器运行效果

6. HTML5 画布

HTML5 提供了强大的图形绘制能力。canvas 是 HTML5 中的新增元素,它又名画布,可以在网页中实时绘制简单的形状,如直线、圆等,也可以绘制复杂的二维图像。canvas 经常被用于 PC 端和移动端游戏及各种动画特效的制作。它是一块透明的区域,本身并没有绘制能力,需要 JavaScript 脚本操作对应的 API 才能实现相应效果。本节只介绍 canvas 创建的基本操作。

在页面中创建 canvas,示例代码如下:

```
< canvas id = "myCanvas" width = "320" height = "240"></canvas >
```

canvas 效果图如图 5-113 所示。因为 canvas 初始化是透明、无颜色的,所以在页面中看不到 canvas。

图 5-113　canvas 的效果

7. CSS

层叠样式表(Cascading Style Sheet,CSS)的"层叠"指能对元素设置多个样式或同一样式,优先级最高的样式会自动应用。样式可以控制元素的大小、形状、颜色、外观,对元素进行美化。CSS 能够通过为元素定义各种样式来设置网页的排版及元素的外观。如果具有相同的元素,而 CSS 不同,那么最后网页的展现也是不同的。如果一个网页没有 CSS,网页的布局会是混乱且没有艺术美感的。CSS 文件是以".css"为扩展名的,在其中可进行 CSS 语句的编写。有 CSS 的网页如图 5-114 所示。没有 CSS 的网页如图 5-115 所示。

图 5-114　有 CSS 的网页

图 5-115　没有 CSS 的网页

1) CSS 的三种常见引入方式

（1）行内式。

在开始标签中，通过 style＝"属性名1：属性值；属性名2:属性值；"的方式编写，属性之间用英文分号进行分隔。示例代码如下。

```
<div style = "color:red;text - align:center;">层叠样式表,简称 CSS.</div>
```

（2）内部式。

在 head 标签中，创建 style 标签并在 style 标签中进行编写。

示例代码如下：

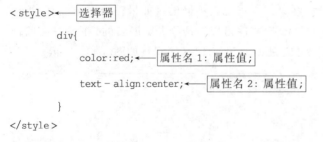

```
<style>←     选择器

        div{

            color:red;←    属性名1: 属性值;

            text - align:center;←    属性名2: 属性值;

        }

</style>
```

（3）外链式。

步骤1：创建单独的 CSS 文件，在其中进行 CSS 语法的编写图 5-116 为创建的 CSS 文件，图 5-117 为 CSS 文件中的代码。

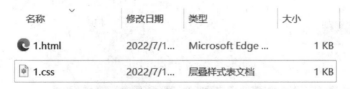

名称 ˅	修改日期	类型	大小
1.html	2022/7/1...	Microsoft Edge ...	1 KB
1.css	2022/7/1...	层叠样式表文档	1 KB

图 5-116　创建的 CSS 文件

步骤2：在 html 格式的文件中，通过 link 标签引入 CSS。示例代码如下。

```
<link rel = "stylesheet" type = "text/css" herf = "1.css">
```

引入 CSS 如图 5-118 所示。

```
1.css > ...
div{
    color: ■red;
    text-align: center;
}
```

图 5-117　CSS 文件中的代码

```
<!DOCTYPE html>
<html>
<head>
    <meta charset="UTF-8">
    <title>页面标题</title>
    <link rel="stylesheet" type="text/css" href="1.css">
</head>

<body>
    <div>层叠样式表,简称CSS。</div>
</body>

</html>
```

图 5-118　引入 CSS

2）选择器

CSS 中存在诸多选择器，选择器是选择元素的工具，它具有很高的灵活性和指向性，各类选择器之间可以排列组合以应对复杂的开发场景。本节列出了三种 CSS 常用的选择器。

（1）标签选择器：可以根据元素名称进行元素的选择，标签选择器与元素之间是一对多的关系。例如 div{color:red;text-algin:center;}，其含义是选择页面中所有的 div 元素，设置其文字颜色为红色，对齐方式为居中。

（2）id 选择器:，可以选择与元素 id 属性值相同的元素，元素的 id 属性值是唯一的，不能重复，所以 id 选择器与元素之间是一一对应的关系，id 选择器的格式为♯id 属性值。例如♯dog{color:red;}，其含义是选择元素的 id 属性值为 dog 的元素，设置其文字颜色为红色。

（3）类选择器（class 选择器）：可以选择与元素 class 属性值相同的元素，元素的 class 属性值不唯一，可以重复，所以类选择器与元素之间是一对多的关系，类选择器的格式为 .class 属性名。例如 .dog{color:red;}，其含义是选择页面中所有 class 属性值为 dog 的元素，设置其文字颜色为红色。

8. JavaScript

JavaScript，简称 JS，是一种客户端脚本语言，也是一种解释性语言。JS 不仅能在浏览器中运行，还可以运行在服务器上，开发者可以用 JS 进行服务端应用的开发。但目前，JS 在开发 Web 应用客户端方面仍然占据主流。日常生活中的网页都是由 HTML、CSS 和 JS 共同构成的，HTML 定义了网页的内容，CSS 描述了网页的布局，而 JS 控制了网页的行为。JS 由 ECMAScript、文档对象模型（DOM）和浏览器对象模型（BOM）三部分组成。其中文档对象模型是需要熟练掌握的，它能够让开发人员通过 JS 操作元素，创建各种交互特效。JS 文件以".js"为扩展名，在 JS 文件中可进行 JS 代码的编写。

1）JS 的常见引入方式

（1）内部引入。

在 body 标签中，定义 script 标签，直接在 script 标签的内部书写 JS 代码。示例代码如下：

```
<body>
```

```
< script >
    var a = 1;
</ script >
</ body >
```

在上述代码中,创建了 script 标签,在标签内部定义了一个变量 a,并为其赋值为 1。

(2) 外部引入。

步骤 1:创建单独的 JS 文件,在其中进行 JS 代码的书写。图 5-119 为目录结构,图 5-120 为 JS 文件中的代码。

名称 ^	修改日期	类型	大小
🌐 1.html	2022/7/1...	Microsoft Edge ...	1 KB
🗎 1.js	2022/7/1...	JavaScript 文件	1 KB

图 5-119　目录结构

步骤 2:在 html 格式的文件中,通过编写 script 标签的 src 属性引入 JS 文件。示例代码如下。

```
< script src = "1. js"></ script >
```

引入 JS 如图 5-121 所示。

```
1.js > ...
    var a = 1;
```

图 5-120　JS 文件中的代码

```
1.html > ...
<!DOCTYPE html>
<html>
<head>
    <meta charset="UTF-8">
    <title>JS使用</title>
</head>

<body>
    <script src="1.js"></script>
</body>

</html>
```

图 5-121　引入 JS

2) 文档对象模型(DOM)

文档对象模型用来表示文档的逻辑结构,网页加载结束后会根据页面中的元素及文本生成一个以 document 为根节点的树状逻辑结构。通过文档对象模型可以获取到网页中的所有元素及属性,还能通过 JS 对元素、属性、CSS 样式进行修改,以创建各种交互效果及动画。

(1) 获取元素的三种常见方法如下。

① 获取对应 id 属性值的元素。语法格式为 document. getElementById("id 属性值")。

② 获取对应 class 属性值的所有元素,语法格式为 document. getElementsByClassName ("class 属性值")。

③ 获取对应标签名称的所有元素,语法格式为 document. getElementsByTagName ("标签名称")。

(2) 脚本化编程。获取元素后,通过"."的方式获取元素相关信息,并通过等号进行赋值操作：对属性进行修改，有 document. getElementById("id 名称"). 属性名＝"属性值"；

对元素样式进行修改，有 document. getElementById("id 名称"). style. 样式名＝"属性值"。

9. HTML5 动画

在 HTML5 问世之前，开发人员主要通过 Flash 来创建动画。Flash 对浏览器要求比较高，现如今很多浏览器已不再兼容 Flash，而且使用 Flash 制作动画具有开发周期长、成本高、无法适配移动端用户等缺点。HTML5 动画是指利用 HTML5、CSS、JS 等技术创建动画。在 HTML5 动画制作中，可以使用 JS 调用 canvas 相关 API 制作出炫酷的动画效果。

实例：绘制图形（以直线为例）

步骤 1：创建 canvas 元素，并设置其 id 为 mycanvas。示例代码如下：

```
<canvas id="mycanvas"></canvas>
```

步骤 2：编写 JS 代码，通过 getElementById 的方式获取 canvas 元素。示例代码如下：

```
var mycanvas = document.getElementById("mycanvas");
```

步骤 3：调用相关 API，完成直线的绘制。示例代码如下：

```
var context = mycanvas.getContext("2d");
        context.moveTo(0,0);
        context.lineTo(100,100);
        context.stroke();
```

getContext 是 HTML5 提供的一个对象，它提供了绘制图形的各种方法。开发者可以借助 getContext 的方法进行图形和动画的制作。moveTo 方法用来设置开始绘制的起始坐标，上述代码中的起始坐标为(0,0)。lineTo 方法用来设置绘制结束的终点坐标，上述代码中的终点坐标为(100,100)。直线绘制效果如图 5-122 所示。

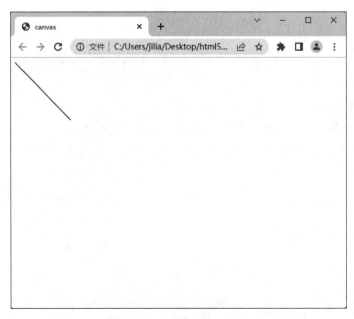

图 5-122　直线绘制效果

常见图形绘制方法如表 5-4 所示。

表 5-4　常用图形绘制方法

方　　法	说　　明
moveTo	设置绘制开始的起始坐标
lineTo	设置绘制结束的终点坐标,并从起始坐标开始创建线条
stroke	开始绘制路径
arc	创建曲线,用于绘制各种圆形
strokeRect	绘制矩形

5.2.4　制作实例:新年烟花绽放动画设计

本节通过使用 HTML5 中的 canvas、CSS 和 JS 代码,实现新年烟花绽放的动画设计。

1. 实现需求概述

通过 canvas 创建画布,实现烟花自下而上发射,到达画布顶部位置时爆炸的效果。在画布上设置文字并居中显示。烟花动画分为两个阶段:从随机的位置出现然后向上发射;上升到一定距离后,烟花炸裂成碎片,然后碎片很快就会消散。

2. 新年烟花绽放动画的目录结构

css 文件夹用于存放烟花绽放动画实例的 CSS 文件,js 文件夹存放 JS 脚本文件。通过双击 index.html 文件即可浏览烟花绽放动画效果。新年烟花绽放目录结构如图 5-123 所示。

名称　　　　　　∧	修改日期	类型	大小
📁 css	2022/7/1...	文件夹	
📁 js	2022/7/1...	文件夹	
🌐 index.html	2022/7/1...	Microsoft Edge ...	1 KB

图 5-123　目录结构

3. 新建场景画布

网页标题为“新年烟花动画实例”,通过外链式引入 CSS,创建一个宽度为 800 像素、高度为 800 像素的 canvas 画布,并让画布居中显示。HTML 代码如下所示:

```
<! DOCTYPE html >
< html lang = "en" >
< head >
    < meta charset = "UTF - 8">
    < title >新年烟花动画实例</title >
    < link rel = "stylesheet" href = "css/style.css">
</head >
< body >
    < canvas id = "myCanvas"width = "800"height = "800"></canvas >
</body >
</html > html,
```

```
body {
    height: 100%;
}
body {
    margin: 10px;
    font - size: 2vw;
    margin: 0;
    display: flex;
    align - items: center;
    justify - content: center;
}
canvas {
    background - color: #000000;
    max - width: 100%;
    max - height: 100%;
    width: auto;
    height: auto;
    resize: both;
}
center {
    z - index: 100;
    max - width: 100%;
    max - height: 100%;
    width: auto;
    height: auto;
}
```

场景画布效果如图 5-124 所示。

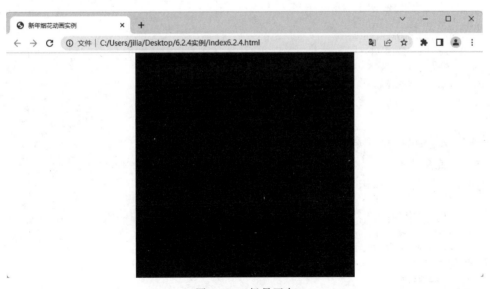

图 5-124 场景画布

4. 新建烟花对象类

新建 JS 文件，根据需求对设计动画的物体进行抽象。创建一个烟花类和一个烟花碎片类,分别使用 resetFirework 函数 explode 函数表示抽象出来的这两个对象类。

resetFirework 中定义的属性包括:烟花上升轨迹中的各点的坐标(x,y)、烟花绽放的弧状轨迹的偏转角度 age、烟花的 phase 属性。烟花坐标的 x 指的是烟花的水平位置,y 指的是烟花的纵向位置。通过 Math 的 random 方法,将烟花出现的位置限定在画布之中。烟花的 phase 属性有两种取值,fly 表示烟花在上升,explode 表示烟花爆炸。通过 if 条件分支语句来根据不同的属性值执行不同的代码。具体实现代码如下:

```
function resetFirework(firework) {
    firework.x = Math.floor(Math.random() * canvas.width);
    firework.y = canvas.height;
    firework.age = 0;
    firework.phase = 'fly';
}
```

explode 中定义的属性包括:碎片散开轨迹中的各点的坐标(x,y)、碎片弧状轨迹的偏转角度 trailAge、烟花逐渐散开时候的 fade、烟花爆炸后的颜色、文字的颜色。具体实现代码如下:

```
firework.sparks.forEach((spark) => {
for (let i = 0; i < 10; i++) {
    let trailAge = firework.age + i;
    let x = firework.x + spark.vx * trailAge;
    let y = firework.y + spark.vy * trailAge + spark.weight * trailAge * spark.weight *
trailAge;
    let fade = i * 20 - firework.age * 2;
    let r = Math.floor(spark.red * fade);
    let g = Math.floor(spark.green * fade);
    let b = Math.floor(spark.blue * fade);
    context.beginPath();
    context.fillStyle = 'rgba(' + r + ',' + g + ',' + b + ',1)';
    context.rect(x, y, 4, 4);
    context.fill();
    }
}
```

新年烟花绽放动画效果如图 5-125 所示。

5. JS 完整代码

JS 完整代码如下所示:

```
const max_fireworks = 5,
max_sparks = 50;
let canvas = document.getElementById('myCanvas');
let context = canvas.getContext('2d');
let fireworks = [];

for (let i = 0; i < max_fireworks; i++) {
  let firework = {
    sparks: []
  };
```

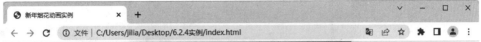

图 5-125　新年烟花绽放动画效果

```
  for (let n = 0; n < max_sparks; n++) {
    let spark = {
      vx: Math.random() * 5 + .5,
      vy: Math.random() * 5 + .5,
      weight: Math.random() * .3 + .03,
      red: Math.floor(Math.random() * 2),
      green: Math.floor(Math.random() * 2),
      blue: Math.floor(Math.random() * 2)
    };
    if (Math.random() > .5) spark.vx = - spark.vx;
    if (Math.random() > .5) spark.vy = - spark.vy;
    firework.sparks.push(spark);
  }
  fireworks.push(firework);
  resetFirework(firework);
}
window.requestAnimationFrame(explode);

function resetFirework(firework) {
  firework.x = Math.floor(Math.random() * canvas.width);
  firework.y = canvas.height;
  firework.age = 0;
  firework.phase = 'fly';
}

function explode() {
  context.clearRect(0, 0, canvas.width, canvas.height);
  fireworks.forEach((firework, index) => {
    if (firework.phase == 'explode') {
      firework.sparks.forEach((spark) => {
        for (let i = 0; i < 10; i++) {
```

```
                let trailAge = firework.age + i;
                let x = firework.x + spark.vx * trailAge;
                let y = firework.y + spark.vy * trailAge + spark.weight * trailAge * spark.
                weight * trailAge;
                let fade = i * 20 - firework.age * 2;
                let r = Math.floor(spark.red * fade);
                let g = Math.floor(spark.green * fade);
                let b = Math.floor(spark.blue * fade);
                context.beginPath();
                context.fillStyle = 'rgba(' + r + ',' + g + ',' + b + ',1)';
                context.rect(x, y, 4, 4);
                context.fill();
            }
        });
        firework.age++;
        if (firework.age > 100 && Math.random() < .05) {
            resetFirework(firework);
        }
    } else {
        firework.y = firework.y - 10;
        for (let spark = 0; spark < 15; spark++) {
            context.beginPath();
            context.fillStyle = 'rgba(' + index * 50 + ',' + spark * 17 + ',0,1)';
            context.rect(firework.x + Math.random() * spark - spark / 2, firework.y + spark *
4, 4, 4);
            context.fill();
        }
            if (Math.random() < .001 || firework.y < 200) firework.phase = 'explode';
        }
    });
    context.font = "100px Bebas Neue";
    context.fillStyle = "white";
    context.textAlign = "center";
    context.fillText("新年快乐!", canvas.width/2, canvas.height/3);
    context.font = "50px Bebas Neue";
    context.fillText("记录烟花绽放", canvas.width/2, canvas.height/1.7);
    context.fillText("2021", canvas.width/2, canvas.height/1.5);
    window.requestAnimationFrame(explode);
}
```

5.3 数字视频设计与制作

数字视频技术在多媒体应用中占据着非常重要的位置,以其生动直观的特点在诸多领域得到了广泛的应用。

5.3.1 Premiere Pro 工具

Adobe 公司推出的 Premiere 软件系列,极大地推动了视频后期制作的技术发展。Premiere 以其直观的操作界面、简明的操作风格、多彩的画面过渡效果等优势,在影视制作领域取得了巨大的成功,被广泛应用于电视台、广告制作等领域,成为 Windows 和 macOS 平台上应用最为广泛的视频编辑软件之一。

Premiere 支持许多文件格式,主要包括以下几种格式。

(1) 视频素材文件格式:AVI、MOV、DV、MPEG 等。

(2) 音频素材文件格式:WAV、MP3、AIF 等。

(3) 图像序列素材格式:FLC、FLI、GIF 等。

(4) 静止图像素材格式:BMP、JPG、PCX、TIF、PSD 等。

1. 工作界面介绍

Premiere Pro CC 2021 的工作界面主要由菜单栏、"项目"面板、源素材监视器、节目监视器、"时间线"面板、工具栏等组成,如图 5-126 所示。

图 5-126　Premiere Pro CC 2021 工作界面

1) 菜单栏

菜单栏位于工作界面的上方,通过执行菜单中的命令来完成视音频素材的各种编辑与操作。

2) "项目"面板

"项目"面板主要用于导入、存放和管理素材(视频、音频、图片等),在进行影片编辑时,通常需要将所用素材预先存放在"项目"面板中。在成功导入素材文件后,根据素材的具体情况对其进行分类、重命名等操作。在"项目"面板中双击某素材后,便可以在"源素材监视器"中播放该素材的画面内容,极大地方便了用户查看和调用素材。

"项目"面板组成如图 5-127 所示,按照功能的不同将其分为以下几个区域。

(1) 查找区。查找区主要用来对项目面板中的素材进行定位。工具条中的"查找"按钮 可用于按照名称、标签或出/入点等在项目面板中查找素材。

(2) 素材列表。素材列表位于"项目"面板中间部分,主要用于排列当前编辑的项目文件中的所有素材,可以显示包括素材类别图标、素材名称、格式在内的相关信息。图 5-128 中素材以列表方式显示,如果单击"项目"面板下部的工具条中的"图标视图"按钮 ,素材

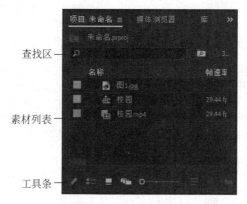

图 5-127 "项目"面板

将以缩略图方式显示；再单击工具条中的"列表视图"按钮▤，可以返回列表方式显示。

（3）工具条。工具条位于"项目"面板的最下方，在这里主要提供了一些常用的功能按钮，便于用户进行快捷操作。

（4）快捷菜单。单击"项目"面板右上角的▤按钮，会弹出快捷菜单，该菜单命令主要用于对"项目"面板素材进行管理。

> 注意，在默认情况下，"项目"面板不显示素材预览区，可以单击面板右上角的▤按钮，在弹出的菜单中选择"预览区域"命令，即可显示素材的缩略图及相关信息。

3）"监视器"面板

"监视器"面板分为左右两个视窗（监视器），如图 5-128 所示。左边是源素材监视器，主要用来预览"项目"面板中选中的某一原始素材。在"项目"面板中双击某个素材或拖曳某个素材后，则该素材就会显示在源素材监视器中。右边是节目监视器，主要用来预览"时间线"面板中当前时间指针所在位置的图像。

源素材监视器  节目监视器

图 5-128 监视器面板

4）"时间线"面板

"时间线"面板是以轨道的方式实施视频音频组接编辑素材的阵地，主要由"时间显示区""轨道区"以及控制按钮组成，如图 5-129 所示。现简单介绍如下。

（1）时间显示区。时间显示区是"时间线"面板工作的基准，主要包括时间码、时间标尺和时间线指针。其中，左上方的时间码用于显示时间线指针的当前位置，用户可以自行输入

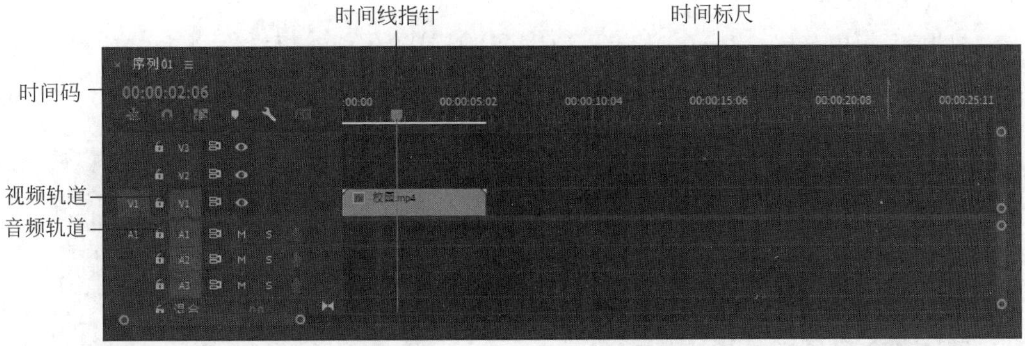

时间线指针　　　　　　　　　　时间标尺

图 5-129　"时间线"面板

时间码数值指定时间线指针的位置；时间标尺用于显示序列的时间，其时间单位以项目设置中的时基设置(一般为时间码)为准。

(2)轨道区。轨道区主要包括视频轨道和音频轨道，主要用来放置和编辑视频、音频素材。用户可以对现有的轨道进行添加和删除操作，还可以对轨道进行锁定、隐藏、扩展和收缩等操作。用户可以在轨道的空白处右击鼠标，通过弹出的快捷菜单中的"添加轨道""删除轨道"等菜单命令实现轨道的增减。

5)"媒体浏览器"面板

"媒体浏览器"面板可以显示所有系统中加载的卷的内容。媒体浏览器为用户显示了剪辑，而屏蔽了其他文件，并且拥有可定制的、用于查看相应元数据的视窗。可以从媒体浏览器直接在源监视器中打开剪辑，如图 5-130 所示。

6)"信息"面板

"信息"面板用于显示在项目窗口中所选中素材的相关信息，主要包括素材名称、类型、大小、开始及结束点等信息，如图 5-131 所示。

图 5-130　"媒体浏览器"面板

图 5-131　"信息"面板

7)"历史记录"面板

"历史记录"面板用于显示用户进行操作的历史记录，如图 5-132 所示。

8) "效果" 面板

"效果" 面板中存放了 Premiere Pro CC 2021 自带的各种音频特效、视频特效和视频切换效果,方便用户为素材片段添加各种特效,如图 5-133 所示。

图 5-132 "历史记录" 面板

图 5-133 "效果" 面板

9) "效果控件" 面板

在为素材文件添加了音频、视频特效之后,还需要在 "效果控件" 面板中对其进行相应的参数设置,如图 5-134 所示。

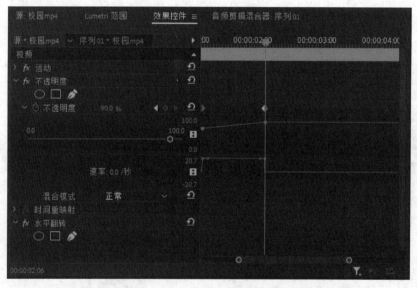

图 5-134 "效果控件" 面板

10) "音轨混合器" 面板

"音轨混合器" 面板主要用于完成对音频素材的各种加工和处理工作,如混合音频轨道、调整各声道音量平衡或录音等,如图 5-135 所示。

11) "元数据" 面板

通过 "元数据" 面板查看和编辑选定素材的元数据,使用此面板可将注释、标记添加到素材中,如图 5-136 所示。

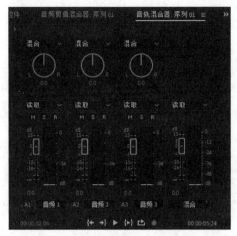
图 5-135 "音轨混合器"面板

图 5-136 "元数据"面板

12) 工具栏

工具栏是视频与音频编辑工作的重要编辑工具,可以完成许多特殊编辑操作,如图 5-137 所示。图中某些工具的右下角有一个三角形符号,表示这里存在一个工具组,尚有隐藏工具未显示。单击该工具并按住鼠标不放,就会显示该工具组的所有工具。

图 5-137 工具栏

各工具的具体功能如下。

(1) "选择"工具 :该工具主要用于选择和移动对象、调节对象关键帧等操作。

(2) "轨道选择"工具 、 :长按该图标,可选择"向前选择轨道"工具或"向后选择轨道"工具,该工具主要用来选择轨道上从第一个被选择的素材开始到该轨道结尾处的所有素材文件。

(3) "波纹编辑"工具 :该工具主要用来拖动片段的切出点,将片段的长度进行改变,相邻片段长度不变,总的持续时间长度不变。

(4) "滚动编辑"工具 :该工具主要用来调节某素材与其相邻素材的长度,调整后所有素材的长度不改变。

(5) "比率拉伸"工具 :该工具主要用来改变片段的时间长度。当使用该工具对片段的时间长度改变时,将会自动调整素材的播放速率,以适应新的时间长度。

(6) "剃刀"工具 :该工具主要用来将素材分割成两个或多个素材。

(7) "滑动"工具 、 :长按该图标,可选择"外滑"工具或"内滑"工具,该工具主要用来改变片段的开始帧和结束帧的位置,而不影响相邻的其他片段。

(8) "钢笔"工具 :该工具主要用来在编辑字幕素材时绘制曲线图形。

(9) "矩形"工具 :该工具主要用来在节目监视器窗口绘制矩形。

161

(10) "椭圆"工具 :该工具主要用来在节目监视器窗口绘制椭圆形。

(11) "手形"工具 :该工具主要用来移动"时间线"面板中的片段位置,以显示影片的不同区域。

（12）"缩放"工具 🔍：该工具主要用于缩放"时间线"面板中的片段。在任意位置单击鼠标可以放大该位置的片段；在任意位置按住 Alt 键单击鼠标可以缩小该位置的片段。

（13）"文字"工具 T：长按该图标，可以选择"垂直文字"工具 IT，该工具可以为素材添加字幕文件。

2. 素材的导入及播放

素材是进行影片编辑的原材料，素材的成功导入与整理对于影片的编辑、处理起着至关重要的作用。在素材成功导入到"项目"面板后，通过"源素材监视器"进行播放预览是进行素材内容选择的最佳方式。

1）导入素材到"项目"面板

在具体进行影片编辑之前，首先需要将素材导入到"项目"面板中，然后再对其进行编辑。通过执行"文件"→"导入"菜单命令，弹出"导入"对话框，在该对话框中选择所需要导入的素材文件即可。用户还可以通过双击"项目"面板的空白区域打开"导入"对话框。此外，按住 Shift 键的同时单击素材，可以选择连续多个文件；按住 Ctrl 键的同时单击素材，可以选择不连续的多个文件。

> 提示：单击"导入"对话框中的"导入文件夹"按钮，可以实现将文件夹中的素材一次性全部导入到"项目"面板中。

在进行影片制作时，经常会用到各种各样的素材（图片、音频、视频、字幕等），为了便于素材的查找与使用，应该对其进行统一的规划与整理。当素材的文件较多时，需要对其进行分门别类的管理。在"项目"面板中的空白区域右击鼠标，在弹出的快捷菜单中选择"新建素材箱"命令，此时便会出现一个默认名称为"素材箱 01"的素材箱，在对该素材箱进行重命名后，将所需要的素材分类导入到相应的素材箱中即可。

2）导入素材到"时间线"面板

将素材文件导入到"项目"面板，只是为数字视频编辑准备好了原材料，而视频的编辑主要是在"时间线"面板中来完成。当素材文件从"项目"面板添加到"时间线"面板后，通常将其称为片段，主要包括视频片段、音频片段、动画片段和静止图像等。

在"时间线"面板中导入素材比较简单，最为直接的方法就是将"项目"面板和"源素材监视器"中的素材拖曳到"时间线"面板的音、视频轨道上。在成功导入了素材文件后，可以通过拖动"时间线"面板下方的 ◉▬▬▬▬◉ 滑块来改变轨道中片段的显示尺寸。在默认状态下，"时间线"面板中设有 3 条视频轨道和 3 条音频轨道，用户可以根据实际情况自行进行轨道的添加与删除。

此外，在进行影片编辑时，为了避免在进行片段编辑时影响到相邻轨道中的素材文件，可以将其他轨道进行锁定，单击每个轨道前面的"锁定/启用轨道" 🔓 按钮即可。当轨道被锁定后，单击"锁定" 🔒 按钮可以解除锁定。

> 提示：在进行素材的放置时，应该将素材的首尾相连，如果素材的首尾之间有间隔，则会出现黑屏。

3）播放与设置素材

监视器除了用来播放素材或节目外，还可以完成视频片段入点和出点的设置，主要通过监视器下方的功能按钮实现入点、出点等设置，如图5-138(a)所示。单击监视器右下角的加号可以打开按钮编辑器，显示全部按钮如图5-138(b)所示。

(a)部分功能按钮

(b)全部功能按钮

图5-138 功能按钮

各按钮的具体功能如下。

(1) 标记入点 ：用于设置素材的入点，按住Alt键的同时单击该按钮，设置被取消。

(2) 标记出点 ：用于设置素材的出点，按住Alt键的同时单击该按钮，设置被取消。

(3) 添加标记 ：为源素材添加无编号标记，通常可以设置100个编号标记。

(4) 清除入点 ：用于清除已经设置的入点。

(5) 清除出点 ：用于清除已经设置的出点。

(6) 转到上一标记 ：单击该按钮跳转到前一个编辑点。

(7) 转到上一编辑点 ：单击该按钮将编辑线快速移动到前一个需要编辑的位置。

(8) 后退一帧 ：单击该按钮倒退一帧图像。

(9) 播放/停止切换 ：单击该按钮播放/停止素材或项目。

(10) 前进一帧 ：单击该按钮前进一帧图像。

(11) 转到下一标记 ：单击该按钮跳转到下一个编辑点。

(12) 转到下一编辑点 ：单击该按钮将编辑线快速移动到后一个需要编辑的位置。

(13) 转到入点 ：单击该按钮，可以从当前位置跳转到素材的入点位置。

(14) 转到出点 ：单击该按钮，可以从当前位置跳转到素材的出点位置。

(15) 从入点到出点播放视频 ：单击该按钮后，播放入点到出点位置之间的图像内容。

(16) 循环 ：单击该按钮循环播放素材或项目。

(17) 安全边距 ：单击该按钮，在预览区中显示安全框，在安全框内部的内容为可视部分。

(18) 插入 ：单击该按钮会将设置好入点、出点的素材文件插入到"时间线"面板中所选择轨道的当前位置上，如果轨道的当前位置上有素材，则会将轨道上的素材后移，项目的时间加长。

(19) 提升 ：单击该按钮会将设置好入点、出点的素材文件从"时间线"面板中所选择轨道的当前位置上抽出，与之相邻的片段不会改变位置。

(20) 覆盖 ：单击该按钮会将设置好入点、出点的素材文件插入到"时间线"面板中所选择轨道的当前位置上，如果轨道的当前位置上有素材，则会将轨道上的素材进行覆盖，项目的时间不变。

(21) 提取 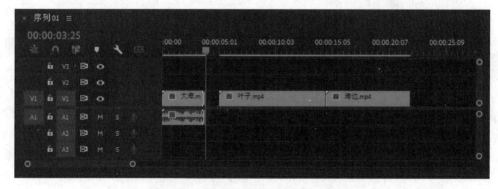：单击该按钮会将设置好入点、出点的素材文件从"时间线"面板中所选择轨道的当前位置上抽走，其后的片段前移，填补空缺，对于其他未锁定轨道上位于该选择范围内的素材，也同样进行删除。

(22) 导出帧 ：单击该按钮可以获取图像素材的单帧画面。

(23) 播放邻近区域 ：该按钮用于预览当前帧附近的视频。

(24) 多机位录制开关 ：启用该按钮可以录制编辑好的多机位视频。

(25) 切换多机位视图 ：该按钮可同步多机位拍摄的视频，提高剪辑效率。

(26) 还原裁剪会话 ：该按钮可以使剪辑点恢复到原始位置。

(27) 切换代理 ：在计算机配置不高的情况下，如果原素材太大，直接在原素材上编辑会出现卡顿，使用该按钮可以提高工作效率。

(28) 切换 VR 视频显示 ：该按钮用于 VR 视频剪辑的场景中。

(29) 全局 fx 静音 ：该按钮可用于关闭用到的特效，方便查看特效使用前后的对比。

(30) 显示标尺 ：该按钮主要用于在"节目监视器"面板中显示标尺。

(31) 显示参考线 ：该按钮主要用于在"节目监视器"面板中显示参考线。

(32) 在节目监视器中对齐 ：启用该按钮，可将文本、图形等在节目监视器中对齐。

(33) 比较视图 ：该按钮主要用于精确地查看剪辑前后的视频画面。

3. 视频素材编辑

素材开始帧的位置称为入点，素材结束帧的位置称为出点。在实际操作中，可以通过"监视器"面板和"时间线"面板进行素材的编辑。

1) 素材的裁剪编辑

单击工具栏中的"选择"工具 ，然后在"时间线"面板中，单击需要进行剪裁的素材入点或出点，然后按住鼠标左键进行拖曳即可，如图 5-139 所示。使用该方法裁剪素材只是影响所操作的素材边缘，并不影响与之相邻的素材，并且不能够改变源素材的长度。

图 5-139　使用"选择"工具设置素材出点

2) 素材的滚动编辑

单击工具栏中的"滚动编辑" 工具，进行素材长度的调节。该工具的工作原理是在调整轨道上的素材长度时，素材的总长度不变，而是通过减少或增加相邻素材的长度来实现该素材长度的调整。使用该工具进行素材裁剪时，单击该按钮后将鼠标指针移动到素材边缘位置上拖动鼠标指针便可以改变素材的长度，如图 5-140 所示。

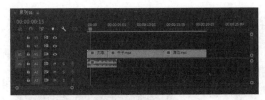
(a) 剪裁前的素材

(b) 剪裁后的素材

图 5-140　素材的滚动编辑

3) 素材的波纹编辑

波纹编辑是指在轨道上进行素材长度的调整时,只是改变该素材的长度而其他素材则不会受到影响,但该轨道上以及其他所有未被锁定的轨道上的素材位置将会发生相应的改变。如图 5-141 所示,将"视频 1"轨道中的第一个片段长度变短后,该轨道上的第二个片段长度及"视频 2"轨道上的片段长度不变,但项目的总长度变短。

(a) 编辑前的素材

(b) 编辑后的素材

图 5-141　素材的波纹编辑

4) 改变素材的长度和播放速度

在进行影片编辑过程中,有时需要设置素材的播放速度来达到特定的效果。在"时间线"面板中选定了需要改变播放速度的素材片段后,右击鼠标,在弹出的快捷菜单中,执行"速度/持续时间"命令,弹出如图 5-142 所示的"素材速度/持续时间"对话框,在"速度"或"持续时间"的位置上输入相应的数值后,单击"确定"按钮即可。对话框中的参数介绍如下。

图 5-142　"素材速度/持续时间"对话框

(1) 速度。用于设置素材的播放速度,默认情况为100%。当其值大于 100 时,素材播放速度加快;当其值小于 100 时,素材播放速度变慢。

(2) 持续时间。用于显示素材的播放总长度,当"速度"值发生变化时,该值也将会随之发生变化。同样,也可以通过该选项的值来完成素材播放速度的设置。当设置值大于默认长度时,素材的播放速度将变慢;当设置值小于默认长度时,素材的播放速度将变快。

(3) 倒放速度。启用该复选框后将会使素材倒放,即素材的入点变为出点,出点变为入点。

(4) 保持音频音调。在调整了音频素材的播放速度后,启用该复选框,音频素材只是改变其播放速度而保持原有的音调。

5) 视频切换效果

在进行影片制作中,当一段视频结束后紧接着另一段视频,这就是所谓的镜头切换。在影片编辑过程中,为了增强切换效果的艺术性、渲染性,经常使用各种转换特效对影片进行修饰。转换特效在制作中又叫作转场,切换的方法属于无技巧转场,它只是利用镜头的自然过渡将两个场面进行连接。作为一种特殊的艺术表现形式,切换效果在影片制作中得到了越来越多的运用,Premiere Pro CC 2021 提供了许多种视频切换方式,如淡出淡入、划出划入、画中画、三维动画转场效果以及各种翻页效果等。添加视频切换效果的操作比较简单,但是如果想要熟练使用各种过渡效果,必须多练习、多实践、多摸索。

在 Premiere Pro CC 2021 中,所有的视频切换效果均放置在"效果"面板中,如图 5-143 所示。单击该面板中的"视频过渡效果"按钮,在其中选择相应的转场效果。然后将所选择的转场效果拖到视频轨道上两段视频素材的交界位置上即可。此时,在素材之间会出现转场标记。

图 5-143　视频切换效果

在对素材应用转场效果时,用户还可以在"效果控制"面板中设置转场的持续时间等属性。双击视频轨道上的转场效果,打开"效果控件"面板,然后根据实际需要进行相应的属性设置即可,如图 5-144 所示。

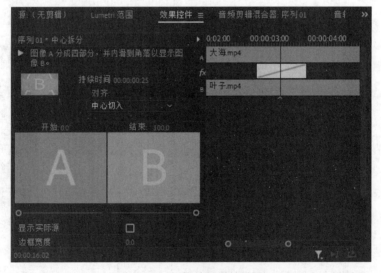

图 5-144　切换效果属性设置

> 提示:在将素材分别放到视频 1、视频 2 轨道时,要确保两个素材有一部分的重叠区域,只有这样才能应用切换效果。

4. 添加字幕

字幕是影片制作中重要的视觉元素,主要包括文字、线条及几何图形等。在 Premiere Pro CC 2021 中,主要通过"字幕设计器"窗口进行字幕制作,该设计器集成了各种排版控制,如文字轮廓、行距、字符间距和基线位移等。

利用字幕设计器可以制作复杂、多样化的字幕，并且可以绘制各种图形并将其作为字幕素材。单击执行"文件"→"新建"→"旧版标题"菜单命令，在弹出的"新建字幕"对话框中输入所建字幕的名称后，打开如图 5-145 所示的字幕设计器。

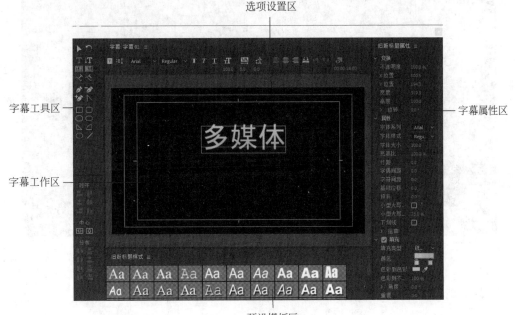

图 5-145　字幕设计器

字幕设计器中的各区域功能说明如下。

（1）字幕工具区：主要放置用于创建字幕的文本、图形等工具。

（2）字幕工作区：该区域是字幕设计器的主要工作区域，在该区域内可以利用各种工具创建所需要的字幕或图形，并可以实时进行预览。

（3）预设模板区：在该区域内，可以预览到字幕添加的各种效果，如阴影、发光、倾斜等。

（4）字幕属性区：在该区域，可以对所选择字幕或图形的基本属性、填充属性进行设置，还可以为图形进行描边或者添加阴影。

（5）选项设置区：在该区域内，呈现了字幕工具区所选定的工具的属性设置，用户可以在该区域内对其进行设置与修改。

5．输出影片

当在"时间线"面板中完成了各种素材的编辑工作后，通过 Premiere 的输出功能可以将其输出为视频文件。通过执行"文件"→"导出"→"媒体"命令，弹出如图 5-146 所示的"导出设置"对话框，进行输出影片的类型、音频、视频等属性设置。

> 提示：在进行影片输出之前，需要对素材进行渲染，渲染需要的时间取决于作品大小、帧速率及压缩设置。可以通过执行"序列"→"渲染完整工作区域"命令，进行影片渲染。此外，也可以按 Ctrl＋Enter 快捷键渲染影片。

图 5-146　"导出设置"对话框

5.3.2　制作实例：多画面分屏效果视频

利用现有影音素材通过 Premiere 制作一个多画面分屏效果视频，制作好的视频内容截图如图 5-147 所示。

图 5-147　视频内容截图

由于该实例的综合性较强，故将其分为几个部分进行制作。

1. 素材的导入与编辑

（1）执行"文件"→"新建"→"项目"命令，在弹出的"新建项目"对话框中新建一个预置参数为 DV-NTSC 标准 48kHz，名为"分屏效果"的项目，其他采用默认设置。

（2）在"项目"面板的空白处双击鼠标，在"导入"对话框中选择所需要的素材文件，并将其导入到"项目"面板中，如图 5-148 所示。

图 5-148　导入素材

（3）将视频素材拖入"时间线"面板中的视音频轨道中，如图 5-149 所示。

（4）选中"海边"素材后右击，在弹出的快捷菜单中，执行"取消链接"命令，将素材对应的音频删除，如图 5-149 所示。同理，将另外两个视频素材对应的音频也删除。

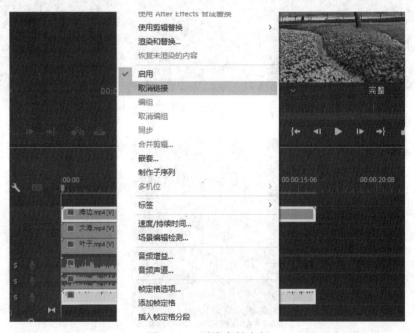

图 5-149　删除素材音频

（5）选中"叶子"素材后右击，在弹出的快捷菜单中，打开"剪辑速度/持续时间"对话框，将速度减慢，得到 15 秒的视频片段，如图 5-150 所示。然后单击"确定"按钮结束设置。

同理，将另外两个视频素材的持续时间都设置为 15 秒，如图 5-151 所示。

2．素材编辑

（1）单击"效果"面板，将如图 5-152 所示的"线性擦除"视频特效添加到时间线上的"海边"素材。

（2）然后在"效果控件"面板中找到"线性擦除"，调整其"过渡完成"和"擦除角度"的参

图 5-150　修改视频持续时间

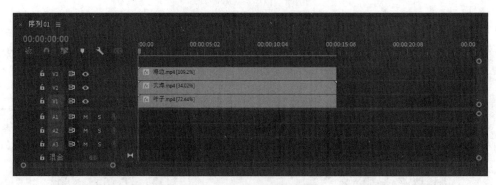

图 5-151　修改视频片段

图 5-152　添加视频特效

数如图 5-153 所示。

（3）为"大海"素材添加"线性擦除"视频特效，并在"效果控件"面板中设置该特效的属性参数，如图 5-154 所示，实现分屏效果。

3．添加字幕和音乐

（1）执行"文件"→"新建"→"旧版标题"命令，在弹出的新建字幕对话框中设置字幕的名称为"矩形框"，单击"确定"按钮，如图 5-155 所示。

（2）在弹出的"字幕设计器"窗口中通过"矩形"工具创建如图 5-156 所示的矩形。

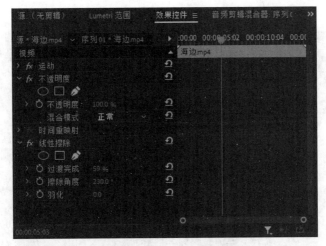

图 5-153　视频特效参数修改

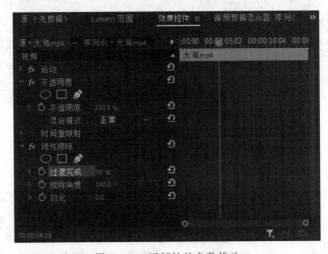

图 5-154　视频特效参数修改

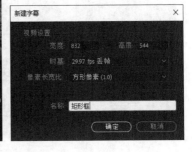

图 5-155　新建字幕

图 5-156　创建矩形

（3）重复步骤（2），直到得到如图 5-157 所示的多个矩形。

图 5-157　创建矩形的最终效果

（4）将"项目"面板中的字幕文件"矩形框"导入"时间线"面板中的"视频 4"轨道中,如图 5-158 所示。

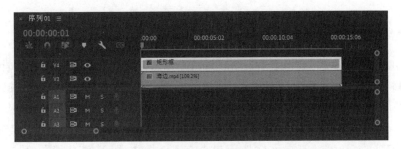

图 5-158　字幕导入

（5）将"项目"面板中的音频文件 Good Time 导入"时间线"面板中的"音频 1"轨道中,如图 5-159 所示。

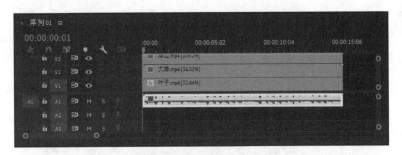

图 5-159　音频导入

4. 输出视频

执行"文件"→"导出"→"媒体"命令,设置输出影片的名称、格式等属性后,单击"导出"按钮,弹出"渲染"对话框。等待一段时间,结束输出,如图 5-160 所示。

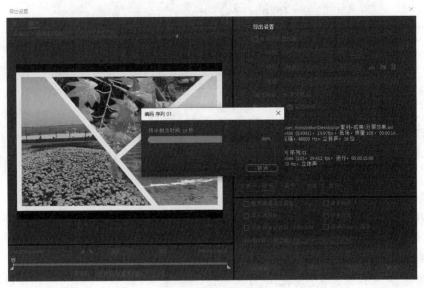

图 5-160　导出影片

5.4 音频媒体设计与制作

5.4.1 Cool Edit Pro 工具

Cool Edit Pro 是美国 Adobe Systems 公司开发的一款功能强大、效果出色的多轨录音和音频处理软件。它可以用来编辑音调、歌曲的一部分,如声音、弦乐、颤音、噪声或调整静音。而且它还提供有多种特效,如放大、降低噪声、压缩、扩展、回声、失真、延迟等。可以同时处理多个文件,在几个文件中进行剪切、粘贴、合并、重叠声音操作。它可以生成的声音有噪声、低音、静音、电话信号等。该软件还包含有 CD 播放器,其他功能包括支持可选的插件、崩溃恢复、支持多文件、自动静音检测和删除、自动节拍查找、录制等。另外,它还可以在 AIF、AU、MP3、Raw PCM、SAM、VOC、VOX、WAV 等文件格式之间进行转换,并且能够保存为 RealAudio 格式。

1. 工作界面介绍

Cool Edit Pro 的工作界面主要由菜单栏、工具栏、资源管理器、时间线、当前时间窗、走带按钮等组成,如图 5-161 所示。

图 5-161　Cool Edit Pro 工作界面

1) 菜单栏

菜单栏位于工作界面的上方,通过执行菜单中的命令来完成音频素材的各种编辑与操作。

2) 工具栏

工具栏提供了音频编辑操作的快捷工具按钮,可实现编辑界面切换、音频块切割、包络线编辑等操作,如图 5-162 所示。

3) 资源管理器

"资源管理器"面板主要用来存放音频素材、编辑效果,如图 5-163 所示。在资源管理器中可以直接将素材文件插入音轨中,也可以直接将文件打开编辑。

波形/音轨　　　　　分割音　剪切选　混缩选
界面切换　　　　　频块　　取区域　定波形

图 5-162　工具栏

（1）文件界面。文件管理界面中的"打开文件"![]按钮用于将文件添加到资源管理器；"关闭"![]按钮用于将文件从资源管理器中移除而不是删除物理文件；"插入多轨中"![]按钮，可以将所选文件插入到音轨中；"编辑文件"![]按钮可以对选中的文件进行编辑。

（2）效果界面。效果选择界面如图 5-164 所示。效果界面可以实现对声效的编辑，选中待编辑的音轨后，双击效果面板的响应效果，就会弹出编辑窗口，如双击"变速器"效果，弹出"变速器"编辑窗口，如图 5-165 所示。

图 5-163　文件管理界面

图 5-164　效果选择界面

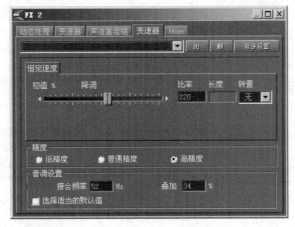

图 5-165　"变速器"编辑窗口

4）时间线面板

时间线面板是对音频编辑的主要区域，在这个区域可以实现对音频文件的各种编辑，如声音的裁剪、混合等。时间线面板主要由"轨道区""时间显示区"等组成，如图 5-166 所示。

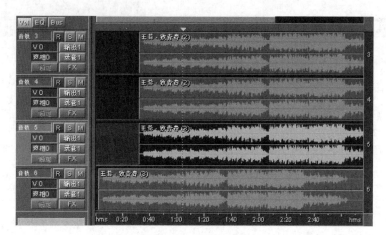

图 5-166　时间线面板

5）走带按钮

"走带按钮"实现对音轨文件的播放控制，如播放、暂停、录音等，如图 5-167 所示。

图 5-167　走带按钮

6）选择/查看面板

选择/查看面板可以查看被选择音频的开始和结束的时间点，显示选择音频的时间长度。查看部分可以查看在波形缩放状态下编辑的开始和结束时间点，显示查看编辑视频的时间长度，如图 5-168 所示。

7）当前时间窗

当前时间窗显示编辑或播放时时间线指针所处的位置，在时间窗中可以以不同单位显示，如采样、小节和拍子，如图 5-169 所示。其中显示效果如图 5-170 所示。

图 5-168　选择/查看面板　　　　　图 5-169　计时显示方式选择

(a)"常规计时"显示方式   (b)"SMPTE 30帧"显示方式

图 5-170　显示效果

8) 工程属性面板

工程属性面板用于设置工程的播放速度、声调、节拍等。单击"高级"按钮可以对速度、节拍等进行设置,如图 5-171 所示。

图 5-171　工程属性面板高级设置

2. 基本操作

通过 Cool Edit Pro 工作界面可以方便地实现对声音的各种编辑,如录音、音频剪切、对声音进行调整、添加特效等,具体介绍如下。

1) 录音

录制声音前需要调整麦克风保持可用,选择需要录音的音轨,将时间线调整到需要插入录音的位置,右击鼠标,在弹出的快捷菜单中选择"激活录音状态"命令选项,然后单击"走带按钮"中的"录音"按钮,即可实现在时间线处开始录制声音。

2) 音频剪切

在音频编辑中常常需要对不需要的音频进行剪切,在 Cool Edit Pro 工作界面中只需右击所选音频块,在弹出的快捷菜单中选择"分割"选项即可将音频从时间滑块处分割,通过右键可以拖动音频块的位置。

3) 音量/声相调整

右击需要调整的音频块,在弹出的快捷菜单中,选择"调整音频块音量"或"调整音频块声相"选项,即可分别对音频块的音量和声相进行调整,如图 5-172 所示。

4) 编辑特效

选择音轨,切换到波形编辑界面,通过资源管理器中的"效果"面板,双击相应的特效,即可弹出效果编辑框,以"回声"为例,双击"回声"即可弹出"回声"效果编辑框,如图 5-173 所示。

5) 输出文件

工程文件保存后是以.ses 为后缀的文件,若要输出可以播放的 MP3 等类型的文件,则执行"文件"→"混缩另存为"命令,就可以把制作的原声曲目保存为 WAV、MP3、WMA 等音频格式。

178

(a) 音量　　　　　　　　(b) 声相

图 5-172　调整音量和声相

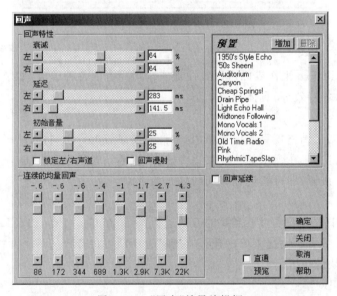

图 5-173　"回声"效果编辑框

5.4.2　制作实例：《致青春》歌曲制作

1. 从现有的歌曲中提取伴奏音乐

（1）导入音乐。启动 Cool Edit Pro 软件，如图 5-174 所示，确保当前为多轨界面，即单击工具栏左侧第一个按钮，可在波形编辑界面及多轨界面之间切换，在第一音轨空白处右击鼠标，从弹出的快捷菜单中选择"插入"→"音频文件"选项，在显示的对话框中找到从网上下载的"致青春.mp3"文件，该 MP3 将以波形图显示在音轨 1 中。

> 注意：一定要把上面那个倒立的黄色三角形游标拖到音轨的最左侧，因为插入的音频文件起点将以该游标的位置为准。后面的录音中，也是以游标的位置为起点的。

图 5-174　导入声音文件

（2）判断声道类型。按 Space 键播放导入的 MP3 歌曲。然后在音轨 1 的波形图上右击鼠标，从弹出的快捷菜单中选择"调整音频块声相"选项，在打开的"声相"对话框中，先把滑块拖到最左侧（即左声道音箱）试听一会儿，再把滑块拖到最右侧（即右声道音箱）试听一会儿，如图 5-175 所示。可以听出是声道混合型的歌曲，即左、右声道的声音一模一样，则需要对波形文件处理一下。

图 5-175　调整音频块声相

（3）消去人声。单击工具栏上"波形编辑/多轨界面切换"按钮（或按 F12 键），切换到波形编辑界面中。在左、右声道交界处双击选中两个声道中的所有内容，再执行菜单"效果"→"波形振幅"→"声道重混缩"命令，在弹出的对话框中的"预置"模板中选择 Vocal cut（消去人声）选项，如图 5-176 所示。处理好后，单击"波形编辑"/"多轨界面切换"按钮回到多轨界面中。

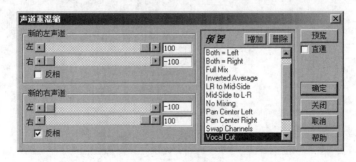

图 5-176　消去人声

2. 录制原声歌唱

录音是所有后期制作加工的基础,这个环节出现问题是无法靠后期加工补救的,所以如果是原始的录音有较大问题,就必须重新录制,录制的过程如下。

(1) 打开音量控制窗口,选择"选项"→"属性"选项,并在"属性"对话框中选中"录音"单选按钮,并单击"确定"按钮。

(2) 此时弹出录音控制窗口,在"麦克风"下的"选择"前的方框里打钩。音量滚动条用来控制录音音量大小,如图 5-177 所示。

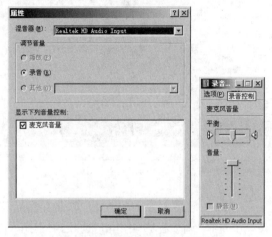

图 5-177　调整录制麦克风音量

> 注意:麦克风的音量在噪声小的前提下尽量开大,伴奏歌曲尽量小,这样可以让用户更清楚地听到自己的声音,可以更好地发觉自己是不是走调。

(3) 录制人声。打开 Cool Edit Pro 软件进入多音轨界面,右击音轨 1 空白处,插入所要录制歌曲的 MP3/WMA 伴奏文件。选择将人声录在音轨 2,单击 R 按钮。单击左下方的红色录音键,跟随伴奏音乐开始演唱和录制,如图 5-178 所示。

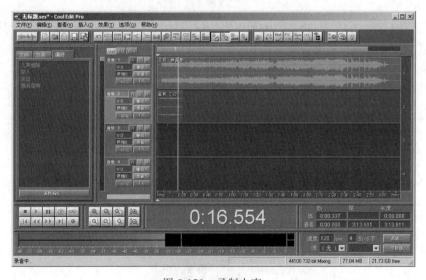

图 5-178　录制人声

（4）录音完毕后，可单击左下方播音键进行试听，看有无严重的出错，是否要重新录制。

（5）双击音轨 2 进入波形编辑界面，执行"文件"→"另存为"命令，在弹出的对话框中选择 MP3 格式将录制的原始人声文件保存为 MP3 格式，如图 5-179 所示。

图 5-179　处于波形阶段的人声文件

3. 编辑、优化

（1）调整音量。单击第二音轨的 R 按钮关闭它，然后按 Space 键试播录音。若感觉音量较小，可以调整音量。右击新录制的声音波形，选择"调整音频块音量"选项，在打开的"音量"对话框中，将滑块向上拖动即可整体调整新录制声音的大小，如图 5-180 所示。

（2）添加效果。单击第二音轨中刚刚录制的波形声音，使其为选中状态（深绿色），按 F12 键切换到波形编辑界面中，刚才录制的声音以波形显示。在波形编辑界面中，可以为声音添加多种特殊效果。单击左侧窗格上的"效果"选项卡，其中有一个效果列表，单击"实时效果器"的"房间回声"项，可以调整房间大小获得满意的效果，如图 5-181 所示。

图 5-180　调整音频块音量

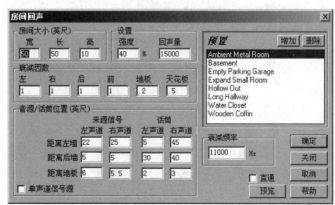

图 5-181　增加房间回声

4. 保存歌曲

(1) 制作好伴奏,完成了声音录制、编辑,最后保存文件。按 F12 键切换到多轨界面中,首先执行"文件"→"另存为"命令保存一个 Cool Edit 工程文件(后缀为.ses),这种格式完整保存了各个音轨的信息,方便以后修改。

(2) 接下来执行"文件"→"混缩另存为"命令,就可以把制作的原声曲目保存为 WAV、MP3、WMA 等流行的音频格式。

5.5 网络媒体设计与制作

5.5.1 Dreamweaver 2021 工具

1. Dreamweaver 2021 工具简介

Dreamweaver 是著名网站开发工具,由 Adobe 公司出品。目前有支持 Mac、Windows 和 Linux 版本的 Dreamweaver。该网页设计软件提供了一套直观的可视界面,供创建和编辑 HTML 网站和移动应用程序。使用专为跨平台兼容性设计的自适应网格版面创建适应性版面。在发布前使用多屏幕预览审阅设计。同时支持网站上传的多线程 FTP,是网站开发的重要工具,重点应用于界面设计,同时也具备强大的动态网站开发能力,与其他专业的动态软件开发工具配合能够取得更好的效果。

2. Dreamweaver 2021 工具的特点

1) 制作效率高

Dreamweaver 可以用最快速的方式将 Fireworks、FreeHand 或 Photoshop 等档案移至网页上。对于选单、快捷键与格式控制,都只要一个简单步骤便可完成。Dreamweaver 能与设计工具,如 Flash、Shockwave 和外挂模组等搭配,不需离开 Dreamweaver 便可完成,整体运用流程自然顺畅。除此之外,只要单击便可使 Dreamweaver 自动开启 Firework 或 Photoshop 进行编辑与设定图档的最佳化,在不需要编写代码的情况下可以完成大部分功能。

2) 网站管理便利

使用网站地图可以快速制作网站雏形、设计、更新和重组网页。改变网页位置或档案名称,Dreamweaver 会自动更新所有链接。使用支持文字、HTML 代码、HTML 属性标签和一般语法的搜寻及置换功能使得复杂的网站更新变得迅速又简单。

3) 控制能力强

Dreamweaver 是唯一提供 HTML、可视觉化编辑与源代码编辑同步的设计工具。帧和表格的制作速度快。高级表格编辑功能使用户可以简单地选择单元格、行、栏或作不连续的选取,甚至可以排序或格式化表格群组。Dreamweaver 支持精准定位,利用可轻易转换成表格的图层以拖拉置放的方式进行版面配置。Dreamweaver 成功整合动态式出版视觉编辑及电子商务功能,提供了超强的支持能力给第三方厂商,包含 ASP、Apache、BroadVision、Cold Fusion、iCAT、Tango 与自行开发的应用软件。当使用 Dreamweaver 在设计动态网页时,它的所见即所得的功能让设计者不需要通过浏览器就能预览网页。建立网页外观的样板,指定可编辑或不可编辑的部分,内容提供者可直接编辑以样式为主的内容却不用担心改变既定的样式。

3. 工作界面简介

Dreamweaver 2021 软件安装后,它会自动在 Windows 的菜单中创建程序组。在 Dreamweaver 2021 中,它的工具栏是浮动工具栏,可以将工具栏缩小,也可以关闭。在专业术语里面,它们称为"浮动面板",利用浮动面板控制对页面的编写,而不是利用烦琐的对话框,这是 Dreamweaver 2021 编辑网页中最突出的特性。通过在浮动面板中进行属性设置,这样就直接可以在文档中看到结果,避免了中间过程。Dreamweaver 2021 网页设计工具,如图 5-182 所示。下面介绍它的 3 个最重要的浮动面板。

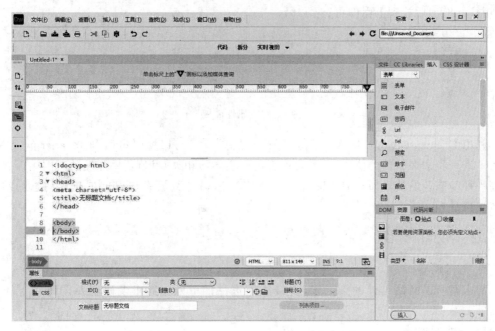

图 5-182　Dreamweaver 2021 网页设计工具

1) 启动面板

启动面板主要用来快速启动相应的任务,或显示/隐藏相应的浮动面板。如果启动面板是竖向的,那么,可以单击它右下角的一个小按钮,它就可以变成横向的了,这时可能会发现,它的状态栏上也有这个面板上的所有选项,这也就为网页制作者提供了方便。可以直接从右下角单击相应的栏目进入想要的对话框。

2) 对象面板

对象面板主要功能相当于"插入"菜单,主要是向网页中插入一些对象,如表格、框架、图像、文件、标签等,它通过一个下拉菜单把要插入的选项都包括在了其中,如图 5-183 所示。

每一个选项中都有若干图标,只要单击图标,就可以插入想要的对象了。

图 5-183　对象面板

3) 属性面板

属性面板会随着编辑的内容而变化,图 5-184 是文字属性面板,它里面包含了所要编辑的文字的所有内容,包括字体、颜色、大小、链接、缩进等,它的右下角还有一个向下的小三角箭头,单击它会展开属性面板,它把一些不常用的属性也列了出来。展开后箭头会变成向上,单击它又会使属性面板复原。属性面板很多,还有图像属性控制面板、层属性控制面板等,用户只要选择要编辑的对象,它就会自动变化,十分方便。所有由启动面板弹出来的浮动面板在被打开后,可以重新组合,还可以将经常用的面板单独地拉出来,只需要将鼠标放到想要拉的按钮上面,然后按住鼠标左键拖动就可以了,同理,把它们组合在一起也是一样的,用鼠标拖动后放到上面即可。

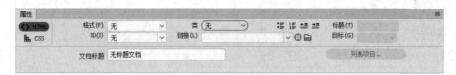

图 5-184　属性面板

利用 Dreamweaver 工具软件能够开发实现绝大多数 HTML、CSS 和 JavaScript 效果,但为了进一步掌握软件的使用,还需要读者进一步学习相关知识,若要开发动态网站需要再掌握一种动态开发技术如 JSP、PHP、ASP. NET 等,另外数据库知识也是开发动态网站的必备知识。

5.5.2　设计流程

1. 需求调研

需求调研是网站设计的第一步,直接决定产品的成败。需求调研主要调研以下 4 个方面。

1) 功能要求

网站包含的功能模块,如包含信息发布模块、产品展示模块、账号管理模块等。

2) 性能要求

性能要求是指网站运行的效果,主要包括访问量和打开速度。例如,客户要求在 100 人同时访问网站时,网页的打开速度不能低于 5 秒,那么就决定了网站设计要少用图片、慎用站外服务。

3) 美观性要求

美观性要求主要是客户对网站的界面设计要求,包括界面风格、色彩等。

4) 行政性技术标准要求

一些单位不仅要求网站在设计和功能上满足要求,还必须要考虑到所在单位的主管部门是否有网站架构、开发技术、编码规格的硬性规定,若有必须提前调研,严格遵守。

2. 规划网站结构

网站功能结构示意图如图 5-185 所示。

3. 目录规划

一个良好的网站不仅要运行界面美观、功能运行稳定,还必须要结构层次清晰,因此网站规划到技术开发层次时必须要对系统的程序目录进行设计,保证系统有良好的结构,这样

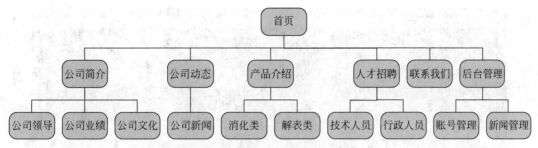

图 5-185　网站功能结构示意图

会给程序开发和维护带来很大的好处。网站目录规划示例如图 5-186 所示。

图 5-186　网站目录规划示例

4. 设计网页界面

1）首页设计

首页设计主要用于展示型的企业,对于首页设计一般要遵循简洁、突出企业特点,因此首页又分为展示型和门户型,其中展示型侧重于企业文化和形象的设计,如图 5-187 所示;而门户型则侧重于信息的展示,强调导航目录明确、信息分类清晰,如新浪网(www.sina.com.cn),如图 5-188 所示。

2）内容页面设计

内容页面设计一般侧重于详细信息的展示,在设计时注意页面的布局设计,如图 5-189 所示。目前常见的有"国"字型、拐角型、标题正文型、左右框架型、上下框架型、综合框架型、封面型、Flash 型等,在内容页面设计时一般不宜超过 3 屏,若大于 3 屏时在设计中可以使用栏目条隔开,使其在视觉具有明显分段感觉。

5. 设计网页程序

网页程序根据内容不同主要分为以下两种设计方式。

1）利用 Photoshop＋Dreamweaver 设计

首先利用 Photoshop 进行页面设计,然后通过 Photoshop 的切片功能进行切片,切片后生成网页,再通过 Dreamweaver 设计链接和页面布局和其他脚本功能。

图 5-187 展示型首页设计

图 5-188 门户型首页设计

　　该方式主要针对设计要求比较高,而文字内容相对较少、更新不太频繁的网页。该方式的主要优点在于可以设计艺术效果较高的网站,缺点在于更新比较麻烦。以图 5-190 为例,该网页文字部分均为图片形式的链接,设计效果较好,一般不进行改动,因此适合 Photoshop 结合 Dreamweaver 软件进行设计。

图 5-189　内容页面设计

2）利用 CSS＋DIV 设计

大型网站如新浪网、网易等信息门户类网站以信息展示为主，栏目、信息更新频繁，这类网站不适合利用 Photoshop 进行设计，而是利用 CSS（样式表）技术与 DIV（层）技术配合使

图 5-190　首页设计

用。DIV＋CSS是一种网页的布局方法,这一种网页布局方法有别于传统的 HTML 网页设计语言中的表格定位方式,可实现网页页面内容与表现相分离。XHTML 基于可扩展标记语言是一种在 HTML 基础上优化和改进的新语言,目的是基于 XML 应用与强大的数据转换能力,适应未来网络应用更多的需求。在 XHTML 网站设计标准中,不再使用表格定位技术,而是采用 DIV＋CSS 的方式实现各种定位。如图 5-189 所示的“天津市河东区人民政府”可以很容易地实现模块添加、样式修改。

6. 准备内容素材

根据需求分析阶段与用户确定的需求准备网站需要的素材,素材的来源包括以下 3 种。

(1) 用户提供:主要包括企业标识、宣传用的图片、视频、文字等材料。

(2) 自主开发:根据网站的设计要求设计文字、图标、声音等。

(3) 拍摄采集:根据设计要求,用户又无法直接提供的材料,需要进行现场拍摄或根据视频等资料整理加工。

素材收集完成后并不能直接用于网站开发,还需要对素材进行整理、加工成网站可以使用的大小和格式。

7. 内容集成

网站设计阶段一般都设计成首页和内容页面模板,素材和网站页面程序集成后形成各个用户需要的页面,若根据网站需求需要对网站执行速度要求较高,则应将网站设计成静态网页,即不需要服务器执行就可直接展示给用户的网页;若内容更换频繁则应设计成动态网页,这时需要设计动态信息发布程序,信息由数据库存储;事实上大多数网站要兼顾速度、便利性和安全性等方面的因素,将网站设计为伪静态,即以静态的方式展示,以动态的方式管理信息。

8. 网页优化

网站建设完毕后还需要进行优化,优化的目的主要有以下 3 点。

1）网站运行更快

网页通常要求 5 秒内应该打开,不要超过 8 秒,若太长用户会失去耐心,丧失商业机会,因此需要对网站进行优化来提高速度,优化主要包括:尽量避免引用站外应用,如天气预报程序、站长统计等程序;优化图片的大小和格式;尽可能减少不必要的动画、视频和图像元素。

2）更容易被检索

网站的建设为了让更多的客户发现、浏览,需要对网站进行优化。例如,在网页程序中添加关键字信息、对网页的标题优化设计、添加爬虫访问定义文件等能起到容易被搜索引擎检索的目的。

3）网站占用的空间更小

对于大多数企业来讲,网站常采用购买虚拟主机的形式运行,这时网站的大小成为影响成本的重要指标之一,因此在网站发布前应该做到:清理开发中形成的孤立网页、孤立文件;对图片、视频等素材采用格式转换的方式减少它的大小;优化网站结构,多使用模板、CSS、控件等工具来提高网站的程序复用率。

9. 网站测试

网站在发布前需要进行网站测试,测试主要包括:功能测试,查看网站是否实现设计功能;性能测试,测试网站性能是否达到设计需求;兼容性测试,测试网站在不同操作系统、不同浏览器中是否正常显示;安全性测试,查看网站是否存在安全漏洞。

10. 网站发布

网站发布就是要将开发好的程序放到服务器上运行,使大家可以通过网络访问,目前网站发布主要包括以下两种方式。

1）本地发布

本地发布即拥有自己的服务器,在自己的服务器上配置 IIS 服务器发布网站程序。该方式比较灵活,可以进行个性化配置,但成本较高,维护任务较重。

2）虚拟主机

虚拟主机即租用 ISP 提供商提供的网站运行空间,只需要将网站上传到空间,进行适当的配置即可提供访问。该方式在访问线程和个性化配置方面受到一定限制,但成本较低,易于维护。

5.5.3 制作实例:"浩之航"网站的设计

1. 需求调研

需求调研主要从以下 3 个方面进行调研。

1）功能要求

系统实现宣传功能业务范围,方便客户联系到公司,能够发布招聘员工信息,实现在线定舱,客户可以跟踪货物,普及货运知识;在网站首页集成该公司邮件系统的登录入口集成;实现自主信息的发布功能。

2）性能要求

该公司业务客户较多,长期有较多的用户在线跟踪货运,且该公司在百度上做了推广,可能带来较高数量的访问。

3）美观性要求

需要设计简洁的网站 logo，在首页上设计图像轮播效果，体现公司的专业、服务的理念，突出行业特点。

2．规划网站结构

"浩之航"网站功能结构如图 5-191 所示。

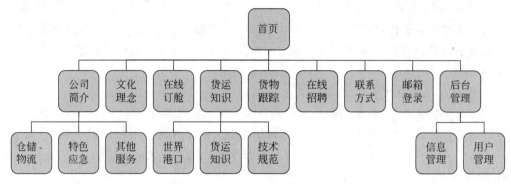

图 5-191　"浩之航"网站功能结构

3．设计网站目录

"浩之航"网站目录结构如图 5-192 所示。

图 5-192　"浩之航"网站目录结构

4．设计网页界面

1）首页设计

根据客户要求设计首页，根据行业特点将网页背景设置为蓝色，网站主体设置 Flash 图片轮播效果，选用具有行业特点的图片，如图 5-193 所示。

2）内容页面设计

根据调研要求设置内容页面，一般首先设计含有页头、页脚、导航栏和内容布局的页面作为模板页，其他页面的设计在模板页的基础上修改差异化的内容即可，如图 5-194 所示。

5．设计网页程序

页面在 Photoshop 软件设计好后利用切片工具，根据页面显示要求进行切片，如图 5-195

图 5-193　"浩之航"首页设计

图 5-194　"浩之航"内容页面设计

所示。切片完成保存为"Web 所用格式"，存储类型为"html 和图像"，然后再利用
Dreamweaver 软件打开如图 5-196 所示的界面。现在完成了初步设计，还需要利用
Dreamweaver 对程序进一步设计，如超链接、下拉菜单等程序设计部分。

6. 准备内容素材

在首页设计中已经设计了部分图片，但那些图片仅是少部分图片，作用是确定图片风格
和规格，而在本阶段的目的则是按照确定的风格和规格设计其他的大量素材，如图 5-197
所示。

图 5-195　利用 Photoshop 切片生成网页

图 5-196　利用 Dreamweaver 设计程序

7．内容集成

网页媒体包含了大量的图片、链接和脚本程序，在设计阶段结束后，需要将图像素材、脚本素材等集成到页面的相应位置，如本例需要将轮播脚本代码和超链接集成到网页中去。

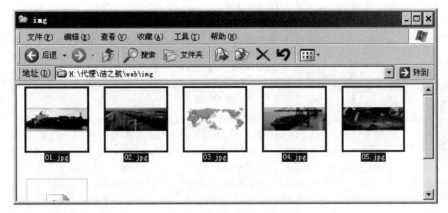

图 5-197　首页需要的素材

1）设计轮播程序集成

轮播程序作为单独的 JavaScript 脚本程序需要单独集成,只需要在网页的相应位置引入< script >轮播实现代码略</ script >代码,同时调整相应的参数来显示对应图片即可。显示素材中的 5 张图片,实现方法如下:

```javascript
< script type = "text/javascript">
var pic_width = 852;                    //图片宽度
var pic_height = 321;                   //图片高度
var button_pos = 3;                     //按钮位置,1 左,2 右,3 上,4 下
var stop_time = 6000;                   //图片停留时间(1000 为 1 秒钟)
var show_text = 0;                      //是否显示文字标签,1 显示,0 不显示
var txtcolor = "000000";                //文字色
var bgcolor = "DDDDDD";                 //背景色
var imag = new Array();
var link = new Array();
var text = new Array();
imag[1] = "images/01.jpg";
imag[2] = "images/02.jpg";
imag[3] = "images/03.jpg";
imag[4] = "images/04.jpg";
imag[5] = "images/05.jpg";
                                        //可编辑内容结束
var swf_height = show_text == 1?pic_height + 20:pic_height;
var pics = "",links = "",texts = "";
for(var i = 1; i < imag.length; i++)
{
    pics = pics + ("|" + imag[i]);
    links = links + ("|" + link[i]);
    texts = texts + ("|" + text[i]);
}
pics = pics.substring(1);
links = links.substring(1);
texts = texts.substring(1);
document.write ( '< object classid = " clsid: d27cdb6e - ae6d - 11cf - 96b8 - 444553540000"
codebase = "http://fpdownload.macromedia.com/pub/shockwave/cabs/flash/swflash.cabversion =
```

```
6,0,0,0" width = "' + pic_width + '" height = "' + swf_height + '">');
    document.write('< param name = "movie" value = "focus.swf">');
    document.write('< param name = "quality" value = "high">< param name = "wmode" value = "opaque">');
    document.write('< param name = "FlashVars" value = "pics = ' + pics + '&links = ' + links + '& texts
= ' + texts + '&pic_width = ' + pic_width + '&pic_height = ' + pic_height + '&show_text = ' + show_
text + '&txtcolor = ' + txtcolor + '&bgcolor = ' + bgcolor + '&button_pos = ' + button_pos + '&stop_
time = ' + stop_time + '">');
    document.write('< embed src = "flash/focus.swf" FlashVars = "pics = ' + pics + '& links = ' +
links + '& texts = ' + texts + '&pic_width = ' + pic_width + '&pic_height = ' + pic_height + '&show_
text = ' + show_text + '&txtcolor = ' + txtcolor + '&bgcolor = ' + bgcolor + '&button_pos = ' + button_pos +
'&stop_time = ' + stop_time + '" quality = "high" width = "' + pic_width + '" height = "' + swf_height +
'" allowScriptAccess = "sameDomain" type = "application/x - shockwave - flash" pluginspage = "
http://www.macromedia.com/go/getflashplayer" />');
    document.write('</object>');
    </script>
```

2）设置超链接

在 Dreamweaver 中将相应的图片设置为超链接,链接到目标网页即可。集成效果如图 5-198 所示。

图 5-198　生成网页效果

8. 网站优化

为提高网站运行速度、提高网站被搜索引擎检索效率,对网站进行了以下 3 点优化。

(1) 清除程序中的孤立文件,含网页和资源。

(2) 将图片等资源的实际大小调整为显示大小。

(3) 添加标题、关键字信息、网站描述信息。

代码如下所示:

```
< title>浩之航货运代理有限公司、货运、海运、集装箱,www.tjhzh.com.cn</title>
< meta name = "Keywords" content = "浩之航货运代理有限公司、货运、海运、集装箱,www.tjhzh.com.
```

cn />
< meta name = "Description" content = "浩之航货运代理有限公司国家一级代理资质,向超过数万用户服务" />

9. 网站发布

本例采用租用虚拟主机的形式发布,因此需要将网页上传至虚拟主机即可发布,由于网页媒体程序素材文件较多需要长时间上传,因此需要利用 FTP 工具进行上传,本例以利用 CuteFTP 上传为例,输入目标主机 IP、账号、密码(由 ISP 服务商提供)即可登录软件,直接将本地目录的网页媒体程序拖曳到虚拟主机目录即可,如图 5-199 所示。

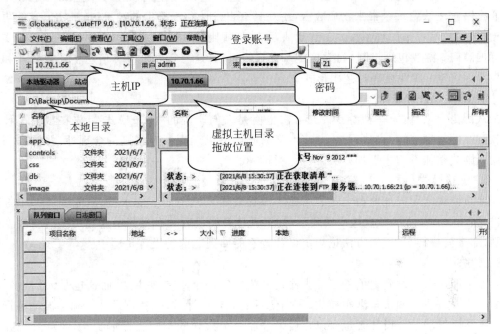

图 5-199　网站发布

5.6　游戏设计与制作

5.6.1　游戏基础知识

1. 游戏概念

游戏这个概念很难定义,大家从各个角度对游戏进行了定义。下面各种版本的定义。

(1) David Parlett 认为游戏要有"目标和工具":目标、结果和系列实现规则。

(2) Clark C. Abt 认为游戏是包含玩家决策的活动,是在"有限环境"中寻找目标。

(3) Roger Callois 认为游戏包含六大属性:"自由"即体验具有选择性而非义务性;"单独性"即事先设定于某空间和时间中;"易变性"即具有不确定的结果;"非创造性"即不会创造商品和财富;"规则性"即受规则限制,玩家必须遵守;"虚构"即游戏不是现实生活,而是共享的独立"现实"。

(4) Bernard Suits 认为游戏是"自愿付出完成不必要的障碍。"这是最受大家认可的定

195

义。这个定义听起来有些不同,但包含很多先前定义的概念:自发性、存在目标和规则。"不必要障碍"说明规则故意拖延效率,例如,若一字棋的目标是横向、纵向及对角方向收集3个符号,最简单的方式就是首回合在同一行中写下3个符号,同时让对手无法接触到纸张。但用户并没有这么做,因为游戏有自己的规则,这些规则是游戏体验的来源。

(5) Katie Salen 和 Eric Zimmerman 创作的 *Rules of Play* 一书中认为游戏是"玩家参与规则定义的虚拟冲突,进而产生量化结果的机制"。

通过讨论这些定义,总结出游戏包含:游戏是一种活动、具有规则、包含冲突、具有目标、包含决策,是虚构内容,非常安全,脱离正常生活,有时也指玩家进入"魔法阵"或共享"有趣心态",它无法给玩家带来物质收获,游戏具有自发性和不确定的结果,是真实内容的再现或模拟,但其本身采用虚拟模式;游戏缺乏效率,规则会融入限制玩家采用最便捷方式实现目标的障碍;游戏包含机制,通常这是一个封闭机制,这意味着资源和信息不会在游戏和外在世界间流动;游戏是一种艺术形式。

2. 游戏设计方法

从历史上来看,第一种游戏设计方法也就是人们所说的"瀑布模式":先在纸上设计出整款游戏的轮廓,随后去执行这个设计,然后测试它以确保所有规则的合理性,并添加一些图像让游戏整体看起来更加好看,最后发行游戏。

1) 瀑布模式

瀑布模式之所以如此命名是因为整个流程就像是倾泻而下的水流,只能朝着一个方向前进,如图 5-200 所示。在这个模式下,如果设计者在最后几个步骤中遇到一些需要改变的规则,那么就糟糕了,因为方法论规定设计者不能回到之前的设计步骤中。

2) 迭代过程

如果能够选择回到之前的步骤去修正一些内容是个不错的主意,而这也是人们后来所说的迭代式方法。如果是瀑布模式,人们便只能沿着设计游戏、执行设计并确保设计可行这一直线路而行动了。设计者也可以在后来添加一个额外的步骤去评估游戏,即玩游戏并判断它是否有趣或者哪里需要做出调整。随后做出决定:你是否完成了任务,还是你应该回到之前的设计步骤进行一些完善?如果设计者认为游戏足够优秀了,那么设计者便完成了所有工作。但是如果设计者认为游戏尚待调整,那么就需要回到之前的设计步骤,找到问题所在,并针对性地进行修改,然后再次评估游戏。反复进行这一过程直到游戏真正得以完善。迭代过程如图 5-201 所示。

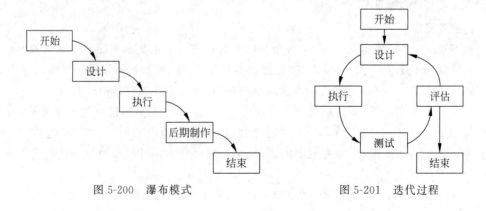

图 5-200　瀑布模式　　　　　　　　图 5-201　迭代过程

如果设计者认为这种方法很耳熟,那是因为它其实等同于科学理论。

(1)观察:在玩游戏或者制作游戏中的体验都证实了一些游戏机制的趣味性。

(2)假设:认为所编写的这系列特别规则将能够制作出一款有趣的游戏。

(3)创造一个试验去证实或反驳这一假设:组织游戏测试并观察游戏是否具有趣味性。

(4)执行试验:玩游戏。

(5)阐述试验结果,并组成一系列新观察。重新回到第一个步骤。

一般来说,迭代次数越多,最后成品的游戏也会越优秀。因此,任何游戏的设计过程必须包含尽可能多的迭代过程,而如果能够越快执行这些过程,那么将能够创造出更好的游戏。所以,电子游戏设计师经常会先在纸上画出游戏原型,并在他们肯定了游戏的核心原则之后交由编程员进行游戏编程,这一过程称为"快速原型",如图5-202所示。

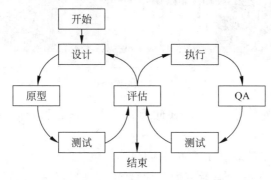

图 5-202　迭代和快速创建原型

3. 游戏的基本元素

游戏的设计方案应该包含以下内容,其中有些属于游戏的部分内容,有些是设计师在研究这些元素时需要考虑的东西。

1) 玩家

游戏支持玩家个数,如一个玩家 VS 游戏系统的典型游戏"红心大战",如图 5-203 所示。玩家的数量是固定的,还是可变动的?又如多个玩家 VS 多个玩家的游戏案例"魔兽世界",玩家间是什么关系?是团队合作还是独自作战?团队之间是否可能有差异?

2) 目标

游戏的目标是什么?玩家努力实现什么?在设计游戏时,如果设计者不知道从何下手的话,这通常是设计者可以提出的首批问题之一。一旦明确了目标,许多其他的正式元素似乎就会自然浮现眼前。以下是某些常见的目标。

(1)捕捉/摧毁。消灭游戏中对手的所有单位。象棋和军旗是为人所熟知的范例,玩家必须消灭所有敌方的棋子才能获得胜利。

(2)领地控制。玩家的专注点不一定是摧毁对手,也可以是控制棋盘上的某些区域,如"三国"。

(3)收集。例如,QQ 游戏"魔幻卡片"中需要玩家收集各种卡片。许多平台游戏包括某些玩家需要收集特定数量的分散物品才能通过的关卡。

(4)解决问题。桌游"妙探寻凶"便是此类游戏的范例,游戏的目标是解决谜题。

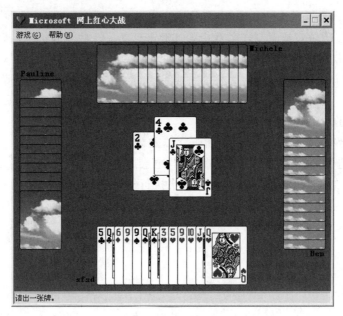

图 5-203　纸牌游戏

（5）追捕/竞速/逃跑。通常来说，在此类游戏中玩家必须奔向或者逃开某些东西，如"超级玛丽"。

（6）空间排布。许多游戏以元素布置为目标，如电子游戏"俄罗斯方块"。

（7）建设。"摧毁"的反方向，玩家的目标是将自己的角色提高或资源建设到某种程度。"模拟人生"采用的便是这种元素。

（8）其他目标的反面。在某些游戏中，当一名玩家采取了游戏规则禁止的做法，游戏结束，这名玩家便是输家，如"扫雷游戏"。

3）规则（机制）

规则有 3 种不同的类别：设定（游戏开始之初就做完的事情）、游戏过程（游戏期间发生的事情）和决定（导致游戏结束的条件及基于游戏状况决定结果的方法）。有些规则是自动的，它们在游戏的某个时刻被触发，与玩家的选择或互动无关。其他的规则决定了玩家可以在游戏中做出的选择或采取的行动，以及这些行动对游戏状态的影响。

4）资源和资源管理

"资源"是个广义的类别，用它指代所有处于玩家控制之下的东西。很显然这包括某些具体的资源，如 DotA 中的道具和"怪物之王"中的魔钻，"苦工"开采的沼气、晶石等，同时资源也包含其他处于玩家控制之下的东西。

玩家控制的是何种类型的资源？在游戏过程中如何对这些资源进行操作？这是游戏设计师必须清晰定义的东西。

5）游戏状态

某些"资源类"的东西并不属于单个玩家，但是仍然属于游戏的一部分，如"红色警戒"中的无主矿产。游戏中的所有东西包括当前的玩家资源和所有其他的东西。这些东西所构成的游戏在某个时刻的状况就是所谓的游戏状况。

在桌游中，精确定义游戏状况不总是必要的，但是有时思考这个方面很有用。归根到底,规则的含义就是游戏从一种游戏状况过渡到另一种游戏状况所采用的方法。

在电子游戏中,必须有人定义游戏状况,因为它包括所有计算机必须追踪的数据。通常情况下,这个任务会落到程序员身上,但是如果游戏设计师能够清晰地定义整个游戏状况,可以很大地改善编程团队对游戏的理解。

6）信息

每个玩家可以看到多少游戏状况？改变玩家可以触及的信息数量会对游戏产生很大的影响,即便所有其他的正式元素都维持不变。以下是某些游戏中使用的信息结构。

（1）有些游戏会提供全部信息,所有的玩家可以在任何时刻看到全部的游戏状况,如象棋游戏。

（2）游戏包含某些每个玩家独有的信息。在扑克和其他卡片游戏中,每个玩家都有一手只有他们自己能够看到的牌。

（3）一个玩家可以拥有自己的保密信息,但是其他玩家不能。这通常出现在一对多的玩家结构中,如"星级争霸"的一对多模式。

（4）游戏本身包含某些所有玩家都无从知晓的信息,如"星际争霸"的多人对系统模式。

（5）这些方式的结合。许多即时战略计算机游戏设置有"三角洲部队",向所有玩家隐藏地图上的某些地方,直到他们派某个单位到敌方视野范围才能看到。因而,有些信息是向所有玩家隐藏的。除此之外,玩家不能看其他人的屏幕,因而每个玩家都不会知道对手的信息,自己的信息也不会被对手知晓。

7）顺序

玩家以何种顺序采取行动？游戏如何从一个行动流向另一个行动？根据所使用的回合结构不同,游戏的运行方式也有所不同。

（1）有些游戏是纯粹的回合制：在游戏中的任何时刻,只有一个玩家在自己的"回合"内采取行动。当他们结束之后,回合转向其他玩家。多数经典桌游和回合制战略游戏都采用这种方法。

（2）有些游戏是即时性的,玩家以尽量快的速度开展行动。多数面向动作类的电子游戏都采用这种方法。

（3）其他变体。对于基于回合的游戏而言,玩家要以何种顺序轮流行动呢？以顺时针方向轮流采取行动是普遍的做法。以顺时针顺序随后跳过首个采取行动的玩家以减少先手优势也是在许多现代桌游中采用的改良方法。

（4）回合制游戏可以被进一步修正,如加入明确的时间限制或其他形式的时间压力。

8）玩家互动

游戏中的这个层面经常被忽略,但是却是值得考虑的。玩家如何同其他人互动？他们如何影响其他人？以下是某些玩家互动的范例。

（1）直接冲突,如我攻击你。

（2）谈判,如你支持我进入蜀国,下个回合我会帮你进入越国。

（3）交易,如我用木材换取你的麦子。

（4）信息共享（我上个回合看过那片被覆盖的区域,如果你进入就会触发陷阱）。

9）主题（或叙事、背景故事及场景）

以上术语的含义对于玩家而言,它们可以互换,都是指游戏中完全不直接影响游戏玩法的部分。

设置这些内容的主要原因有两个：首先，场景提供了游戏的情感连接，例如，玩家发现自己对象棋棋盘上卒的关注并不像对"龙与地下城"中的角色关注那样深，虽然这不一定能够让一款游戏比另一款游戏更好，但是确实可以更容易地让玩家在游戏中投入情感；其次是精心选择的主题能够让游戏学习和玩起来更加容易，因为规则更易于理解。象棋中棋子的移动规则与主题毫无相关，因而学习象棋的玩家必须死记这些规则。相比之下，"城市大富翁"中的角色与它们的游戏功能都存在联系：建筑工人可以帮助玩家建造建筑物，市长可以招募新定居者等。游戏中多数的行动都很容易记住，因为它们同游戏的主题存在某些联系。

10) 游戏系统

对于这些正式元素，需要注意以下两点。

(1) 如果改变任意一个正式元素，那么可能产生出差异极大的游戏。游戏中的每个正式元素都深层次地影响玩家体验。在设计游戏时，思考所有的元素，确保每个元素都做出慎重的选择。

(2) 这些元素是相互关联的，改变其中一个可能会影响其他元素。规则控制游戏状况的改变，信息有时会变成资源，顺序可能产生不同类型的玩家互动，改变玩家数量可能影响游戏的目标。

一款游戏可能包含多个系统，如"魔兽世界"有战斗系统、任务系统、公会系统和聊天系统等。

5.6.2 设计工具

游戏设计同样是一个软件综合应用的设计项目，游戏是具有交互性的程序系统，因此只要具备设计交互式程序的软件均可以设计游戏，如 C、VB 等程序设计语言及 Flash 等具备交互设计的动画软件。但只有程序设计软件还不够，游戏过程当中会出现大量的图片、动画、视频、音频，还需要相关素材的设计开发软件，因此游戏的设计是一个软件综合应用的过程。

5.6.3 设计流程

1. 创意生成

设计的第一步是必须有一个基本的游戏创意，不一定要完全成形，但至少要有一个基本的概念。创意生成有以下 7 种方式。

1) 体验法

从玩家体验的角度出发，构想一套能达到期望美学的规则。想一想自己玩游戏时的最好体验，即什么游戏规则能带来那种体验？

2) 规则法

从在日常生活中观察到的规则或系统出发，特别是那些需要人们做出有趣决定的。观察周围的世界，思考什么系统能做成好游戏。

3) 改良法

从现存的、确定的设计出发，然后将其调整提升。这种方法常用于制作游戏续篇。将认为有潜力但价值还没完全发挥出来的游戏进行改良。

4）技术法

从技术（如新游戏引擎或特别的游戏部件）出发，将其运用于自己的游戏中。在生活的地方有什么东西还没出现在游戏中，但可以添加到游戏中？

5）拾遗法

从其他资源中搜集材料，如其他游戏还没用上的艺术作品或游戏机制，利用这些设计一款游戏。

6）剧情法

从游戏的剧情出发，然后找到匹配的规则，做成一款剧情导向型的游戏。什么类型的故事适合做成游戏？

7）市场研究法

从市场研究出发：可能知道某类人群还没被开发，可以针对这类人群设计游戏；或者只知道当前某个主题很热门，且某段时间内不会有太多的游戏出来填补市场，这就是个时机，可以把这个信息转化为可玩的游戏。

将以上方法组合使用。例如，从体验法和剧情出发，可以制作出一款兼顾剧情和玩法的综合型游戏。

2. 原型制作

有了基本想法，下一步就是尽快将其转化为尽可能廉价的可玩模型。这样做可以为测试和返工节省下大量时间。

1）原型制作的"法则"

制作原型的目的是最大化迭代循环次数，各个重复循环一般包含 4 个步骤：设计、原型、测试和评估。下面从各步骤进行分析。

设计游戏的规则时，如果不折中目标，确实无法节省时间，因为匆匆忙忙设计不出好的创意。

通过制定高效的时间表和设计测试可以减少花在游戏测试上的时间，但仍然有一个固有的限制：在某个时间点上，测试者就得花费这么多时间来测试游戏，不能再仓促了。评估倒是用不了太多时间，（只是根据测试结果，简单地回答是否来决定游戏好不好），所以也不可能从中挤出什么时间了。因此，节省时间的重任就落到原型制作这个步骤上了，制作可玩的原型时，需要掌握以下 3 点。

（1）能快则快。怎么快怎么来，只要省钱省事，丑点没关系。

（2）删繁就简。只做评估游戏必须具备的部分。如果打算测试新的战斗系统，那么不需要制作出整个探测系统。如果要制作卡片游戏，徒手在卡片上完成就好，没必要输入到 PPT 上，打印在硬纸片上然后用手把它剪下来。原型阶段主要测试规则，而不必在乎图像等素材设计。

（3）容易调整。做测试时，会发现不少问题，所以得保证原型容易调整。

2）纸上原型

纸上原型就是要有一个有实物的、摆到桌面上、不用计算机（或至少不需要代码）也能玩的游戏。编程很好、很强大，但与纸上原型相比，太慢、太贵。纸上原型具有以下 4 个优点。

（1）节省资源。大多数系统只要一支笔加几张纸就能完成了。

（2）省时。设计者不需要在编程、布局或美术设计上浪费时间，只要在碎纸片上设计一些样式就够了。

（3）容易修改。不喜欢某个数字，可以擦了另写一个。想法用不了，最多浪费一些时间。就像打草稿：如果第一次画得不太好，浪费的时间只是那几秒，可以涂掉重来。

（4）普适性。纸上原型基本上可以模拟所有系统，一般认为是只针对电子游戏的系统。

通过制作一些可玩的原型，必须切实地设计出系统。不能只是想"这个游戏包含50张不确定的卡片"，所以设计者必须像游戏设计师那样真正地去设计游戏。

3）纸上原型的缺陷

纸上原型存在以下5个缺陷。

（1）不适合以敏捷或时间为基础的系统。有许多以敏捷为基础的非数字化的游戏，如"街霸"系列电子游戏就很难在纸上模拟得很好。

（2）有些信息对玩家隐藏，但仍需要记录在案，如在RTS游戏中非常流行的"帝国时代"。

（3）含有极端复杂的算法。这种系统建议使用Excel制作"原型"。如果复杂的系统是游戏的核心部分，这意味着"计算机玩得比玩家还开心"，也许有必要对游戏进行简化处理。

（4）界面艺术性较高。"华而不实"等高质量的美术和动画显然不能靠简笔画和手写卡就给原型化，而且这些也不是游戏机制的一部分。

（5）纸上原型不适用于测试电子游戏的UI。计算机UI是动态的，但纸是静态的。可以从纸上草稿看出一点视觉设计的意思，但要知道计算机上的实际效果如何，就需要制作数字化原型。

纸上原型的优势是很普遍的，而其缺点却是特定的，所以每个设计师都应该掌握纸上原型的技巧，无论他们是制作电子游戏还是桌面游戏。

4）计算机原型制作

纸上原型用于测试游戏是否有创意和游戏规则是否合理，在经过纸上原型后就进入到计算机原型制作阶段，该阶段主要包括以下两个步骤。

（1）场景、元素制作。场景制作主要用于设计游戏的界面和实体设计，其中包含大量的素材制作，如游戏中出现的角色、道具、语言、声音等。

（2）程序设计。程序设计主要完成在游戏中需要进行的交互动作和算法，如计时、方向控制、计分等。

5）游戏测试

游戏测试，即在计算机环境下测试游戏的创意与功能、效果是否与设计一致。

以上就是设计游戏的基本过程，游戏需要在以上过程中不断循环完善。

5.6.4 制作实例：极速赛车

极速赛车是大家常见的一款竞速游戏，本例采用Flash CS5和ActionScript 3.0完成游戏的设计。

1. 设计游戏

本游戏的创意、规则设计为通过键盘上的"↑""←""→"3个键分别控制赛车的加速前进、向左转、向右转，赛车在环形赛道上进行比赛，若赛车驶离赛道则减速。3分钟跑完赛道三周的为通关,并通过计时进行排名。

2. 原型设计

该游戏设计的场景比较少,规则比较简单,在纸上原型阶段,简单绘制即可转入计算机原型阶段。转入计算机设计阶段,首先设计游戏中出现的各类组件,设计组件的目的是便于游戏修改,组件重用,在该阶段各组件不必设计得很精细,满足测试要求,待游戏测试通过后,再精细修改各组件。

1) 场景中影片剪辑设计

该游戏主要涉及赛车、树、赛道等组件的影片剪辑,其中树影片剪辑有 3 幅图需要随机、循环地出现在赛道两侧;赛道影片剪辑需要设计树坑位置,即树出现的位置;而游戏背景则是体现地平线的天地。各主要影片剪辑设计如图 5-204~图 5-207 所示。

图 5-204　赛车影片剪辑

图 5-205　树影片剪辑

图 5-206　赛道影片剪辑

图 5-207　天、地背景影片剪辑

2) 交互程序设计

赛车游戏要展示少数物体向屏幕纵深移动的情况,在场景中不停地变化玩家的视野,在本例中是以移动场景来实现该效果。以下是定义该 Flash 游戏的类,在该类中对各对象的属性和方法进行了定义。

导入基类后建立两个 Sprite,第一个保留所有东西,命名为 viewSprite,第二个命名为 worldSprite,在 worldSprite 中放置道路、树和车。

```
package {
    import flash.display.MovieClip;
    import flash.display.Sprite;
    import flash.events.×;

    public class Racinggame extends MovieClip {
        private var viewSprite:Sprite;                              //所有东西
        private var worldSprite:Sprite;                             //路、树、车
        //对象的引用
        private var car:Car;
        private var ground:Ground;
        private var worldObjects:Array;                             //树和车
        //定义键盘输入变量
        private var leftArrow,rightArrow,upArrow,downArrow: Boolean;
        //定义 car 对象的 direction 和 speed 变量
        private var dir:Number;
        private var speed:Number;
        //生成场景
        public function Racinggame()
        {
            //创建环境,并定中心位置
            viewSprite = new Sprite();
            viewSprite.x = 275;
            viewSprite.y = 350;
            addChild(viewSprite);
            //添加 worldSprite,这里需要将它倾斜90°,将地面平放
            worldSprite = new Sprite();
            worldSprite.rotationX = -90;
            viewSprite.addChild(worldSprite);
            //将游戏的地形对象加入场景,并放大 20 倍,用以覆盖大部分区域
            ground = new Ground();
            ground.scaleX = 20;
            ground.scaleY = 20;
            worldSprite.addChild(ground);
            //在树坑的位置创建树对象
            worldObjects = new Array();
            for(var i:int = 0;i < ground.numChildren;i++) {          //遍历孩子
                if (ground.getChildAt(i) is TreeBase) {             //掉到树坑
                    var tree:Tree = new Tree();
                    tree.gotoAndStop(Math.ceil(Math.random()×3)); //随机树
                    tree.x = ground.getChildAt(i).x×20;             //设定位置
                    tree.y = ground.getChildAt(i).y×20;
                    tree.scaleX = 10;                               //使树的大小合适
                    tree.scaleY = 10;
                    tree.rotationX = 90;                            //竖起树
                    worldSprite.addChild(tree);
                    worldObjects.push(tree);                        //记住树
                }
            }
            //添加车
            car = new Car();
```

```
        car.rotationX = 90;
        worldSprite.addChild(car);
        worldObjects.push(car);
        //初始化方向和速度
        dir = 90.0;
        speed = 0.0;
        //Z 值索引排序
        zSort();
        //响应键盘事件
        stage.addEventListener(KeyboardEvent.KEY_DOWN,keyPressedDown);
        stage.addEventListener(KeyboardEvent.KEY_UP,keyPressedUp);
        //advance game
        addEventListener(Event.ENTER_FRAME,moveGame);
    }
    //读取键盘控制,按下按键
    public function keyPressedDown(event:KeyboardEvent) {
        if (event.keyCode == 37) {
            leftArrow = true;
        } else if (event.keyCode == 39) {
            rightArrow = true;
        } else if (event.keyCode == 38) {
            upArrow = true;
        } else if (event.keyCode == 40) {
            downArrow = true;
        }
    }
    //读取键盘控制,释放按键
    public function keyPressedUp(event:KeyboardEvent) {
        if (event.keyCode == 37) {
            leftArrow = false;
        } else if (event.keyCode == 39) {
            rightArrow = false;
        } else if (event.keyCode == 38) {
            upArrow = false;
        } else if (event.keyCode == 40) {
            downArrow = false;
        }
    }
    //移动控制
    public function moveGame(e)
    {
        //左转还是右转
        var turn:Number = 0;
        if (leftArrow) {
            turn = .3;
        } else if (rightArrow) {
            turn = -.3;
        }
        //如果按下向前箭头则加速,否则减速
        if (upArrow) {
            speed += .1;
```

```
                if (speed > 5) speed = 5;
            } else {
                speed -= .05;
                if (speed < 0) speed = 0;
            }
            //如果车驶离赛道则减速
            if (!ground.road.hitTestPoint(275,350,true)) {
                speed *= .95;
            }
            //如果在移动,那么就继续移动并且转弯
            if (speed != 0) {
                movePlayer(-speed*10);
                turnPlayer(Math.min(2.0,speed)*turn);
                zSort();
            }
        }
        //场景的位置控制
        private function movePlayer(d) {
            //move player by moving terrain in opposite direction
            worldSprite.x += d*Math.cos(dir*2.0*Math.PI/360);
            worldSprite.z += d*Math.sin(dir*2.0*Math.PI/360);
            //move car opposite of terrain to keep in place
            car.x -= d*Math.cos(dir*2.0*Math.PI/360);
            car.y += d*Math.sin(dir*2.0*Math.PI/360);
        }
        //设置场景的角度转化
        private function turnPlayer(d) {
            //change direction
            dir += d;
            //rotate world to change view
            viewSprite.rotationY = dir-90;
            //rotate all trees and car to face the eye
            for(var i:int = 0;i<worldObjects.length;i++) {
                worldObjects[i].rotationZ -= d;
            }
        }
        //控制路边树木的显示和高度
        private function zSort() {
            var objectDist:Array = new Array();
            for(var i:int = 0;i<worldObjects.length;i++)
        {
            var z:Number = worldObjects[i].transform.getRelativeMatrix3D(root).position.z;
                objectDist.push({z:z,n:i});
            }
            objectDist.sortOn( "z",Array.NUMERIC | Array.DESCENDING );
            for(i = 0;i<objectDist.length;i++)
            {
                worldSprite.addChild(worldObjects[objectDist[i].n]);
            }
        }
    }
}
```

3. 游戏测试

将 Flash 发布后进行测试,在游戏设计过程中,一般需要边开发边测试,尽可能早地发现问题,界面如图 5-208 所示。

图 5-208 极速赛车运行界面

5.7 虚拟现实设计与制作

5.7.1 设计工具

创作 VRML 可以用任意的文本编辑器,如 Windows 下的 NotePad 等,然后保存为以.wrl 为扩展名的文件即可。对于复杂的三维造型,如果 VRML 语句逐句写出,那么其工作量是非常大的,有时也是无法完成的,很多大型的具有三维造型功能的软件(如 3ds Max)都开发了 VRML 文件的输入输出接口,人们可以利用这些造型工具直观快速地创建一个三维空间,然后输出为.wrl 扩展名的文件。这样对于复杂的三维造型在 VRML 环境中的显示就不成问题了。

VrmlPad 是 ParallelGraphics 公司开发的一款功能强大且操作简单的 VRML 开发设计专业软件,其完全遵照 VRML 97 标准设计。VrmlPad 可以对 VRML 文件进行浏览编辑,对资源文件进行有效的管理,并且提供了 VRML 文件的发布向导,可以帮助开发人员编写和开发自己的 VRML 虚拟现实作品,如图 5-209 所示。

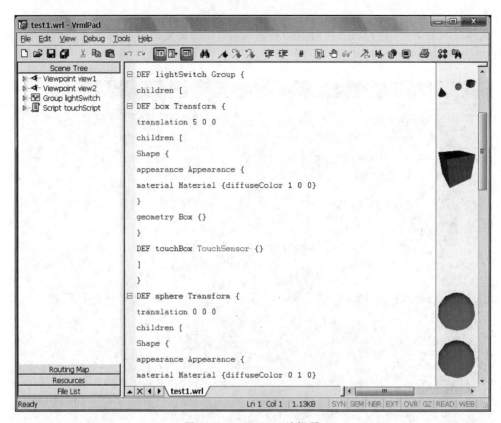

图 5-209　VrmlPad 编辑器

5.7.2　设计流程

对于虚拟景观场景的开发建模大体分为两个阶段：第一个阶段是针对场景内各个地上建筑分别单独建模；第二个阶段则是把所有已建好模的建筑物集成到虚拟环境中。

1. 在 3ds Max 中构造基本模型

以景观为内容的建模工作既复杂且量大，若全部采用编写 VRML 代码的方法，易出错且效率低。通常选用三维软件 3ds Max 搭建基本场景，其优势是能够快速高效地构造复杂的三维模型，并设定材质、光效和动画，同时兼有输出 .wrl 格式的功能，这一点对提高建模效率非常有用。

为了准确形象地绘制出虚拟场景，利用 3ds Max 创建虚拟对象还需要以下 3 个重要步骤。

1）绘制场景平面图

为了使场景真实、比例协调，对场景进行合理的布局是至关重要的。在 AutoCAD 中绘制了场景布局的平面图，生成 .dwg 格式的矢量文件，该文件通过调整图层和文件块的形式可以导入到 3ds Max 中，定位道路、楼群和其他建筑物未来的立体布局。场景平面图是场景合理布局的基础。楼宇的建模则参照相关楼宇的规划图纸。可以说，制作任何三维场景，先设计出一幅准确合理的场景平面图十分重要。

2）采集必要的纹理照片

为了制作出逼真的三维对象，同时简化建模工作量，在制作一些特定对象时，需要采集纹理图片数据,包括砖纹图片、门窗图片、草地图片等。在 Photoshop 中将采集的纹理图片处理成可无缝平铺的贴图。

3) 构建场景三维模型

借助于平面布局图和必要的纹理采集图片,在 3ds Max 构建各个三维对象的基本模型。VRML 通过节点来描述场景实体,3ds Max 可以将其环境中的模型以 VRML 的格式输出。即将各个三维模型转化为相应的节点,以便为相应的浏览器解释并绘制。

2. 在 VrmlPad 中编辑

从 3ds Max 输出的 VRML 文件虽然已能上网发布,但由于场景物体不全、交互行为不足,因此还应该打开已生成的.wrl 文件,加入声音及其他交互行为以完善系统功能,如在场景中加入 Background、Viewpoint、Billboard、Inline 等节点。再利用造型节点的层次细分和编组节点对场景对象的相应代码做进一步的组织、校验和完善建模流程。

虚拟场景建模的一般流程如图 5-210 所示。

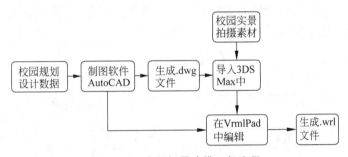

图 5-210　虚拟场景建模一般流程

5.7.3　制作实例：某学院虚拟校园

虚拟校园是基于浏览器的,提供给用户友好的操控界面,用户可以用鼠标任意地拖动、放大或者缩小,操作方便快速。通过这个三维虚拟校园可使用户比较直观地了解校园各区域的分布情况,在这里空间次序的视觉理解和感知变得非常容易,使用户在浏览中产生身临其境的感觉。图 5-211 为某院校虚拟校园的设计实例。

图 5-211　某学院虚拟校园的设计实例

1. 虚拟校园系统的设计分析

A学院的虚拟校园是一个较大规模的三维场景,旨在通过互联网及浏览器展示A学院的校园风貌。游览者可以走进校园,观赏校园的景观布局,领略校园的生活氛围,在虚拟的游览中逐渐了解A学院的风貌。

为了较真实地反映校园风貌,可以通过两个方面表现这个虚拟境界:第一,要根据A学院实际的景观风貌分别对校园内的各个场景进行建模,这些场景包括道路、教学楼、校门、花草树木、图书馆、学生公寓及一些其他建筑物,通过对这些场景的建模构建出虚拟的A学院校园,也是整个学校给游览者的第一印象;第二,通过文字、图片、音频等多媒体技术手段辅助性地介绍学院的特色建筑和标志,从而实现介绍A学院的目的;第三,为了给浏览者一种方便快捷的游览方式,同时增加交互效果,系统需为用户设置多个建筑物的不同观测视点。

经过分析,首先要描绘出整个校园的主干道。主干道在整个校园中起到基线的作用,然后以这条道路作为参照,把独立构建的各个楼宇、场馆、校门、花草树木及其他场景组合安放在相应的位置。三维场景的建模是虚拟校园的重要组成部分,它关乎着虚拟校园能否形象生动的展现。图5-212为待建模的各场景的层次关系。

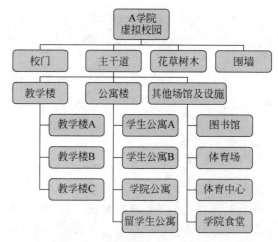

图5-212　待建模的各个场景的层次关系图

2. 虚拟场景的建模流程

本设计中,对于虚拟校园场景的开发建模大体分为两个阶段:第一个阶段是针对校园内各个地上建筑分别进行单独建模;第二个阶段则是把所有已建好模的场景集成到一个虚拟环境中。

1) 在3ds Max中构造基本模型

以校园场景为内容的建模工作复杂,工作量很大,若全部采用VRML代码编写的方法,出错高且效率低。因此,本设计选用三维建模软件3ds Max搭建基本场景,其优势是能够快速高效地构造复杂的三维模型,并设定材质、光效和动画,同时兼有输出.wrl格式的功能,这一点对提高建模效率非常有用。

2) 绘制场景平面图

为了使场景真实,比例协调,对场景进行合理的布局是至关重要的。首先,要在AutoCAD中绘制了场景布局的平面图,生成.dwg格式的矢量文件;再将该文件通过文件块的形式导入到 3ds Max 中，定位道路、楼群和其他建筑物的平面布局。场景平面图是场景合理布局的基础，楼宇的建模则参照相关楼宇的规划图纸。图 5-213 为 A 学院校园场景布局的平面图。图 5-214 为场景布局的平面图导入 3ds Max 中的效果。

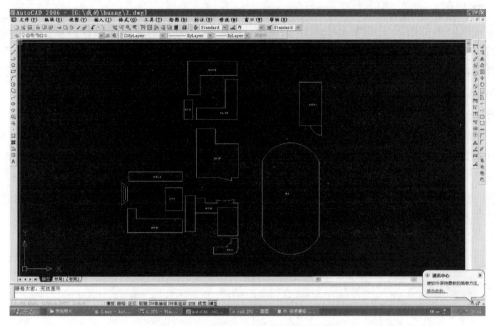

图 5-213　某校园场景布局的平面图

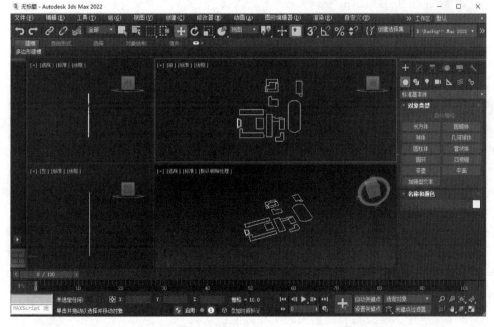

图 5-214　场景布局的平面图导入 3ds Max 中的效果

3）采集必要的纹理照片

为了在保证制作出较逼真的三维对象的前提下，尽量减少建模工作量，在制作一些特定对象时,需要在校园内采集纹理图片数据,包括砖纹图片、树木图片、草地图片等。在 Photoshop 中将采集的纹理图片处理成可无缝拼接的贴图,并保存为 JPG 格式。

3. 各主要场景的建模

1) 校门的建模

在校门场景构建中要解决的第一个问题是造型外观的控制。造型的外观是通过材质控制的,材质属性包括造型自身的颜色、是否发光、发光颜色、是否透明、透明度等。在基本建模后,编辑节点时可使用 Appearance 和 Material 节点控制造型的颜色、发光颜色和透明度。例如,在校门场景的建模中,传达室是由两个正方体造型构成的,外部是半透明的玻璃;上面的顶棚是扁平状的长方体,外部是银灰色不透明的板材。

在校门场景构建中要解决的第二个问题是校名题字的显示。按照 VRML 规范,它应该支持包括汉字在内的所有 UTF-8 字符,但许多插件都不支持汉字的显示。VRML 不能显示汉字的原因不在于其语言本身,而是在于 VRML 浏览器的三维引擎。为了在 VRML 中实现三维字的渲染,通常有两种方法:第一种是用多边形对齐所要的字体形态;第二种是用题字照片对三维字体进行纹理渲染。本设计采用的是第二种方法,校门场景的具体实现代码如下:

```
Transform {
        rotation 0.0 1.0 0.0 − 0.52
        translation 6 0 2
        children [
        Shape {
        appearance Appearance {
        material Material {diffuseColor 0.5 0.5 0.5}
        texture ImageTexture {url"tianshi.jpg"}
        ♯欧阳中石题字的天津天狮学院的校名纹理贴图
        } geometry Box {size 6.75 2.0 0.5}
            }
        ]
    }
```

Transform 节点是一个组节点,这个节点是整个程序设计中的基础节点,几乎每一个模型的建立都用到了 Transform,因此对 Transform 的灵活运用尤为重要,该节点包括一个子节点的列表。这些子节点可以是 Shape 节点、Group 节点或 Transform 节点。translation 用来指定造型的位置,children 域是指定受该节点变换影响的子节点。校门虚拟场景如图 5-215 所示。

2) 图书馆的建模

图书馆的建模是一个较复杂的场景,需要将整个建筑物分割建模。在图书馆的建模中,由于图书馆的左右大部分是对称的,因此可以先对左面的部分进行建模,最后用 rotation 节点旋转,再进行修改,得到相应的场景,图书馆虚拟场景如图 5-216 所示。

以下代码描述了模型旋转和插入的实现方法:

```
Group {
        children [
            Transform {
```

图 5-215　校门虚拟场景

图 5-216　图书馆虚拟场景

```
translation − 6.9 − 8.2 − 3
children [
    DEF Part Inline {
        bboxSize 5.0 8.0 2.0
        bboxCenter 1.0 4.0 0.0
        url "part.wrl"
        }
]
}    #本段实现插入图书馆对称的另一部分
Transform {
    translation − 6.9 − 4.2 − 3
```

```
                    children USE Part
            }       ♯对上面的建模重用
        Transform {
            translation － 3.6 － 0.2 － 12
            rotation 0 1 0 3.14
            children USE Part
            }       ♯旋转
        ]
    }
```

这里用到了 VRML 中的两个重要工具：节点名定义 DEF 和引用 USE，这是 VRML 提供给用户的两个避免重复劳动的工具。节点命名是以关键字 DEF 加上所命名名称，置于节点类型定义之前来实现的。这两个说明符可以放在任何允许节点的地方。USE 语句并不是复制该节点，而是把该节点再次插入它所在的场景图。

3）教学楼 A 的建模

教学楼的建模是一个复杂且较大的场景，同样需要对各个建筑物进行分割建模。教学楼 A 的主体为非对称结构，因此建模时应分别对各分割结构单独建模，各部分中有对称结构，可采用建模重用的方法。教学楼 A 虚拟场景如图 5-217 所示。

图 5-217　教学楼 A 虚拟场景

4）留学生公寓的建模

留学生公寓的结构依然是呈 L 形，主体建模方法参照教学楼 A 的方法，只是在 L 形的拐角处设计了一个大门的异型结构。留学生公寓虚拟场景如图 5-218 所示。

4. 虚拟场景的交互实现

用户若希望得到多角度和多方位的观察效果，根据用户动作虚拟场景能够做出一定交互能力，这里还需要为已建立好的虚拟校园设置一些视点，在用户需要时进行切换。交互能力是 VRML 2.0 最突出的特征。

浏览虚拟校园的过程中，可能已经体验到视点的变化：当拖动鼠标或按下箭头键时，虚拟境界就会旋转或缩放，这实际上是在调整用户的视点位置或视角。在虚拟场景的重要位置还可以自定义视点节点，它们是虚拟境界创作者给用户推荐的最佳观赏方位，在 VRML

图 5-218　留学生公寓虚拟场景

浏览器中,用户就可以通过鼠标右键选择作者推荐的各个视点。这里在虚拟校园场景中定义两个视点节点:

```
DEF view1 Viewpoint {
position 0 20 0
description "view1" }
DEF view2 Viewpoint {
position 50 30 80
description "view2" }
```

其中的坐标表示视点在场景中的三维空间位置,坐标的单位是米,视点的名称将会在浏览器的菜单或按钮中提示出来供用户选择。图 5-219 与图 5-220 为在 VRML 浏览器中以两个不同视点看到的教学楼 C 的情况。

图 5-219　View1 视点下观察教学楼 C 的效果

此外,为了丰富用户感知交互的媒体表现形式,这里还为各主要建模对象(如教学楼、宿舍、图书馆等)增加了语音注释功能。

图 5-220　View2 视点下观察教学楼 C 的效果

这里主要利用 AudioClip 节点来实现,结构如下:

```
AudioClip{
        url                 [ ]             # exposedField MFSrting
        description         " "             # exposedField MFSrting
        direction           0.0 0.0 1.0     # exposedField SFVec3f
        loop                FALSE           # exposedField SFBool
        pitch               1.0             # exposedField SFFloat
        startTime           0.0             # exposedField SFTime
        stopTime            0.0             # exposedField SFTime
        …
        }
```

其中 url 属性设置声音剪辑的位置,一般声音剪辑在主文件夹根目录下,可以不指定路径,直接输入文件名;description 属性标示注释内容;direction 属性制定声音的三维传递方向,默认为垂直于听众向外;loop 属性设置是否循环播放,默认为不循环;pitch 属性设置声音强度,默认为基础倍数 1;startTime 和 stopTime 属性分别设置播放的起点和终点,默认为自始至终播放。

这样,事先为各主要建模对象录制好语音注释后,通过 AudioClip 节点将它们分别设置在相应节点域中,相应代码如下:

```
AudioClip{
        url                 " xm.wav "
        description         "校门"
        …
        }
AudioClip{
        url                 " tsg.wav "
        description         "图书馆"
        …
        }
```

这样,当用户游历到某个建筑物时,可以将鼠标移到该建筑物上,即刻便会通过媒体计算机的音响播放出该建筑物的语音注释信息,同时鼠标旁也会显示该建筑物的文字注释信息,以此来全方位地增加用户的视听沉浸感。

5. 场景组合

构建完成各部分场景后，使用行插入节点 Inline 将这些场景进行有序组合成为一个完整的三维虚拟校园场景。每个 Inline 节点都有一个 url 域属性，该属性值指定了一个 URL 位置，这个 URL 值就是将要插入到 VRML 中的文件坐标位置。URL 指示 VRML 浏览器采取什么方式获得这个文件，在什么路径能找到这个文件。URL 还可以指出该文件是在网络虚拟路径中，还是在本机的物理路径中。场景组合过程中，经常需要调整场景各部分之间的比例和物理位置。

下面的代码将构建好的教学楼 A 安置在虚拟校园中：

```
Transform {
    translation 0 0 − 150
    rotation 0 1 0 − 1.396
    children [ DEF JXA Inline {url "ajiao.wrl"} ]
    }♯ 教学楼 A 场景的组合
```

通过以上方法，依次将各虚拟场景部署在虚拟校园设计的相应位置中，需要变更的是各虚拟场景之间的比例和物理位置。部分参考代码如下：

```
Transform {
    translation 0 0 − 120
    rotation 0 1 0 − 1.127
    children [ DEF TSG Inline {url "tsg.wrl"} ]
    }♯ 图书馆场景的组合
Transform {
    translation 0 0 − 90
    rotation 0 1 0 0.035
    children [ DEF GY Inline {url "gy.wrl"} ]
    }♯ 学院公寓场景的组合
Transform {
    translation 0 0 − 50
    rotation 0 1 0 0
    children [ DEF XM Inline {url "gate.wrl"} ]
    }♯ 校门场景的组合
Transform {
    translation 0 0 − 170
    rotation 0 1 0 − 1.597
    children [ DEF JXB Inline {url "bjiao.wrl"} ]
    }♯ 教学楼 B 场景的组合
Transform {
    translation 0 0 − 100
    rotation 0 1 0 − 1.012
    children [ DEF JXC Inline { url "cjiao.wrl"}]
    }♯ 教学楼 C 场景的组合
```

从校门口看到的场景组合效果，如图 5-221 所示。

在对以上主要建模场景的组合外，希望增加虚拟校园的真实感，还需加入围栏、路灯、绿化草皮及蓝天、白云等辅助场景。

在操场和草坪的建模中，主要采用平面贴图的方式，先根据平面布局图的尺寸和位置，

217

图 5-221　从校门口看到的场景组合效果

绘制出操场和草坪的平面图,再将其导入 3ds Max 中,生成富有质感的效果,最后将其与其他场景组合到虚拟校园中,如图 5-222 与图 5-223 所示。

图 5-222　从操场一角看到的两个教学楼的场景组合效果

图 5-223　从操场一角看到的场景组合效果

对于像围栏、路灯和绿化草皮等这些外形对称又多处出现的物体,需要采用 Billboard 节点法建模,然后再组合到虚拟场景中。以路灯为例,在建模过程中需注意两点:第一,使用 Billboard 节点对路灯对象建模,该节点有一项特殊的功能:使它的子节点永远面向观看者。路灯的高低决定 Box 的设置,并且要使长方体基本没有厚度,所以 Z 轴方向的参数非常小。第二,利用 Photoshop 软件生成和处理路灯的纹理映像。首先处理掉在路灯的照片中除了路灯轮廓以外的其他事物,将多盏灯泡间的空隙也处理出来,这样可以使路灯的最终效果更好;接着把图片的背景设置为背景透明;调整图像的尺寸,把它保存为 GIF 文件格式,因为 GIF 格式可以保存一些背景颜色并将其转换成透明,而 JEPG 不能存储透明性信息;最后将路灯的图像信息映射到 Box 节点上去。

路灯的建模代码具体如下:

```
Billboard{
Children Shape{
appearance Appearance{
texture ImageTexture{url "streetlight.gif" }}}
}geometry Box{ size 1 10 0.0001}
```

建好模后,再通过建模重用的方法,使用 DEF 和 USE 多次引用 Billboard 节点构造好的对象,就可实现多个路灯、多块草坪和成组围栏的虚拟效果了。

最后还需要为整个虚拟场景设置天空和地面的颜色效果,这里需要使用 Background 节点来定义。代码如下:

```
Background{
        skyColor [0.0 0.2 0.7,0.0 0.5 1.0,1.0 1.0 1.0]
        skyAngle [1.309,1.571]
        groundColor [0.1 0.0 0.0,0.4 0.25 0.2,0.6 0.6 0.6]
        groundAngle [1.309,1.571]
}
```

最终,将全部虚拟场景组合后的效果,如图 5-224 所示。

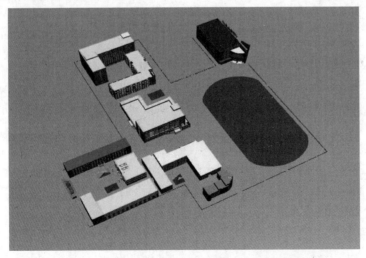

图 5-224　全部场景组合后的虚拟校园鸟瞰效果

5.8 练 习

一、填空题

1. 色彩的三要素是_____、_____和_____。

2. Photoshop 中通道分为_____和_____。

3. 进行图像自由变换的快捷键是_____。

4. 衡量输入/输出设备图像处理效果好坏的重要指标是_____。

5. 按动画的视觉空间来分,可以将动画分为_____和_____。

6. 在 3ds Max 中默认使用的 4 个视图是_____、_____、_____和_____。

7. 创建放样物体必备的两种曲线是_____和_____。

8. 虚拟景观场景的开发建模大体分为两个阶段:_____和_____。

9. HTML 元素以_____起始,以_____终止。

10. 改变音频素材音量的操作是_____。

二、简答题

1. 在 Photoshop 中"图像大小"与"画布大小"的区别是什么?

2. 位图和矢量图有什么区别?

3. 简述使用"油漆桶"工具和执行"编辑-填充"命令对选区填充颜色的区别。

4. Photoshop 中支持哪些色彩模式?

5. 简述 3ds Max 中分段数的作用。

6. 简述 HTML5 的特性。

7. 如何在影片片段中加入特技效果?

8. 游戏的基本元素有哪些?

9. 虚拟现实技术的基本设计过程是什么?

三、实验题

1. 基础实验

(1) 使用 Photoshop 设计制作一张以教师节为主题的贺卡。

(2) 在 3ds Max 中使用布尔运算功能制作一个茶杯。

(3) 利用 HTML5 实现小球在桌上弹跳的动画效果。

(4) 利用 Photoshop 设计个人主页的引导页。

(5) Photoshop 设计个人主页的信息展示页面,并利用切片工具生成网页。

(6) 将生成页面改造成网站模板。

2. 综合实验

(1) 使用 Premiere 制作一个以全国大学生运动会为主题的宣传片。

(2) 制作个人主页,要求包含视频、动画等元素,页面不少于 5 页。

(3) 完善"极速赛车"实例中的计时和排名控制功能。

第6章 数字出版与媒体管理

【学习导入】

数字出版是人类文化的数字化传承,它是建立在计算机技术、通信技术、网络技术、流媒体技术、存储技术等高新技术基础上,融合并超越了传统出版内容而发展起来的新兴出版产业。

网络游戏和网络广告已经发展成数字出版产业的三大巨头。本章介绍数字出版的概念和类型,重点介绍数字出版资源管理和版权管理。

【内容结构】

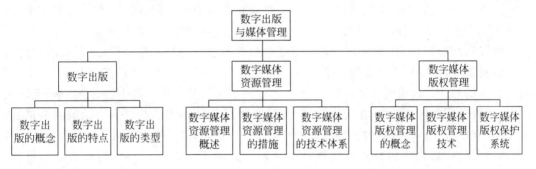

【学习目标】

(1)知识目标:了解数字出版、数字版权管理的概念,理解数字出版的类型,掌握数字版权管理技术。

(2)能力目标:掌握数字资源管理的方法与数字媒体版权保护系统的应用,培养学生数字媒体资源管理的能力。

(3)素质目标:培养学生对数字媒体资源管理与数字版权保护的意识。

6.1 数 字 出 版

数字出版是相对传统出版而言的。数字出版是出版业发展不可逆转的趋势。由于经济发展和科技进步,人们的阅读方式、习惯和心理都发生了巨大变化,而数字出版凭借海量存储、快速查询、多媒体、互动性强等特点,很好地满足了读者多样化的阅读需求,发展的势头远远超过了传统出版。

6.1.1 数字出版的概念

数字出版是一种"出版"行为,应当具备"出版"的本质特征。在我国《著作权法》中,"出版"是指"作品的复制、发行"这种复合行为,具体应包括"以印刷、复印、拓印、录音、录像、翻录、翻拍等方式将作品制作一份或者多份的复制行为"与"以出售或者赠与方式向公众提供作品的原件或者复制件"的发行行为的结合。因此,"出版"可以被认为是一种将作品制作成为一定数量的复制品,并提供给公众的行为。

数字技术的快速发展使承载信息的载体与传播信息的手段不断翻新,从而使各种新的出版形态相继涌现,如电子出版、网络出版、游戏出版、手机出版等。而新的出版形态都会用数字化技术实现,因此人们称其为数字出版。可以看出数字出版不再是指单一的某种出版形态,而是指用数字化技术实施的某一出版类型。数字出版可以将多种出版形态融合,可以将内容与服务融合。现代出版正在由简单出版向复杂出版转变。图书出版、报纸出版和期刊出版等传统出版业正受到数字出版所带来的影响和冲击。

对数字出版概念的理解,目前还不统一,有学者认为数字出版就是互联网出版,从出版内容、交易手段和发行方式都必须是数字的。但对大多数人来讲,谈到数字出版,关注的只是互联网出版的内容。一些出版社甚至一说到数字出版就认为是电子书出版。新闻出版总署在《关于加快我国数字出版产业发展的若干意见》的文件中指出,"数字出版是指利用数字技术进行内容编辑加工,并通过网络传播数字内容产品的一种新型出版方式,其主要特征为内容生产数字化、管理过程数字化、产品形态数字化和传播渠道网络化"。综合各种理解,数字出版其实指的是某种出版类型,是所有用数字化技术实现的出版形态的集合。

可以这样给其定义:数字出版是出版机构将著作权人的作品数字化,经过对内容的选择和编辑加工,再通过数字化的手段复制或传送到某种或多种载体上以满足受众(用户)需要的行为的总和。这里的载体可以是光盘、互联网、手机,甚至纸质载体。电子出版、互联网出版、手机出版是数字出版,按需印刷(POD)、视频点播(VOD)也应是数字出版的一部分。因此,数字出版强调的是对内容的选择和编辑加工的手段,以及把内容记录到某种载体中的方式,而最终承载内容的介质可以是任何人们可以接受的介质,包括纸张,甚至是竹简、绢帛。

6.1.2 数字出版的特点

数字出版与传统出版的差异最终体现在价值增值方式的变革。传统出版价值的实现需借助于传统物质生产方式;而数字出版价值的实现则直接体现在数字化、网络化流程中。因此,数字出版具有以下5个特点。

1. 内容生产数字化

内容生产数字化是指数字出版物借助二进制代码等数字化手段,将出版内容存储于相应的介质中,即采用数字化手段存储内容。数字出版内容生成过程的数字化使内容个性化定制成为可能。数字出版物的使用者可以借助数字化的内容生成机制,获取自身需要的数字化出版产品,从而扩大了数字内容的吸引力,也丰富了数字出版的内容。

2. 产品形态数字化

数字出版的最大优势在于其产品形态的数字化,以及由此带来的产品传播、使用的便捷。产品形态数字化是内容生产数字化所带来的必然结果,也是传播方式数字化的前提。目前来看,数字出版物主要以电子图书、数字报纸、数字期刊、网络原创文学、网络教育出版物、网络地图、数字音乐、网络动漫、网络游戏等形态出现,这些多样化的出版物形式本质上都是数字化产品的不同表现形态。

3. 传播方式数字化

通过计算机网络、手机网络、有线电视网络及将来可能出现的其他数字信息传播方式将极大地推进数字出版行业的发展。传播方式数字化是数字出版一个突出的特点,与传统出版相比,数字化的传播通道具有更为丰富的传播途径、更为完善的实现方式、更为快速的传播速度、更为优质的内容体验,从而必将对整个出版行业及大众使用出版物的习惯造成巨大的冲击。

4. 管理过程数字化

管理过程数字化是指数字出版物的版权管理及流程管理需要借助较为先进的数字化技术实现,尤其是数字化的出版内容需要获得数字版权管理(DRM)系统的支持,才能保证数字出版产业的持续发展。与此同时,法律上对技术措施的保护及防止垄断成为数字条件下版权保护急需解决的一个难题。

5. 使用作品数字化

数字作品的读取、显示和阅读往往需借助特殊的终端实现。在数字出版时代,作品内容以数字形态表现,这种形态与传统的纸质印刷不同,不能为使用者直接读取而必须借助数字化的转化手段。这种数字化手段需要借助数字化终端,使用数字化解决方案和数字化格式标准来实现。

6.1.3 数字出版的类型

目前数字出版产品类型主要包括电子图书、数字报纸、数字期刊、网络原创文学、网络教育出版物、网络地图、数字音乐、网络动漫、网络游戏、数据库出版物。

数字出版产品的传播途径主要包括有线互联网、无线通信网和卫星网络等。由于其海量存储、搜索便捷、传输快速、成本低廉、互动性强、环保低碳等特点,已经成为新闻出版业的战略性新兴产业和出版业发展的主要方向。

这里按照出版物的类型可以分为以下三类。

1. 电子书

电子书(E-book)概念,最早出现于 1940 年。"火箭书"作为其产品,由美国新媒体(Nuvo Media)公司于 1998 年第一次推出,这也是业界认为出现的第一款电子书。新媒体公司后来被美国的 Gemstar 集团收购。Gemstar 集团曾与微软、Adobe 并称"电子书三巨头"。2003 年,Gemstar 退出电子书市场。电子书的主要格式有 PDF、EXE、PDG、JAR、PDB、TXT、BRM 等,现代很多流行移动设备都具有电子书功能。

华西里奥(Vassiliou)对"电子书"这一术语做出了"客观、系统和量化的描述",并在此基础上得出包含两个部分的定义:电子书是包含文本和其他内容的数字对象,是整合图书可以在电子环境中呈现出来的特点而成的;典型的电子书有一些通用的特点,如搜索和交叉引用功能、超文本链接、书签、注释、高亮显示、多媒体对象和互动工具等。该定义既考虑了电子书持久稳定的性质,也体现了电子书因不断变化的技术驱动而导致的动态特性。更重要的是,华西里奥再一次提醒研究者关注与研究对象相关的最基本问题。

2. 数字期刊

从白纸黑字到图文声像并茂,期刊正在经历一场数字化变革。数字期刊,尤其是学术类数字期刊仍然是近几年数字化发展最快的领域。数字期刊一般包括数字学术期刊和大众数字期刊。目前,学术期刊的数字化形态主要包括传统期刊的数字化和纯数字期刊两种。前者在欧美发达国家首先问世并迅速普及,如《柳叶刀》(Lancet)、《科学》(Science)、《自然》(Nature)等著名国际期刊很早就已经全文上网。我国学术类数字期刊进入系统化、规范化和实用化发展阶段,始于1996年清华大学《中国学术期刊(光盘版)》的问世。现今初步形成了以万方数据、清华同方和重庆维普三家信息服务提供商为主体的学术期刊数字出版格局。从2006年的电子杂志热开始,大众数字期刊进入人们的视野。由于多媒体、超链接和互动技术塑造了网络杂志区别于纸质杂志的信息形态和结构,从而使得网络杂志的阅读呈现如下特点:碎片化阅读、感性阅读、层级阅读。在这种情况下,网络杂志的阅读将越来越个性化和私人化。同时,由于网络杂志具有记忆功能,能够根据读者的阅读习惯为读者配置感兴趣内容的超链接,因而能使读者的阅读兴趣与网络杂志提供的内容高度契合。数字阅读引爆的不仅是一场技术革命,未来的文化传播模式、图书销量、图书馆的发展等诸多议题都值得关注。

3. 其他数字出版物

其他数字出版物主要指自媒体出版和按需出版的数字读物。其他数字出版物是在全新的数字背景下成长起来的,甚至不像电子书和数字期刊那样能够找到对应的传统出版物,但迄今为止,它的发展势头已经凌驾于数字化书刊之上,成长为极其重要的数字出版领域。

自媒体出版是未来数字出版的重要领域之一。自媒体出版是指个人或机构通过自媒体平台对文字、图片、语音、视频等作品进行加工复制并广泛传播的行为。自媒体出版有广义和狭义之分。狭义的自媒体出版是指作者在没有第三方介入的情况下,利用多种形式的自媒体出版系统和平台自主出版数字内容产品的一种出版方式。广义的自媒体出版是指自媒体平台上一切知识和信息的流动和传播行为。从出版主体来看,自媒体出版分为个体的自出版、平台机构的自出版及媒体融合下的自出版。个体的自出版是指用户利用自媒体平台发布、分享事实或观点的行为,如微信、微博私人账号的公众传播。平台机构的自出版是指自媒体出版机构为作者提供平台,使其能主动全程参与出版物的选题、策划、撰写、编辑、发布等各环节的出版方式,如豆瓣阅读出版、网易云阅读平台、微信的服务号和订阅号等。媒体融合下的自出版是指传统媒体借助自媒体平台,实现优质出版产品的推广营销。自媒体出版具有内容生产的自主性、传播方式的自由性、内容和渠道的融合性等特征。

按需出版是一种基于数字印刷和数字出版的新型出版形态,它重组了出版流程中的编辑、印刷、发行的各个环节,实现按需编辑、按需印刷、按需发行。按需出版可以不受数量、时间、地点的限制即编、即印、即发,改变了传统出版业先印后发、大批量起印、版本单一的原有发展状态。在理想状态下,按需出版可以实现随时修订、一本起印、零库存。按需出版还可以根据读者需求提供个性化定制服务,读者可以根据自己的喜好,选择出版的内容、排版、设计等。

6.2　数字媒体资源管理

数字媒体主要分为两个重要部分,一部分是传统广播电视数字化后的数字媒体,另一部分则是网络电视、网络电台、电子报纸与电子杂志、多媒体新闻、视频点播及自媒体等数字新媒体。数字媒体资源管理主要涉及以上两类软硬件资源的管理。

6.2.1　数字媒体资源管理概述

"媒体资源"有广义与狭义之分。从广义上讲,还应包括媒体员工的智力、智慧和知识等。从狭义上讲,就是一个媒体在运营过程中积累的有保留价值的各种数字化的信息和内容。"媒体资源"这个概念,对于不同的媒体而言,所代表的具体含义各有侧重,如平面媒体以文字、图片、网页等为主;广播媒体以音频为主;电视媒体以视频为主。在"媒体资源"概念的基础上添加"管理"二字,媒体的资产就有了活力和生命力,媒体通过有效的管理,才能全面实现资产信息的保存和有效利用,并发挥巨大的效益。这就是"媒体资源管理"的意义所在。

随着数字技术的迅速发展,在数字媒体领域具有十分重要地位的传统广播电视的数字化发展已取得很大进步。目前,国内电台、电视台的内容制作转向数字化、网络化。广播影视数字媒体如何适应国家发展的需要,已显得越来越紧迫和重要。另外,通过互联网、移动网络等新兴传输方式而迅速发展的网络电视等数字新媒体也已迅速崛起,并越来越受到广大用户的喜爱。

从总体发展趋势来看,融合各种先进技术,采用传统广播电视网络,以及互联网、移动网络等多种新兴传输方式,相关行业相互融合,已成为数字媒体的发展趋势。数字媒体的迅猛发展和应用也带来了许多需要研究解决的问题。其主要集中在管理与技术两个层面。

一方面,传统的媒体管理方式与体制、机制已不能适应数字媒体发展的需要。目前,数字媒体的管理,基本上仍是沿用传统媒体的管理模式,存在不少问题,已不能适应数字媒体发展的需要。如何全方位、多角度、深层次的拓展思路、解放思想,加强数字媒体信息资源的开发、利用和管理;解决资源共享、避免重复投资;消除管理死角以及充分发挥广电、电信等部门各自的资源优势;统一规划和组织、满足个性化、多样化的用户需求,已成为数字媒体管理急需解决的重要问题。

另一方面,技术的发展还不能完全适应数字媒体发展的要求。目前,在数字媒体的关键技术领域,适应我国具体要求的技术发展还存在应用研究和集成创新的严重不足。如何研究和利用最新信息技术、网络技术与数字技术,向用户提供安全、可靠、高质量的数字媒体信息;规范数字媒体信息的采集、组织、存取与传输;消除各业务部门间的信息孤岛;提高系统间的信息共享水平;从海量的数据中挖掘潜在的、有效的、高价值的信息等方面还存在差距。从具体技术来说,如适用多种传输网络的内容分发技术、基于变换域的识别与特征提取技术、海量媒体信息预处理和后处理技术、海量音视频数据存储和迁移技术、数据的交换格式技术、海量媒体内容的高效搜索与查询技术、数字版权保护技术等都需要加强研究和加大应用力度。总之,技术研究的滞后严重地制约着数字媒体的发展和应用。

6.2.2　数字媒体资源管理的措施

信息资源管理是实现面向个人、组织、社会等系统的信息资源的充分共享和有效利用的活动。由于数字媒体信息资源的海量增长,如何对海量数字媒体的信息资源进行开发、利用和管理,满足社会的需要,已成为国家和有关部门的当务之急,一般来讲,数字媒体资源管理应从以下 3 方面考虑。

1. 从信息资源的宏观管理层面对数字媒体信息资源进行管理

对信息资源进行宏观管理的目的是保证信息资源的开发利用、信息技术的推广应用、信息系统和信息网络建设能有组织、有规划、有机协调地进行,从而使各类信息资源的战略价值和经济潜能以低成本、高效率的方式充分发挥出来。应从组织或社会的需求出发,采用各种信息技术和手段,利用各种信息基础设施,规划建设和综合集成各种信息资源,协调管理数字媒体信息资源的生产、流通和分配,从数字媒体对广播电视业、电信业、信息服务业的影响等来制定数字媒体信息政策、信息法规,并对数字媒体信息资源管理的宏观调控体制进行研究。

2. 以信息资源过程管理为主线来开发和管理数字媒体信息

信息资源交流过程是由信息源、信息采集、信息转换、信息组织、信息存储、信息检索、信息资源开发和传递服务等环节构成的,应对数字媒体信息资源的传播交流引入管理过程,即计划、组织、指挥、协调、控制过程,使之相互契合,最终实现对数字媒体信息资源的最优管理体制与方式,并达到提高数字媒体信息资源开发、利用与管理的目的。

3. 利用网络技术、信息技术等多种技术对数字媒体信息资源进行开发与管理

信息资源技术管理的目标旨在从技术角度建立先进的信息资源管理系统,以实现对信息资源的科学规划、组织、协调和控制。从目前来看,主要有与网络资源开发与管理相关的信息构建技术、与信息存储相关的数据仓库技术、与信息获取发现相关的数据挖掘技术。具体来讲,包括存储和组织技术、智能型全文检索技术、多媒体处理技术、知识产权保护技术、下一代 Web 技术、相关标准等。

目前,在数字媒体信息资源的开发与管理中,主要利用信息技术解决以下三方面的问题。

(1) 提供先进的信息组织技术,以保证数字媒体信息的有序性和利用的方便性。

(2) 提供信息安全技术,以保证数字媒体信息存储、传输和利用过程中的安全性。

(3) 提供其他各种数字媒体信息相关技术,以保证数字媒体信息传输过程的可靠性、稳定性和高速度。

6.2.3 数字媒体资源管理的技术体系

数字媒体资源管理的技术含量比较高,从管理系统的总体运行来看,可划分为以下 4 个层面。

(1) "生产"是指信息的采集、编辑和分类数据等一系列信息的创建和挖掘过程。

(2) "存储"是指数字信息的有效保存、保管和高效利用,除了能够支持数据的存储之外,还要能保证高效的检索功能。

(3) "交换"是指架构在内部网络基础之上的信息互联互通。实现信息资源的交换和共享,包括每个运行部门间的信息交换及对数据访问的网络支撑。

(4) "发布"是指媒体产品的传播,如平面媒体的电子版面的生成、广播电视的播放、网站网页、音频视频的发布等,不同的媒体发布的形式各有不同。

媒体资产管理的范围和对象比较广泛,除了在媒体产品方面的应用之外,还可以根据自身的需要扩充到媒体其他资产的管理上,如媒体的资源计划管理、财务系统管理、客户关系管理等。

在数字媒体信息资源管理中,如何按照信息资源管理的技术体系,并应用先进的网络技术、信息技术等,建立数字媒体信息资源管理的技术平台及信息系统十分重要,并且关系其成败。数字媒体资源管理,首先应制定切实可行的技术体系,作为建立数字媒体信息资源管理的技术平台及信息系统指导原则和规范,具体技术体系如图6-1所示。

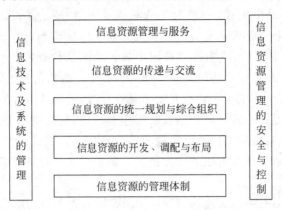

图 6-1　数字信息资源管理的技术体系示意图

数字信息资源管理的技术体系阐述如下:

（1）制定信息资源管理模式、信息流程,建立信息资源管理机构。

（2）对信息源的建设、各类信息资源在信息空间中的分布与配置、信息资源的存储与复制等进行规划。

（3）信息资源标准规范的制定、信息资源的编目索引、信息的理解、不同信息资源的综合集成等。

（4）信息资源传递交流秩序的建立、信息资源的传输、信息资源的交换。

（5）信息资源检索服务、信息资源分发服务、信息服务的质量保证、信息资源在业务管理中的应用、信息资源在辅助决策中的应用等。

（6）技术及系统的标准化与规范化的管理、各种相关技术的研发、各种信息设施与产品的管理、各种信息系统的组织及运行管理等。

（7）信息资源管理的安全与控制,如信息安全、网络安全、用户管理等。

另外,在上述技术体系的指导下,应本着充分发挥信息资源价值,满足多层次、个性化的用户需求、提高信息资源应用效率的目的,研究和构建适应未来发展、能实现开放集成、内容共享、版权保护,适应合法发布需要的数字媒体信息资源管理平台。

总之,该平台应在信源的采集、处理、交换、管理、存储、传输方面,构建一个符合标准,技术先进,功能强大,安全可靠,适应于多种业务发展需要的可运营的数字媒体信息资源管理平台。

6.3　数字媒体版权管理

从数字媒体版权管理的概念、数字媒体版权管理技术与数字媒体版权保护系统三方面进行介绍。

6.3.1 数字媒体版权管理的概念

随着信息技术的突飞猛进,数字信息产品在社会生活中越来越常见。技术的创新一方面极大地促进了数字化产品的发展,但同时也为盗版、非法复制提供了便利。为了防止这种日益严重的侵权行为发生失控,一种数字版权保护技术——数字版权管理(digital right management,DRM)技术逐渐兴起并发展强大。数字出版应当是一种合法的出版行为,即数字出版的本质应当是出版,应当遵守我国出版领域的法律规定,包括出版主体的资质要求、出版物的审查要求和出版内容的限制性规定。数字出版物是经过编辑的、具有特定形态的作品,即数字出版行为区别于一般的互联网服务行为,必须产生为著作权法认可和保护的作品。数字版权管理是针对传统的数字版权管理而言的,传统的数字版权管理是将整个数字媒体内容加密封装,封装后的档案无法被浏览软件打开。消费者只能借助其他的文字描述来解此数字媒体内容。这种方法虽然保护了原始创作者的知识产权,但是也阻止了数字媒体内容的广泛传播。

数字版权管理是对有形和无形资产版权和版权所有者关系的定义、辨别、交易、保护、监控和跟踪的手段。所谓 DRM,是指对数字化内容的使用权进行电子化管理营销,是对数字化内容(包括一切数字化格式的图书、音乐、图像、录像、多媒体文件、软件等)在网络中进行生产、传播、销售和使用过程中涉及的各方权力进行定义、描述、保护和监控的整体机制。数字版权保护技术是通过对数字内容进行加密和附加使用规则对数字内容进行保护,其中使用规则可以断定用户是否符合播放数字内容的条件。

DRM 基本信息模型主要包含 3 个核心实体:用户(user)、内容(content)、权利(right),如图 6-2 所示。用户实体可以是权利拥有者,也可以是最终消费者;内容实体可以是任何类型和聚合层次的用户消费对象;权利实体是用户和内容之间的许可、限制、义务、关系的表示方式。

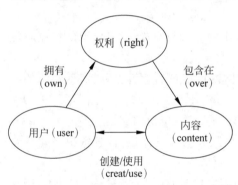

图 6-2　DRM 的基本信息模型

6.3.2 数字媒体版权管理技术

数字媒体版权管理技术主要包括数字内容的加密、管理与使用,其核心是通过安全和加密技术锁定和限制数字内容传播,从而能够从技术上防止数字作品的非法复制和使用,或者在一定程度上使得复制和使用困难。总体来说,DRM 是一种综合性的技术,它包含了用户访问控制、内容加密保护、防复制等功能。

数字版权保护技术以一定的计算方法,实现对数字内容的保护,常用的数字版权保护技术主要有数据加密技术(数字水印技术)、电子签名技术、认证技术和数字指纹技术等,下面主要介绍目前在数字版权保护方面通用的两大类技术。

1. 数字水印技术

数字水印(Digital Watermarking)技术是用信号处理的方法在被保护的数字对象嵌入一段有意义的隐蔽的信息(这些信息通常是不可见的,只有通过专用的检测器或阅读器才能提取），这些信息将始终存在于数据中，很难去除，可以用来证明版权归属或跟踪侵权。它并没有对数字内容进行加密，用户不需要解密内容就可以查看。数字水印是信息隐藏技术的一个重要研究方向。

数字水印技术的基本特性主要有以下 3 个。

（1）隐蔽性：在数字作品中嵌入数字水印不会引起明显的降质，并且不易被察觉。

（2）隐藏位置的安全性：水印信息隐藏于数据而非文件头中，文件格式的变换不应导致水印数据的丢失。

（3）鲁棒性：指在经历多种无意或有意的信号处理过程后，数字水印仍能保持完整性或仍能被准确鉴别。可能的信号处理过程包括信道噪声、滤波、数模与模数转换、重采样、剪切、位移、尺度变化以及有损压缩编码等。

数字水印技术根据不同分类标准有不同的分类方法，一般有以下几种分类方法。

按特性可分为鲁棒数字水印与脆弱数字水印；按水印所附载的媒体可分为图像水印、音频水印、视频水印、文本水印与用于三维网格模型的网格水印；按检测过程可分为明文水印与盲水印；按内容可分为有意义水印与无意义水印；按用途可分为票据防伪水印、版权保护水印、篡改提示水印与隐蔽标识水印；按水印隐藏的位置可划分为时（空）域数字水印、频域数字水印、时/频域数字水印、时间/尺度域数字水印等。

数字水印技术应用领域非常广泛，如数字作品的知识产权保护、商务交易中的票据防伪、声像数据的隐藏标识和篡改提示、隐蔽通信及其对抗等。

2. 基于加密认证的 DRM 技术

加密认证技术主要包含加密技术与身份认证技术两部分。

（1）加密技术。加密是对可读明文（Plaintext）经过一定的算法变换，使之在逆变换之前，无法以阅读或其他方式进行使用的过程，即加密是一种对信息进行数学域上的变换，使得信息对潜在的偷窥者来说是一段无意义的符号。对数字化作品加密，是实施版权保护的基础与起点。加密与解密的过程如图 6-3 所示。加密的算法很多，常用的密码算法主要分为对称密码算法（也称单钥密码算法、秘密密钥密码算法）与非对称密码算法（也称公开密钥密码算法、双钥密码算法）。

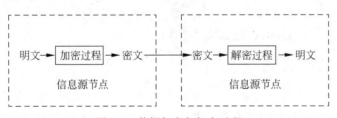

图 6-3　数据加密与解密过程

（2）身份认证技术。认证是计算机系统中对用户、设备或其他实体进行确认、核实身份的过程。认证包括机器间认证和机器对人的认证，后者也称为用户认证。目前多采用两种认证形式：一种是第三方认证；另一种是直接认证。身份认证可以通过 3 种基本途径之一或它们的组合实现：所知（Knowledge）即个人所掌握的密码、口令；所有（Possesses）即个人身份证、护照、信用卡、钥匙；个人特征（Characteristics）即人的指纹、声纹、笔迹、手型、脸型、血型、视网膜、虹膜、DNA，以及个人动作方面的特征。

230

以上技术在某种程度上加强了版权的保护,但也存在着局限性。例如,目前已采用的许多技术和研发中的新技术都对普通用户的信息进行控制和监督,而对他们的隐私问题则没有在技术上予以根本保障。系统记录着用户的大量私有信息,又没有采取可靠的技术措施予以保障,致使某些不法分子利用广大用户的隐私信息来牟取暴利或严重影响用户的正常生活,从而严重侵犯了广大用户的隐私权;另外,数字版权管理技术现在还处于很不成熟的阶段,各种功能并没有能真正的融为一体,还只是简单的数据加密、数字水印、电子签名等技术的简单相加。总体来说,不管什么技术,发展到多么完美的阶段,总会存在这样那样的局限性,如数据加密,不管加密算法多么复杂,随着技术的发展,总是会被别人破解的,所以在现实中不可能仅仅依靠技术解决。

6.3.3　数字媒体版权保护系统

1. 面向电子文档的 DRM 系统

面向电子文档的 DRM 技术的核心是基于许可证的文档版权管理和防复制技术。首先将电子文档转换成不可直接读的形式(如内容加密等),然后通过许可证规定该文档的用户信息、机器指纹、使用权限和有效期限等。任何用户要想使用文档,必须先获得许可证,按许可证规定的权限和期限使用文档,并且只能在指定的计算机上进行。任何形式的非授权操作(如复制、打印等)都是禁止的,这样,即使复制了电子文档和许可证,只要不是在规定的主机上和有效的期限内,都无法解读,从而有效保证了电子文档的安全。

Digiify 是一个文档安全和虚拟数据室平台,它专门针对已发送/共享的文档进行数字版权管理。访问控制:授予或撤销对个人的访问权限并控制用户查看内容,设置过期时间;受控分发:决定是否允许查看、打印、下载文档并自动为所有文档添加水印以防止欺诈;跟踪和分析:通过电子邮件发送文件后跟踪文件,获取用户何时、何地及如何与文档交互的详细报告;实时提示:利用电子邮件和短信提供用户访问文档的通知。

Seclore 提供企业级的数字版权管理(EDRM)解决方案,其 DRM 架构旨在管理企业级的内容安全系统。Seclore 的 EDRM 会自动对在任何地方下载、共享或使用的文档和内容添加微数字版权(micro digital rights),命令和控制中心允许用户在仪表板下轻松管理使用策略、用户权限、受保护文件和活动日志,一键为文件设置自动或手动保护方法,集成身份联合系统允许用户使用 SSO(单点登录)、允许使用社交媒体和 Web 目录快速进行身份验证,预集成的数据丢失防护(DLP)系统可自动保护 DLP 发现的文件,在下载点自动添加以数据为中心的安全性。

LockLizard 是一个用于在机构内外共享机密文档的 DRM 工具,它运用强度加密(Strength Encryption)和公钥技术提供强大的文档复制保护框架,以保护 PDF 文件免受盗版威胁,无须使用密码、插件或任何会危及文档安全的技术。它具有文档复制保护、自毁机制、动态水印、位置锁定、阻止屏幕截图等功能。

CapLinked 是一个基于云的文件共享和文档管理平台,可帮助企业安全地共享机密文件、处理合同谈判及管理并购活动。FileProtect 是 CapLinked 的专有 DRM 工具,用于控制对最重要文档的访问,它具有完全访问控制、一键撤销、限制访问、活动跟踪和数据驱动的决策、自定义集成、使用业内最强大的块削片机(Block Chipper)加密机密数据等功能。

2. 面向电子图书的 DRM 系统

Adobe 在传统印刷出版领域内一直有着深刻的影响,它的 PDF 文档格式早已成为电子版文档分发的公开实用标准。在出版业的使用传统及 PDF 格式的流行共同造就了 Adobe 在电子书领域的先天优势。Adobe 开发了面向电子书的 DRM 系统,其核心技术是 ADEPT (Adobe 数字体验保护技术)。在 ADEPT 中,电子书使用书籍密钥加密(即同一本书的每个数字副本都使用相同的密钥加密)。分销商选择此密钥并使用该密钥加密电子书。同时每个用户都有自己的用户密钥,此密钥在用户安装 Adobe Digital Editions (ADE)时生成,并上传到 Adobe。Adobe DRM 最多可将内容锁定到 6 台机器,并允许用户查看每台机器上的内容。此外,Google Play、Barnes & Noble (B&N)的电子书也采用这种加密方案。

EditionGuard 的电子书 DRM 能安全地销售和履行电子书订单,并控制电子书内容在网上的共享方式,可以设置显示权限、复制权限(页数、频率、复制内容的到期日期),支持打印保护,并支持 Adobe、Readium LCP 和 Social,允许设置并集成到网站或第三方软件中。

3. 面向图像的 DRM 系统

目前已有的保护图像的方法是数字水印技术。数字水印技术通过算法把重要的信息隐藏在图像中,同时使图像保持原状。通过数字水印技术把版权信息加入图像后,如果发现未经许可而使用该图像,可以通过软件检测图像中隐藏的版权信息,来证明该图像的版权。

RedPoints 会自动查找并删除在线转售的未经授权或盗版内容,它具有以下功能:AI 赋能的 DRM 搜索工具使用先进的照片分析工具识别潜在的侵权行为并确保准确性;运行多种测试验证产品的授权;发现盗版产品激活密钥后立即启动删除过程;进行分析和报告并智能地做出数据驱动的决策。

4. 面向视频的 DRM 系统

CaseLab 为数字视频内容提供基于云的 DRM 许可服务,其 DRM 服务(称为 DRMToday)允许每天数百万台设备访问,每月提供数十亿个许可证。它具有以下功能:高度可扩展性和低延迟率的多区域 AWS 服务器、快速许可、管理和监控许可活动的在线仪表板、预集成 VideoPlayer 与 PRESTOplay 回放的 SDK、集成的 API 支持第三方解决方案。

VdoChiper 是专为数字化学习平台、媒体网站和应用程序设计的安全视频托管平台。它使用 AWS 服务器和 CDN 基础设施的组合来提供 DRM,包括 DRM 加密视频、利用动态水印阻止对网站和应用程序的屏幕截图、在网站或应用程序上轻松上传/导入视频。

Widewine 是 Alphabet 公司研发的 DRM 许可和加密技术,能保护计算机、Android 设备和 Chromecast 上的内容,支持 Google Chrome、Firefox 等作为内容保护系统。Widewine 支持消费级设备和预集成的内容保护,高级的 HTML5 视频播放器具有支持高质量流媒体、QoS 和跨多个设备的可访问性,对内容一次性加密并在 MP4 和 WebM 等视频容器中流式传输,工厂配置的密钥盒用于安全解密和高端内容保护,限制未经授权的内容分发(如视频盗版)。

5. 多 DRM(Multi-DRM)系统

PallyCon 的 Multi-DRM 服务适用于基于云的端到端加密模型,可快速、便捷地保护数字内容。PallyCon 把 Multi-DRM 服务建立在 AWS(亚马逊网络服务)之上,并通过 SPEKE API 与其 Elemental Media Services 预集成;提供面向特定区域的服务架构,可在全球内容服务中提供更好的性能和可靠性;轻松地将 Multi-DRM 和水印嵌入到内容中,以实现高级安全;轻松地将 Multi-DRM 与各种 HTML5 播放器集成,以保护 Web 内容服务。

DRM-X 4.0 平台是业界领先的复制保护平台,它包括文件加密、音频/视频加密、VR 全景视频加密、PDF 加密、网页加密、动态网站加密、HHMeet(Zoom 视频会议保护)等,可以消除销售盗版内容的所有问题。DRM-X 4.0 采用独特的高度安全的架构来加密和保护所有格式的数字内容。DRM-X 4.0 具有以下特性:与 Xvast 打包程序结合可安全地批量加密数字内容;不可移除的动态数字水印用于防止使用外部设备篡改/记录内容;Haihaisoft 智能阻止录屏技术用于自动检测第三方录屏软件并限制其录制内容;借助 DRM-X 4.0 XML 服务接口便捷地将网站与 DRM-X 平台集成。

Axinom 是一款功能强大的多 DRM 软件,提供面向内容的策略和工作流程的组块,支持 4K 视频保护,可用于在线和离线环境,能满足所有的内容保护需求。Axinom 支持不同质量的密钥加密,确保优质的内容得到保护;支持 99.99% 的 SLA(服务级别协议),避免许可证生成延迟;具有高度可配置的访问控制,支持跨多个设备的所有级别的安全;支持 SPEKE 2.0 并提供与第三方系统、编码器和包的简化集成。

6.4 练 习

1. 什么是数字出版?
2. 简述数字出版的类型。
3. 简述数字资源管理。
4. 简述数字资源管理的措施。
5. 简述数字资源管理的技术体系。
6. 什么是数字版权管理?
7. 什么是数字水印技术?数字水印技术的特征有哪些?
8. 简述加密与认证的技术。
9. 简述常见的数字版权保护系统。

第7章 数字媒体产业链

【学习导入】

人们熟悉的传统产业链以高投入、高消耗、高排放为基础,是一种粗放型的产业内与产业间的对接。而生态产业链则着眼于经济系统与生态系统之间的和谐,着眼于如何通过对有限资源和能量的高效利用,以"减量化、再使用、再循环"为原则,符合"资源节约和环境保护"的基本原则,是产业结构优化的实现路径。

对于数字媒体行业,存在哪些产业链,同时如何实现有效的监管。本章首先介绍内容产业的结构,然后依次介绍数字出版产业链、移动媒体产业链、网络媒体产业链以及数字媒体产业链的监管。

【内容结构】

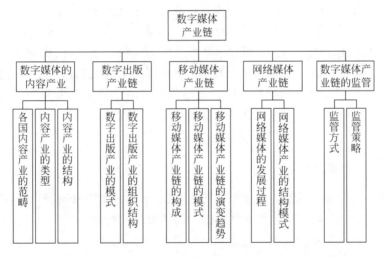

【学习目标】

(1) 知识目标:了解数字媒体内容产业的发展状况,理解数字媒体内容产业的类型,掌握移动媒体产业链的模式与网络媒体产业的结构模式。

(2) 能力目标:掌握数字媒体内容产业的结构,培养学生各类数字媒体产业链的应用方法。

(3) 素质目标:提高学生数字媒体领域知识产权意识和法律保护意识。

7.1 数字媒体的内容产业

7.1.1 各国内容产业的范畴

1995年,"西方七国信息会议"上首次提出了"内容产业"(Content Industry)。欧盟把内容产业的内涵明确为"制造、开发、包装和销售信息产品及其服务的产业",其产品范围包括各种媒介的印刷品(书报杂志等)、电子出版物(联机数据库、音像服务、光盘服务和游戏软件等)和音像传播(影视、录像和广播等)。

国际经合组织把内容产业界定为一种全新模式的服务业,主要由内容生产行业和娱乐行业所组成,出版、印刷、音乐、电影、广播、影视传播是内容产业的主要构成。

澳大利亚提出了数字内容产业具有显著的信息和网络通信特征,也可以被称为一种创意性的内容产业。

北美产业分类体系提出数字内容产业(DCI)具有多媒体交互式特征,包括非网络形态的出版业和广播业、电影电视业、电信服务业、数据处理业、相关设备制造以及其他数字服务业。

日本将信息内容产业归于信息商品化产业中,通过销售信息内容而形成的产业,目的是使信息或内容完成产业化转变。

中国把数字内容产业作为信息产业的重要组成部分。在信息网络背景下,文化、出版、广播、影视、市场资讯、市场调查、游戏动漫等,凡是以内容加工为对象,产品形式表现为信息形式的,都属于信息产业。数字内容服务产业划分为核心和外围两层。例如,互联网服务、数字电视、在线游戏、在线教育、数字动画、无线内容六类属于核心细分产业;游戏娱乐、电视电影、教育、通信、音乐、医疗、广播、出版等领域属于外围细分产业。

目前计算机技术、通信技术、宽带网络、无线网络与相关设备的迅速发展,使得信息服务对内容所在载体的依赖逐步减少,而对内容本身的需求极大上升,由此孕育出一个新兴产业——数字内容产业。数字内容产业所衍生的市场规模与庞大利润所带来的整体效益,已经成为提升信息产业竞争力的核心手段。世界各国和地区都十分重视数字内容产业的发展,投入大量资源,以其整体力量规划产业发展政策,进行推动工作。

可以看出,数字媒体已经成为新兴的朝阳产业,数字媒体行业进入快速发展阶段。

7.1.2 内容产业的类型

关于数字内容产业的内涵界定还没有形成共识,不同的国家、组织和学者都从各自的角度对其进行定义。但从数字内容产业所涵盖的内容看有一点是得到共识的:都以内容为核心,信息或数字为纽带,强调内容与其他行业的交叉和融合。

依据数字内容产业所提供的服务类型,将其分为以下八大类产业。

(1) 数字游戏类产业。以信息硬件平台提供声光娱乐给一般消费大众,如家用游戏软件、PC 游戏软件、掌上型游戏软件以及大型游戏软件。

(2) 计算机动画类产业。即运用计算机产生或制作的连续影像,广泛应用于娱乐或其他工商业用途。

(3) 数字学习类产业。以计算机等终端设备为辅助工具,进行在线或离线学习活动。如数字学习内容制作、工具软件、学习课程服务。

(4) 数字影音应用类产业。即运用数字化拍摄、传送、播放的数字音视频内容,如传统影音数字化或数字影音创新应用。

(5) 移动内容类产业。即运用移动通信网络提供数据内容及服务,如手机短信、导航或地理信息等移动数据服务。

（6）网络服务类产业。即提供网络内容、联机、存储、传送、播放等服务,包括内容提供商、应用服务商、联机服务商、储存服务商等。

（7）内容软件类产业。即提供数字内容应用服务所需的软件工具及平台,如内容工具、平台软件、内容应用软件、内容专业服务。

（8）数字出版、典藏类产业。即数字出版、数字典藏及新闻、数据等电子数据库。

综上所述,数字内容产业是基于数字通信和网络技术,整合了出版与印刷、广播电视、音像、电影、动漫、游戏、互联网等多种媒体形态,从事制造、生产、储存、传播和利用有关信息文化内容的综合产业。

7.1.3 内容产业的结构

数字内容产业的发展,需要产业体系的支持,这个体系又涉及外部的相关产业的融合,共同形成一个庞大的群落。数字内容产业具有技术关联性、生产交互性、产业衍生性的特点。该结构主要包括管理与控制系统、创造与生产系统、销售系统、经济支持系统、技术支持系统和数据收集系统,这些相对独立的系统构成了整个数字内容产业的结构。数字内容产业结构如图 7-1 所示。

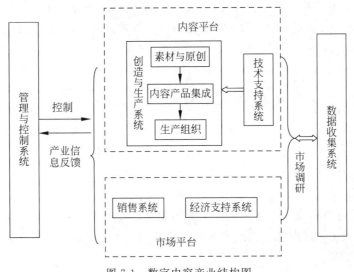

图 7-1　数字内容产业结构图

该结构体现了数字内容产业的复杂性和高度的融合性。创造与生产系统的各组成环节,在技术支持系统的技术支撑下搭建了产业内容平台。经济支持系统为市场平台提供经济技术支持,建立产业市场推广模式和产品销售渠道。数据收集系统不仅相当于整个产业的原材料加工厂,也为市场平台提供市场统计数据。

7.2　数字出版产业链

7.2.1 数字出版产业链的模式

新闻出版总署下发的《关于加快我国数字出版产业发展的若干意见》归纳为:"数字出

版是指利用数字技术进行内容编辑加工,并通过网络传播数字内容产品的一种新型出版方式。"数字出版改变了传统的出版形式,掀起了出版业的革命。计算机技术与网络的广泛应用为读者提供了便捷的阅读方式。技术的发展、阅读的改变使新生数字出版产业链应运而生。

数字出版的主要管理活动集中在以下两个方面。

(1) 以内容管理为中心。数字出版资源储备的内容更为丰富,包括数字内容资源储备、复合型编辑及技术人才储备、运营模式的储备、数字产品营销渠道的储备等。内容资源强大使读者拥有广阔的选择空间,甚至好的出版内容会根据读者的要求,不断延续下去。另外,内容资源强大意味着更大的市场话语权。

(2) 以数字技术为依托。数字出版过程的关键在于以数字出版技术实现数字化的管理和控制,包括数字化的编辑出版环境支撑、数字化的编辑出版工艺流程设计、基于数字化的协同异步工作系统、在线或离线的数字生产管理模式等。

数字出版大致有两种模式:第一种是"作者+网络平台+终端读者";第二种是"作者+传统出版+网络平台+终端读者"。从两种出版模式看,在数字出版运营商还没有期刊出版资格的情况下,第二种模式更适合期刊数字出版。因此,期刊社是构成期刊出版产业链的必要环节,期刊数字出版是由期刊社将作者的论文编辑加工符合出版要求后,将已经出版或当期出版的期刊的权利交由期刊数字出版商以数字形式出版,读者通过终端设备进行阅读、检索、查询、下载等。期刊数字出版产业链可概括为"作者+期刊社+数字出版运营商+终端读者"。

7.2.2 数字出版产业链的组织结构

数字技术和网络技术的快速发展,为改进内部结构提高了新的机遇。一些有前瞻性的出版单位已经借助网络逐步优化内部组织结构,力图尽快适应数字出版产业的飞速发展。目前,可供选择的内部组织形态包括以下4种模式。

1. 网络型结构

网络型结构可以实现营销渠道的放大和增值;促进了分工和专业化的发展,降低了交易成本,有助于优化资源配置,充分、有效地整合有限的生产要素。

2. 扁平型结构

扁平型结构可以极大地减少管理层次,增加管理幅度。加快编辑出版速度,缩短周期,提高质量,更好地对人力资源予以组合和开发管理,有利于发挥职员的主动性和创造精神。

3. 信息控制型结构

定制解决方案包括集成软件包和定制工作流程系统。通过对近几年不同种类产品的成长概率和利润增长率的分析,定制解决方案的成长速度非常快。

4. 复合创新型结构

借助网络技术而出现的新型机构。出版社经营的每一本书、一个项目都是新产品,需要注入新的创意、技术和市场元素,需要保持客观、创造、研发的虔诚心态。然而,团队合作精神和研发能力却是最重要的。研发部门的功能在于创造编辑、产品、服务及单位组织的新能量。

内部组织结构反映出版单位内部组织结构的由低到高的提升顺序,较为容易的是网络型结构,有资金和技术就可以自建或加盟,而后三者需要组织内部的进一步消化、调试和创新,是对运行规则的调适、融合和完善的过程。

7.3 移动媒体产业链

7.3.1 移动媒体产业链的构成

1. 移动运营商

移动运营商拥有成熟的网络运营经验和庞大的用户数量,为产业链上的其他环节提供服务和收费平台。由于其直接面对大量的用户,掌握着与用户沟通的渠道,在整个产业链中居于主导地位。

2. 终端厂商

移动终端厂商主要负责为用户提供移动终端设备。与产业链其他环节比较,该环节门槛较低,积聚了大量厂商,竞争十分激烈,比较有实力的厂商有苹果、华为等。终端厂商一方面通过终端设备将客户牢牢掌握住,另一方面通过应用商店建立持续稳定的内容服务体系,以维持其盈利。最终,终端厂商形成了"终端平台+内容服务"的移动互联网发展策略。

3. 服务提供商

服务提供商主要是向用户提供各种服务和应用。在移动互联网产业链中,服务提供商通过移动运营商的网络平台向用户提供服务和应用,是决定整个行业市场需求和用户满意程度的关键环节。随着移动互联网的发展,互联网企业凭借其在互联网行业积累的经验和优势,逐渐成为移动互联网行业的主要服务提供商。

4. 用户

用户是移动互联网产业链的最终环节,它处于产业链的终端,是各种移动互联网产品的接受者和体验者,是未来市场的主宰。通信与互联网技术的发展使得人们对移动互联网的业务要求越来越高。用户对移动互联网业务的需求呈现个性化、交互性、多媒体3个显著特点。移动互联网业务发展的最终目标在于对用户需求的开发,因而整个移动互联网产业链的最终目标是为用户提供更完善的服务和应用。

移动运营商、终端厂商、服务提供商、用户构成了移动互联网产业链的主体。除此之外,移动互联网产业链还包括芯片厂商、应用提供商、设备制造商等。随着移动互联网产业的发展,将有更多的企业参与到移动互联网行业,产业链的构成将会更加丰富。

7.3.2 移动媒体产业链的模式

3G技术是中国移动互联网发展的分水岭,而移动互联产业链也随之发生了重大变化。3G技术对移动互联网产业产生了深刻的影响,整个移动互联网产业链也在早期产业链结构的基础上发生了显著的变化。图7-2描绘了3G之前移动互联网早期产业链的构成,图7-3描绘了3G之后移动互联网产业链的构成。

从移动互联网产业链的演变可以看出,目前移动互联网产业链逐渐形成了由移动运营商、服务提供商、终端厂商共同主导的行业格局。三者构成了移动互联网产业链中最重要的价值汇聚点和盈利点。

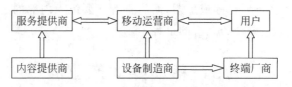

图 7-2　3G 之前移动互联网产业链

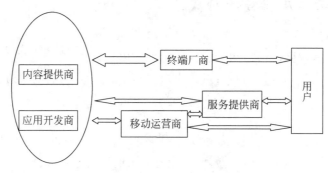

图 7-3　3G 之后移动互联网产业链

作为用户渠道的掌控者,移动运营商直接面对着庞大的客户群,维系着与用户之间的关系。运营商不仅是产业链技术和市场两方面需求的汇聚点,也是整个产业链盈利的关键。同时,由网络经营本质带来的垄断性使得该环节能够独立的自我发展,对产业链其他环节有明显的带动作用。然而,受限于网络覆盖等因素,移动运营商的地域性服务特征明显。同时,庞大的业务规模和投入限制了移动运营商在开展业务时的灵活性和对市场的适应性。

拓展阅读

随着 iPhone 的火热,以苹果为代表的终端厂商对产业链发展的影响越来越大。终端厂商一方面整合终端设计制造环节的前向价值,另一方面实施终端与应用一体化的平台战略,积极挖掘后向的服务价值。相比较于运营商,终端厂商在与用户的贴近性方面拥有更大的优势,对用户体验效果掌握也更为直接,同时对市场的适应性也更强。加之其终端用户的渠道优势,使得终端厂商逐渐发展成为移动互联网产业链的第二核心环节。但是,由于终端厂商在网络层面存在着天然的缺陷,使得其发展不得不依赖于移动运营商。

7.3.3　移动媒体产业链的演变趋势

1. 去中心化的发展趋势

在移动互联网产业链发展的初期,中国移动运营商处于产业链的中心地位。但是,随着行业的不断发展与壮大,以移动运营商为中心的传统行业格局,逐渐向由移动运营商、服务提供商、终端厂商共同主导的格局转变,产业链呈现出去中心化的发展趋势。

2. 全行业的竞合趋势

随着移动互联网行业的快速发展,各个环节之间协同合作趋势加强,其内部的产业链结构也在发生整合、演变;与此同时,移动互联网时代的企业竞争已经不再是单一环节和单一市场的竞争,而是渐渐上升为企业所处产业链的综合实力的竞争。

3. 平台化竞争趋势

移动运营商、服务提供商、终端厂商等充分接入产业链的上下游,在价值传递过程中实现自身价值增值的这一思路充分展示了移动互联网产业服务趋于平台化的趋势。以中国移动为例,由早期封闭的移动梦网向专门化、开放化、协作化的移动 MM 转变的过程展示了其清晰的平台化思路。未来移动互联网行业的竞争比拼的不仅是应用服务,更是平台之间的竞争。谁能够提供更多、更好的服务,平台的优势也就越明显,在未来的竞争中也将处于优势地位。

7.4 网络媒体产业链

7.4.1 网络媒体的发展过程

互联网从诞生之日起就充满活力,经过几十年的发展,全球网络媒体产业发展势头依然强劲,网络媒体已成为主流媒体。最初 Web 1.0 时期是实现了以网站为信息发布主体,以网页为最小单位通过页头标签和热链接进行互联信息的时代。它虽然产生了海量信息的聚合,但传播方式还是单向的大众传播。

Web 2.0 时期发展到以编辑及网站用户为信息发布主体,通过对网页内容的细分及通用标签的应用增强了信息互联的能力。这些 Web 2.0 技术主要包括博客(Blog)、微博、RSS、百科全书等。它更加注重用户的交互作用,用户既是网站内容的浏览者,也是网站内容的制造者。Web 2.0 内在的动力来源是将互联网的主导权交还个人,从而充分发掘了个人的积极性,使之参与到体系中来,广大个人所贡献的影响和智慧与个人联系形成的社群的影响就替代了原来少数人所控制和制造的影响,从而极大解放了个人的创作和贡献的潜能,使得互联网的创造力上升到了新的量级。互联网去中心化的实质是不再以信息为中心,而是以人为中心组织互联网内容,使其传播方式呈现出互动性和个性化的特点,改变以往传统的大众化受众,变成小众。

而 Web 3.0 一词用来概括互联网发展过程中可能出现的各种不同的方向和特征,包括将互联网本身转化为一个泛型数据库,跨浏览器、超浏览器的内容投递和请求机制,人工智能技术的运用等。Web 3.0 强调的是任何人、在任何地点都可以创新。代码编写、协作、调试、测试、部署、运行都在云计算上完成。Web 3.0 是在 Web 2.0 的基础上发展起来的能够更好地体现网民的劳动价值,并且能够实现价值均衡分配的一种互联网方式。

如果把中国网络媒体看作一个结构系统,那么其构成要素、各种要素间的力量对比,以及相互间的作用方式,呈现出特殊的发展轨迹。从传播主体的角度来看,中国网络媒体的结构要素有三大部分,分别是具有传统媒体背景的网站、商业新闻网站和网民。如果把传统媒体网站视为网络新闻传播的第一极力量,那么商业网站和网民的加入,就是使网络这一新兴媒体形成了第二极与第三极力量。这三极力量之间进行着复杂的能量交换,生成了新的运动态势。由于这三极力量分别位于网络新闻生产流程中不同的环节上,因而也可以看作网络新闻传播能量形成与释放的 3 个梯度。中国网络媒体地位的迅速上升,离不开这三极力量的共同作用。

同时,网络媒体发展面临各种挑战:一是新闻来源受到限制,网络媒介的新闻基本上来自整个媒体业,而正是因为通过这种渠道,使得新闻经常变成"旧闻";二是真假新闻难辨,由于很多网络媒介的新闻往往都是以转载的形式发表,而正是因为这样,很多新闻往往无法得到及时确认,从而使假新闻泛滥成灾;三是商业模式模糊,虽然网络媒介发展迅速,但其商业模式并不清晰,而这已经成为网络媒介持续快速发展的隐患。

7.4.2 网络媒体产业链的结构模式

我国网络媒体产业正处于上升阶段,产业结构模式尚未最终成型,产业机构模式的多元化特征较为明显。

我国网络媒体产业各主体的机构构成较为复杂。以网站为例,一方面,我国的网站在产业链功能上并不明确,存在很大程度的功能重叠现象,这种产业链功能重叠的现象发生在网络媒体产业链形成初期,是产业链尚不成熟的表现。它虽然能在短时间内解决资源紧缺的问题,优化网络媒体产业的资源配置,但长远看来,产业链功能的重叠会阻碍产业模式的优化,尤其会阻碍网络媒体产业机构的合理分配和设置。另一方面,我国网站的性质和规模存在明显分化。在网站性质上,有经营性的网站,也有公益性网站;除了政府主办的国有网站之外,还有民营网站、外资网站、合资网站等。

这种复杂的市场格局造就了我国多元化的网络媒体产业结构模式。一方面,许多大型的网络媒体产业主体通过兼并和重组,形成完整的网络媒体产业链体系和价值生产网络,组建成为以网络媒体产业为核心的传媒集团,网络媒体产业因此也走上集团化发展之路。另一方面,更多的中小型网站由于资金不足、融资渠道不畅等原因,或者最终被大型网络媒体集团并购,或者只能维持企业自身的独立运营而难以产业化。因此可以说,我国网络媒体产业机构模式呈现出多元化发展态势,集团化与分散化的产业机构模式并行发展。

7.5 数字媒体产业链的监管

7.5.1 监管方式

数字媒体传播信息数量庞大、内容繁杂、形式多样,信息的发布、传播、处理等具有隐蔽性、传播快、影响面广等特点,信息的发布者、传播者、接收者不容易掌握;参与数字媒体新闻传播业务的既有各类企业,又有新闻媒体,主体复杂。所有这些都使数字媒体传播的内容管理复杂。

世界各国对数字媒体内容进行规范管理的法律模式因价值观、立法传统、数字媒体发展程度的不同而有所不同。有的国家主张对数字媒体进行严格控制,主张采取必要的措施维护本国或本民族的价值观,保护本国、本民族的文化传统,保护网上的纯洁性,严厉打击网上的色情、暴力、血腥、恐怖活动及虚假信息;有的国家主张对数字媒体内容不加干预。目前对数字媒体产业的监管主要有以下 3 种控制途径。

1. 加强数字媒体的法律法规建设

这是一种硬性控制手段。目前,世界各国的数字媒体立法初步建立。立法只是形式上的问题,更大的难处在于执法的障碍重重。对数字媒体信息传播的监控,对违法内容事实的调查、取证、部门之间协调等都是执法部门的新课题。

2. 加强数字媒体伦理道德规范

虽然这只是一种软性的控制手段,但这是一种相当有效的手段。数字媒体作为现代人生存的第二空间理应有自己的一套道德伦理体系。日本的数字媒体基本上采取的是伦理道德约束,取得了很好的效果;但是,这种根植于日本文化的管理模式能否移植到中国,显然是值得深思的。

3. 技术管理

技术管理,即以技术对抗技术,加强技术控制。国家广播电影电视总局接连出台针对电视剧广告、娱乐节目内容的限制政策,网络视频新媒体因互联网属性享受更宽松尺度短期或有受益预期。强调"让网络视听新媒体成为壮大主流舆论的重要阵地",新媒体渠道将面临趋紧的监管应是接下来的主题。缺乏稳定性的非市场因素,将对电视内容市场造成不利影响。在繁荣文化市场的大方针下,电视剧市场或许会如同动漫领域,政府补贴资金将成为行业主导配置力量。

7.5.2 监管策略

数字媒体有其特殊的产业发展规律与技术特点。政策制定与立法原则应该是顺应和促进数字媒体产业发展,规范与发展并重。数字媒体可以依据不同的标准分类,按照其与传统媒体的关系,数字媒体可以分为不依托传统媒体的数字媒体、依托传统媒体的数字媒体。前者管理难度大,但是代表了产业主流与方向。后者可以比照传统媒体的管理模式,管理难度小;但是从数字媒体发展走过的历程来看,后者受制于已有的管理模式、人员结构、思想观念、资金运作等因素,很难成为新兴产业的主体。

一方面,推动行业自律,强化自我约束。要坚决禁止违法和不良信息通过数字媒体传播,尊重和保护知识产权,维护公平竞争的环境。另一方面,在注重发挥各个部门独立作用的同时,完善协调机制。同时,运用数字媒体、打造新兴舆论阵地。数字媒体相关业务发展很快,要密切关注发展态势,适时制定发展规划,着手打造主流数字媒体网站,建设无线互联网上权威的综合信息发布和服务平台,给予必要的政策支持,不失时机地占领新闻传播制高点。

7.7 练 习

一、填空题

1. 数字出版产业的组织结构包括_____、_____、_____和_____。
2. 移动媒体产业链的构成包括_____、_____、_____和_____。
3. 数字媒体产业链监管方式包括_____、_____和_____。
4. 中国网络媒体的结构要素包括_____、_____和_____。

二、简答题

1. 简述内容产业的类型。
2. 简述 3G 之后移动互联网产业链的结构。
3. 简述网络媒体的发展过程。
4. 简述数字媒体的监管策略。

三、实验题

通过调研,分析中国移动媒体发展现状、用户行为以及监管策略。

图书资源支持

感谢您一直以来对清华版图书的支持和爱护。为了配合本书的使用，本书提供配套的资源，有需求的读者请扫描下方的"书圈"微信公众号二维码，在图书专区下载，也可以拨打电话或发送电子邮件咨询。

如果您在使用本书的过程中遇到了什么问题，或者有相关图书出版计划，也请您发邮件告诉我们，以便我们更好地为您服务。

我们的联系方式：

地　　址：北京市海淀区双清路学研大厦 A 座 714

邮　　编：100084

电　　话：010-83470236　　010-83470237

客服邮箱：2301891038@qq.com

QQ：2301891038（请写明您的单位和姓名）

资源下载：关注公众号"书圈"下载配套资源。

资源下载、样书申请

书圈

图书案例

清华计算机学堂

观看课程直播